Felix Irmscher

# Audiospektrum-Analyse mit Mikrocontrollern

PC & ELEKTRONIK

Felix Irmscher

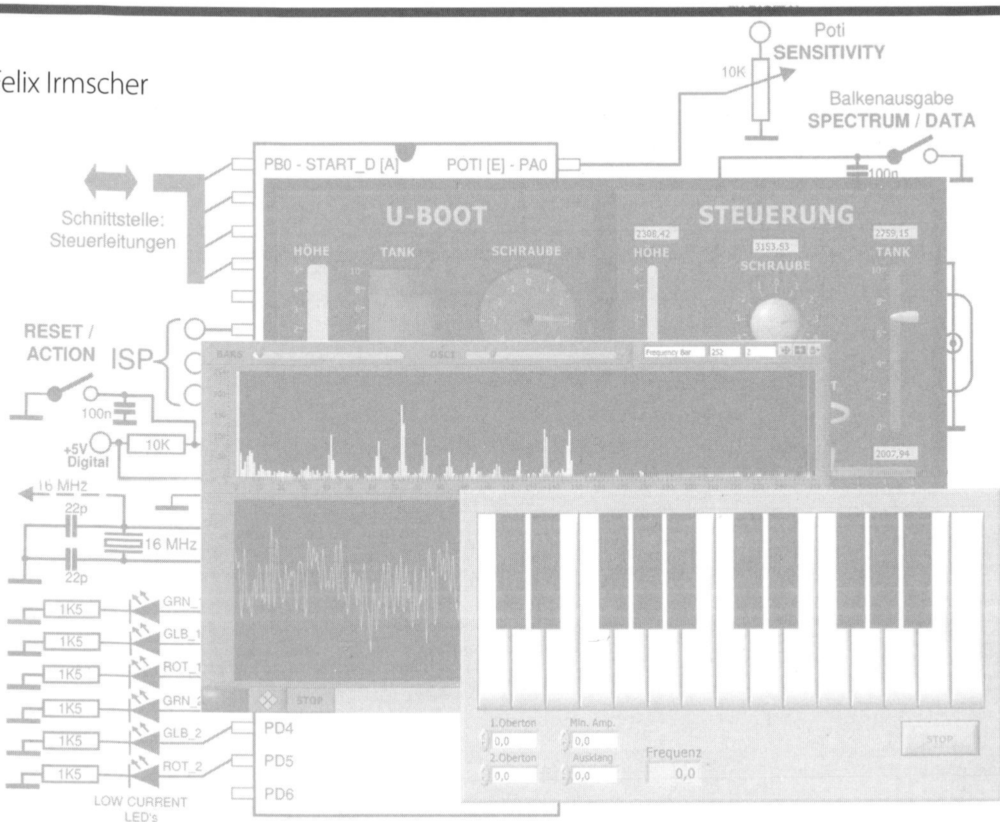


# Audiospektrum-Analyse mit Mikrocontrollern

Analyseschaltungen mit dem ATmega644 einfach selbst entwickeln

RANZIS

**Bibliografische Information der Deutschen Bibliothek**

Die Deutsche Bibliothek verzeichnet diese Publikation in der Deutschen Nationalbibliografie; detaillierte Daten sind im Internet über http://dnb.ddb.de abrufbar.



**Herausgeber:** Ulrich Dorn
**Satz:** DTP-Satz A. Kugge, München
**art & design:** www.ideehoch2.de
**Druck:** C.H. Beck, Nördlingen
Printed in Germany

**ISBN 978-3-645-65138-7**

# Vorwort

In diesem Buch lernen Sie, ATMEL-Mikrocontroller zur Signalanalyse für Frequenzen im hörbaren Bereich zu nutzen. Der Einstieg in die Assembler-Programmierung von spannenden Anwendungen zur Audiospektrum-Analyse eröffnet sich Ihnen ohne nennenswerten theoretischen Ballast. Sie benötigen keine Kenntnisse in höherer Mathematik!

Um die im Buch aufgeführten Versuche und später auch Ihre eigenen Projekte durchführen zu können, wird der Bau eines komfortablen Experimentiersystems beschrieben.

Damit richtet sich das praxisorientierte Buch an engagierte Hobbyisten und Studierende, die sich mit Signalanalyse und Mikrocontrollertechnik beschäftigen.

Zur Überprüfung der Funktionstüchtigkeit sind auf der beiliegenden CD-ROM auch mehrere Analyse-Tools und Signalgeneratoren für den PC enthalten, die überwiegend in der Programmiersprache LabVIEW verfasst wurden. Da diese Software hierbei eine ideale Ergänzung bietet, ist ihre Darstellung ein weiterer wichtiger Themenschwerpunkt des Buchs. Es wird u. a. beschrieben, wie LabVIEW und ein Lehrbuch zu Lernzwecken sehr kostengünstig erworben werden können. Der Datentransfer zum PC erfolgt über die Serielle Schnittstelle RS-232.

Mikrocontroller zur Signalanalyse zu verwenden, ist eher ungewöhnlich. Sie bieten aber für Frequenzen im hörbaren Bereich zu den nur sehr schwer erhältlichen digitalen Signalprozessoren eine kostengünstige Alternative. Zur Anwendung kommt der *ATMELmega644* im für Experimente praktischen DIL-40-Gehäuse.

Die Programmierung der Mikrocontroller erfolgt zur Geschwindigkeitsoptimierung in Assembler. Diese Programmiersprache hat zu Unrecht das Image, sehr kompliziert zu sein. Es kommen Programmablaufpläne, ausführlich dokumentierte Listings und zusätzliche Erläuterungen zum Einsatz, die das Gegenteil beweisen sollen. Die Anwendung weniger häufig genutzter Funktionen wie z. B. Makros, Puffer und der Watchdog-Timer werden ausführlich beschrieben. Grundkenntnisse in Assembler sollten bereits vorhanden sein.

Die für die Signal-Analyse notwendigen FFT-Algorithmen sind rechenintensiv. Auf dem Mikrocontroller bleiben dann kaum noch Ressourcen für weiterführende Auswertungen. Das ist wohl auch der Grund, warum sich die meisten im Internet verfügbaren Projekte bisher darauf beschränkten, die Machbarkeit der Spektrum-Analyse mithilfe einer kleinen Bargraph-Anzeige zu demonstrieren.

Um leistungsfähigere Schaltungen entwickeln zu können, werden zwei miteinander kommunizierende Mikrocontroller verwendet. Dabei übernimmt der eine die Berechnung der Audiospektren aus den über ein Mikrofon aufgenommenen Signalen. Er wird als *FFT-Baustein* bezeichnet. Der andere, der sogenannte *Analysebaustein,* übernimmt die weiterführenden Berechnungen.

Während der Analysebaustein das letzte Spektrum auswertet, kann der FFT-Baustein bereits neue Daten generieren. Dadurch lässt sich die Arbeitsgeschwindigkeit beträchtlich erhöhen. Für den Anwender hat das zudem den Vorteil, dass er sich nicht mehr mit den komplizierten FFT-Algorithmen beschäftigen muss.

In diesem Buch werden Wege aufgezeigt, wie die Spektren mit dem Analysebaustein weiter ausgewertet werden können. Hierzu steht ein sogenanntes *Basisprogramm* mit vielen nützlichen Routinen zur Verfügung.

Einige Schaltungsbeispiele stellen Anwendungsmöglichkeiten dar. Der Leser wird also letztlich befähigt, mithilfe des vorkonfektionierten FFT-Bausteins und dem Basisprogramm des Analysebausteins eigene Projekte zu realisieren.

Um das Funktionsprinzip der Generierung von Audiospektren bereits vor dem Nachbau des Experimentiersystems nachvollziehen zu können, steht ein einfaches, in LabVIEW erstelltes Simulationsprogramm zur Verfügung.

Mein Dank gilt den Autoren, die mir die Genehmigungen zur Wiedergabe ihrer wertvollen Programme, Schaltungsideen und Beschreibungen ausgesprochen haben. Sie werden im Text namentlich aufgeführt. Besonderer Dank gebührt *National Instruments* und Herrn Backmeyer für die hervorragende Unterstützung bei der Realisierung der LabVIEW-Projekte.

Lübeck, Januar 2013

Felix Irmscher

# Inhaltsverzeichnis

# 1 Theorie zur Fixpunkt-FFT

Meist beginnen Bücher, die sich mit Signalanalyse beschäftigen, mit einer kompakten, mit zahlreichen Formeln gespickten theoretischen Einführung. Leider sind sie für Leser ohne fundiertes Vorwissen in höherer Mathematik kaum nachzuvollziehen. Die Programmierung eigener Anwendungen kann mithilfe dieses Buchs jedoch auch ohne tiefer greifendes Verständnis gelingen. Deshalb beschränkt sich die Einführung nur auf die für eigene Projekte notwendigen Aspekte.

## 1.1 Grundlagen

Mit den hier vorliegenden Schaltungen können Frequenzanalysen des vom Menschen hörbaren Schalls durchgeführt werden.

In unserem Umfeld überlagert sich eine Vielzahl von Schallereignissen. Mithilfe eines Mikrofons kann der durch den Schall entstehende Schallwechseldruck in eine Wechselspannung umgewandelt werden. Diese wird dann, nach entsprechender Verstärkung und Digitalisierung, durch Mikrocontroller analysiert.

Dabei werden aus dem an der Position des Mikrofons vorliegenden Signalgemisch die Amplituden der einzelnen Frequenzanteile bestimmt.

Diese Komponenten sind die reinen, unterschiedlich lauten Sinusschwingungen, aus denen das Signal aufgebaut ist.

Das hierzu notwendige Verfahren wird als *Fast-Fourier-Transformation* (FFT) bezeichnet.

Bemerkenswert ist, dass der Mathematiker Carl Friedrich Gauß schon im Jahre 1805 hierzu einen ersten Algorithmus entwickelt hatte. 1822 wies er seine sogenannte *Fourierreihe* nach. Eine erhebliche Beschleunigung der aufwendigen Berechnungen gelang James Cooley und John W. Tukey 1965 mit der FFT. Seither ist eine Vielzahl weiterer nochmals verbesserter Algorithmen entstanden.

Die moderne Elektronik ist ohne die reichhaltigen Anwendungsmöglichkeiten der FFT nicht mehr vorstellbar. Als berühmte Beispiele seien hier die Kompressionsalgorithmen für das MP3-Format und die Datenübertragung von DVB-T und WLAN genannt.

Im Alltag begegnet uns die FFT auch häufig bei Hi-Fi-Geräten. Auf den Displays von Radios und Equalizern werden die Frequenzanteile der Musik durch Balkengrafiken grob dargestellt.

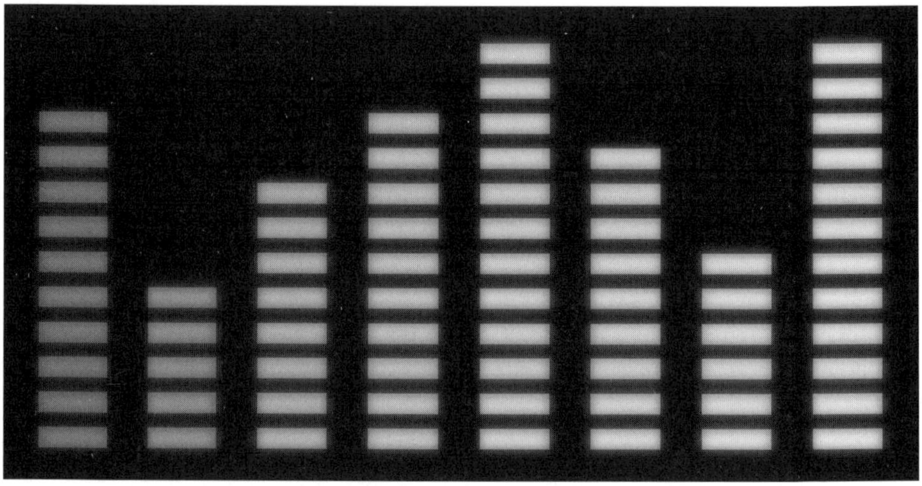

**Abb. 1.1:** Frequenzanzeige eines HiFi-Geräts

In diesem Beispiel wird das Audiospektrum in Echtzeit in seine Bestandteile zerlegt. Die untere Grenzfrequenz ist bei der FFT stets 0 Hz. Die obere Grenzfrequenz kann (fast) frei gewählt werden. Sie steht im Zusammenhang mit der noch zu beschreibenden Samplingrate. Hier wird angenommen, dass der Balken ganz rechts die für den Menschen gerade noch hörbaren 20 kHz anzeigt.

Da die Frequenzbereiche bei der FFT für jeden Balken gleich groß sein müssen, ergeben sie sich zu 20 kHz / 8 = 2,5 kHz. Der erste Balken zeigt also die gemeinsame Amplitude der Frequenzen von 0 Hz bis 2,5 kHz, der zweite Balken von 2,5 kHz bis 5 kHz usw. Die Anzahl der Balken muss bei der FFT stets eine Potenz zur Basis 2 sein. Weiterhin ist bei dem Beispiel ersichtlich, dass die Amplitude jedes Balkens durch maximal 12 LEDs angezeigt werden kann.

Eine Audiospektrum-Analyse mit so geringen Auflösungen bei den Frequenzbereichen und den Amplituden der Balken bietet natürlich allenfalls einen schönen optischen Effekt. Für ernsthafte Analysen müssen viel genauere Werte ermittelt werden. Dabei ist auch die zeitliche Auflösung, d. h., wie schnell Spektrum-Analysen durchgeführt werden können, von großer Bedeutung.

Da die Erhöhung der Balkenzahl mit immer längeren Berechnungen einhergeht, ist ein Kompromiss bei der Auflösung von Frequenz und Zeit zu finden. Als Grundlage der hier verwendeten FFT-Algorithmen dienen die *GNU*-lizenzierten Programme auf der Internetseite *http://elm-chan.org/works/akilcd/report_e.html.*

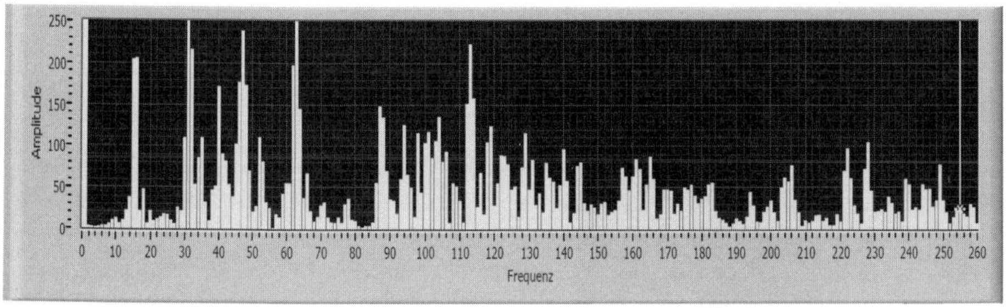


**Abb. 1.2:** Audiospektrum

Mit dem Experimentiersystem des Buchs lassen sich Audiospektren wie in Abb. 1.2 ermitteln. Im Folgenden sind die Grenzwerte dieser Spektren aufgeführt:

| | |
|---|---|
| Obere Grenzfrequenz: | 4.800 Hz |
| Untere Grenzfrequenz: | 0 Hz |
| Anzahl der Balken: | 256 |
| Frequenzbereich der Balken: | 18,75 Hz |
| Auflösung der Amplituden: | 0–254 |
| Geschwindigkeit pro Analyse: | ca. 55,6 ms |

Die obere Grenzfrequenz erscheint wahrscheinlich recht niedrig. Sie ist aber für eine Vielzahl von Anwendungen völlig ausreichend. Mikrocontroller sind aufgrund ihrer niedrigen Taktrate, des kleinen SRAM und der geringen ADC-Samplerate nur bedingt für die Signalanalyse geeignet. Bei $2^8 = 256$ Balken wird bereits ein RAM von 4 KByte benötigt, das der verwendete Mikrocontroller *ATMELmega644* gerade noch zur Verfügung stellt. Bei 256 Balken ist die Geschwindigkeit der FFT mit ca. 56 ms noch akzeptabel. Mit $2^9 = 1.024$ Balken würden sich der Speicherplatzbedarf und die Analysedauer verdoppeln.

Um den Frequenzbereich der 256 Balken möglichst schmal zu halten, wurde die obere Grenzfrequenz mit nur 4,8 kHz gewählt. Damit haben die Balken eine Breite von 18,75 Hz (4,8 kHz / 256). Das bedeutet, dass Frequenzen mit einer Genauigkeit von ± 9,375 Hz bestimmt werden können. Durch weiterführende Analysen wird es möglich, Auflösungen von ca. ± 2,5 Hz zu erreichen.

Die Höhe des Balkens ist ein Maß für die Lautstärke seines Frequenzbereichs. Mit Werten von 0 bis 254 wird hierbei eine sehr gute Auflösung möglich. Wie später noch beschrieben, basiert die Balkenhöhe auf logarithmischen Berechnungen. Dadurch können Audiosignale in einem sehr großen Dynamikbereich erfasst werden. Der Wert »255« des 8 Bit umfassenden Balkens wird als Steuerzeichen für die serielle Datenübertragung an den PC benötigt.

## 1.2 Hochpassfilter

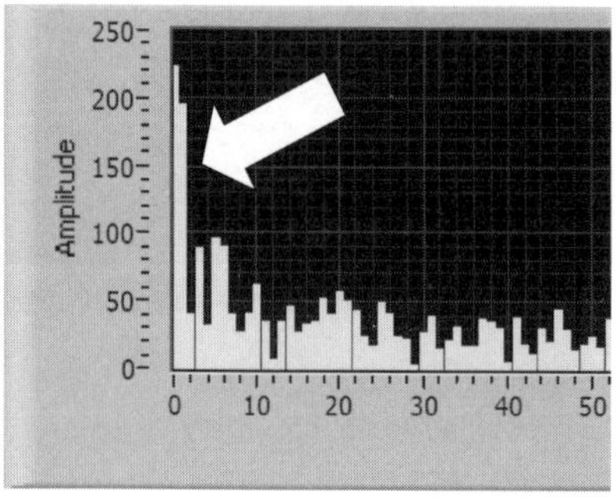


**Abb. 1.3:** Gleichstromanteil

Am unteren Ende der Audiospektren (bis ca. 50 Hz) finden sich in den Grafiken stets höhere Balken. Diese lassen sich auf den sogenannten Gleichstromanteil und Störungen bei der analogen Schallaufnahme zurückführen (Netzbrummen). Da das verwendete Mikrofon eine untere Grenzfrequenz aufweist, ist es sinnlos, Balken unterhalb dieses Werts zu analysieren. Ein gegen beide Störungen wirksamer Hochpassfilter lässt sich einfach realisieren, indem man die betreffenden Balken bei der anschließenden Analyse nicht mehr verwendet. Um zusätzliche Störungen, die z. B. durch PC-Lüfter auftreten können, zu eliminieren, wird der Hochpass bei vielen der folgenden Experimente vereinfachend auf 300 Hz eingestellt.

## 1.3 Anti-Aliasing- und Tiefpass-Filter

Die Samplerate für die Digitalisierung des analogen Mikrofonsignals wurde im *ELM-CHAN*-Projekt auf 9,6 kHz festgelegt. Das bedeutet, dass Messwerte fortlaufend in einem zeitlichen Abstand von ca. 104 µs (1 / 9,6 kHz) erhoben werden.

Nach dem sogenannten *Nyquist-Shannon-Abtasttheorem* ist die höchste vom ADC erfassbare analoge Frequenz etwas weniger als die Hälfte der Samplerate. Das bedeutet, dass die Digitalisierung hier nur für Audiosignale unterhalb von 4,8 kHz (9,6 kHz / 2) möglich wird. Die folgenden drei Diagramme zeigen Sinussignale von 4,8 kHz. Die Abtastzeiten der AD-Wandler sind als Punkte dargestellt.

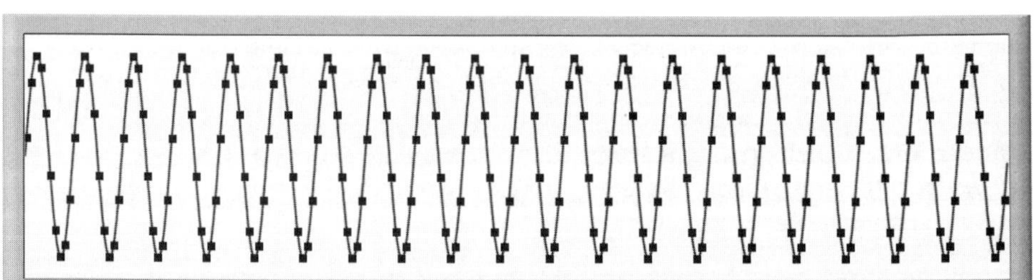

**Abb. 1.4:** Samplerate ›9.600 Hz

In Abb. 1.4 ist die Samplerate mehr als doppelt so hoch wie das Sinussignal. Man kann erkennen, dass das Signal gut mithilfe der Abtastpunkte rekonstruiert werden kann.

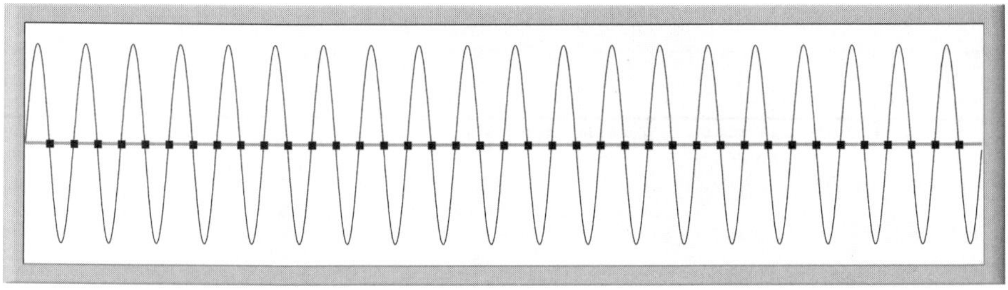

**Abb. 1.5:** Samplerate = 9.600 Hz

Wenn, wie in Abb. 1.5 dargestellt, die Samplerate genau zweimal so groß wie die Signalfrequenz ist, kann die Frequenzerkennung fehlerhaft werden. In diesem Beispiel bleibt der Sinus für den AD-Wandler sogar unsichtbar.

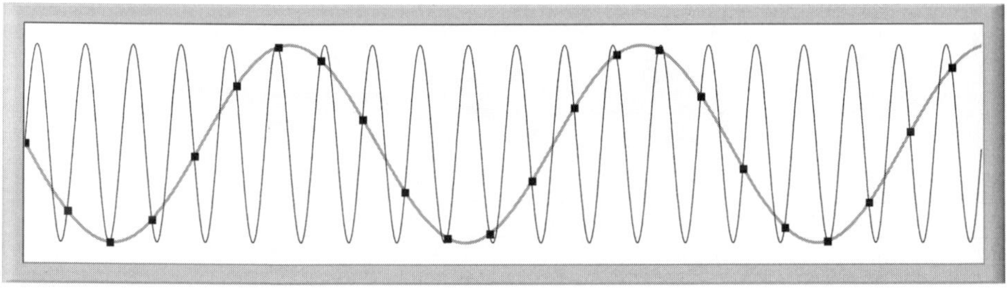

**Abb. 1.6:** Samplerate < 9.600 Hz

Beträgt die Abtastfrequenz weniger als die Hälfte des zu erfassenden Originalsignals, werden falsche, zu niedrige Frequenzen detektiert (Abb. 1.6).

Methoden, um fehlerhafte Digitalisierungen durch zu geringe Sampleraten zu vermeiden, werden als *Anti-Aliasing* bezeichnet. Die störenden *Alias-Effekte* können mithilfe von Tiefpassfiltern möglichst hoher Ordnung beseitigt werden. In unserem Fall sollte ein Tiefpassfilter verwendet werden, der Frequenzen ab 4,8 kHz herausfiltert. Im *ELM-CHAN*-Projekt wurde hierzu ein sogenannter *elliptischer Filter* achter Ordnung verwendet (*MAX293*). Allgemein gilt der Gebrauch eines Tiefpassfilters zur Vermeidung des *Alias-Effekts* als unumgänglich. Die Beispielschaltungen in diesem Buch liefern allerdings auch ohne Tiefpass gute Ergebnisse. Das lässt sich wie folgt erklären: Die Obergrenze der hier gewonnenen Audiospektren liegt bei 4,8 kHz. Die Spektren der meisten Geräusche in unserer Umgebung haben ihre maximalen Amplituden unterhalb dieser Frequenz. Hinzu kommt, dass das verwendete Elektret-Kondensatormikrofon und die Verstärkerschaltung höhere Frequenzen weniger verstärken und damit auch schon als Tiefpass fungieren.

Da die im *ELM-CHAN*-Projekt genutzte geringe Samplerate mit Bedacht gewählt erscheint, wird sie auch in diesem Buch verwendet. Hiermit können die meisten Töne unseres Alltags erfasst werden, und die Frequenzbereiche der einzelnen Balken bleiben ausreichend klein. In einem späteren Experiment kann der Alias-Effekt mit einem in der Tonhöhe langsam ansteigenden Sinussignal (sogenanntes *Sweep*-Signal) beeindruckend dargestellt werden (Kapitel 11.1.4).

## 1.4 Funktionsschema der FFT

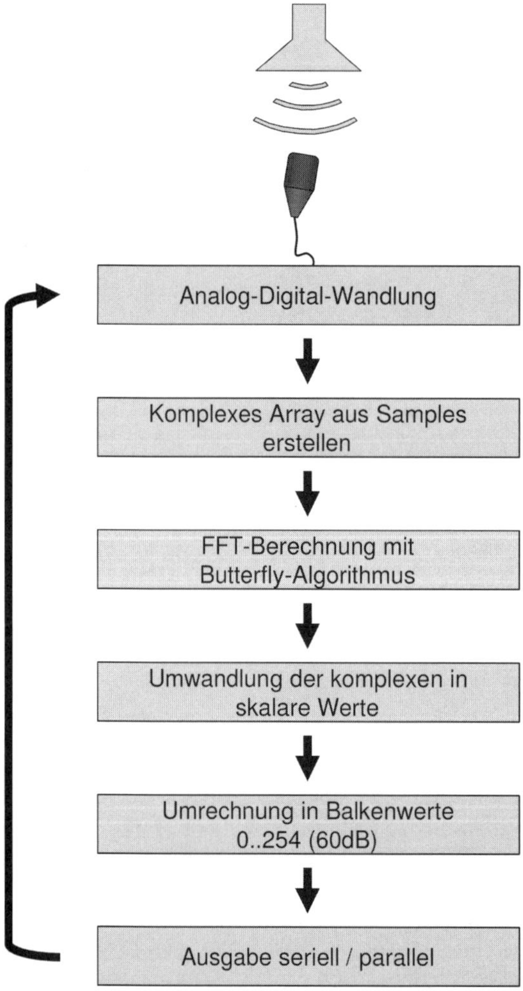


**Abb. 1.7:** Prinzip der Spektrum-Analyse

Abb. 1.7 zeigt stark vereinfacht die Schritte, die mithilfe des Mikrocontrollers durchgeführt werden müssen, um ein Audiospektrum zu erstellen. Zunächst wird das akustische Signal über ein Mikrofon in eine Wechselspannung umgeformt und ggf. verstärkt und gefiltert. Die Spannung wird dann mit einem ADC-Kanal des Controllers digitalisiert.

Anschließend werden aus den Abtastwerten (Samples) die für die Transformation notwendigen komplexen Zahlen generiert. Diese bestehen aus zwei unabhängigen Komponenten. Sie werden in einem Array für die weiteren Berechnungen sortiert abgespeichert. Danach erfolgt die eigentliche FFT mit dem sogenannten *Butterfly-Algorithmus.* Die besondere Bezeichnung ist durch die Form einer im Datenflussdiagramm des Algorithmus fortlaufend wiederkehrenden Grundstruktur zu erklären, die einem Schmetterling ähnelt.

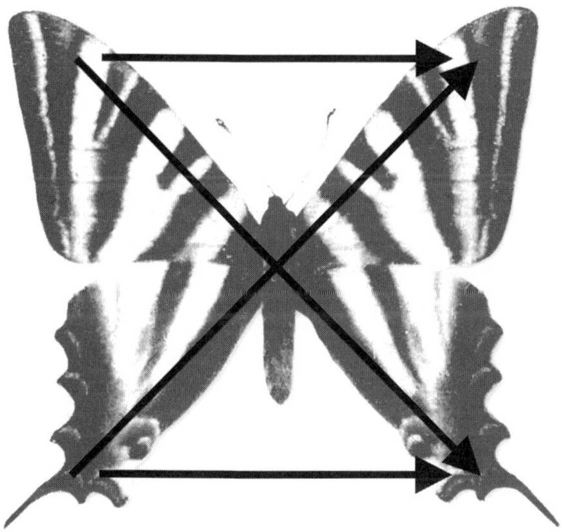

**Abb. 1.8:** Butterfly-Algorithmus

Die Ergebnisse der Transformation liegen jetzt noch als komplexe Zahlen vor und werden in Skalare, also in Größen, die wieder nur eine Komponente enthalten, zurückverwandelt. Diese Skalare liegen zunächst im 16-Bit-Format vor. Um die Rechengeschwindigkeit der weiteren Berechnungen zu erhöhen und um Speicherplatz zu sparen, erfolgt die Konvertierung in 8-Bit-Werte mit der Einheit Dezibel.

Sämtliche Berechnungen können in einer Endlosschleife wiederholt werden und in Echtzeit Signalverläufe analysieren.

## 1.5 Weiterführende Literatur

Wer sich näher mit der Fourier-Transformation beschäftigen möchte, wird im Internet und im Buchhandel zahlreich fündig. Nachfolgend werden einige wenige Quellen beschrieben. Außerdem wird eine lohnenswerte Einführung in die Programmiersprache Assembler vorgestellt.

### FTT ohne Mathematik erklärt

Auf der Internetseite *http://www.sprut.de/electronic/pic/16bit/dsp/fft/fft.htm* findet der Autor Bredendiek erfrischende und verständliche Worte, um dem Leser die Theorie der FFT auch ohne Formeln näher zu bringen. Dank der Zustimmung des Autors konnte die Erklärung auf der beiliegenden CD-ROM im Ordner *FFT* hinzugefügt werden.

### Wikipedia

Für kurze und einfach verständliche naturwissenschaftliche Erklärungen ist Wikipedia fast immer von Nutzen.

### Fourier-Transformation für Fußgänger

Wer mathematisches Vorwissen mitbringt, kann mit diesem ausführlichen Werk die Fourier-Transformation »von der Pike auf« verstehen lernen: »Fourier-Transformation für Fußgänger« von Tilman Butz, 7. aktualisierte Auflage 2011; Wiesbaden, Gabler Wissenschaftsverlage, 2011.

### Virtuelle Instrumente und Signalverarbeitung

Dieses Buch beschäftigt sich mit der Signalverarbeitung zur Zustandsüberwachung und Fehlerdiagnose von Maschinen. Die Grundlagen der Signalanalyse werden gut verständlich beschrieben und durch zahlreiche, mit LabVIEW-Anwendungen erstellte Diagramme veranschaulicht: »Virtuelle Instrumente und Signalverarbeitung: Zustandsüberwachung und Diagnose von Maschinen mit LabVIEW« von Karl Walter Bonfig und Zhondong Liu, 1. Aufl. Berlin, VDE-Verlag, 2004.

### Anfängerkurs zum Erlernen der Assemblersprache von Atmel AVR-Mikroprozessoren

Gerhard Schmidt stellt auf seiner Internetseite eine sehr gute Einführung in Assembler vor. Dieses kleine Nachschlagewerk im PDF-Format bietet sowohl Anfängern als auch Fortgeschrittenen wertvolle Programmiertipps. Es befindet sich – mit freundlicher Genehmigung des Autors – im Ordner *Kurs Assembler* auf der CD-ROM. Alternativ kann die Einführung unter *http://www.avr-asm-tutorial.net/avr_de/index.html* kostenlos heruntergeladen werden

# 2 Simulationsprogramm in LabVIEW

## 2.1 Verwendungszweck

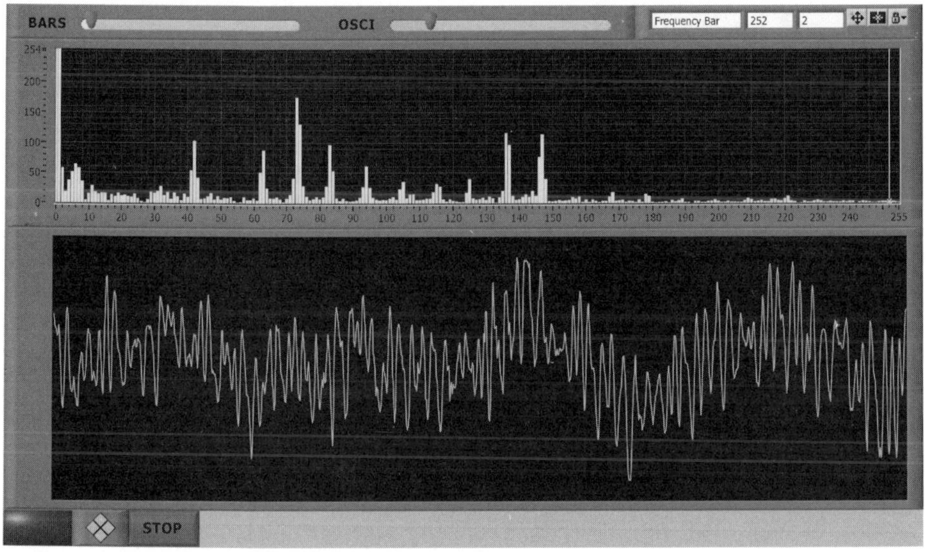


**Abb. 2.1:** SIMULATOR.vi mit Radiomusik (Front)

Wer sich Wissen autodidaktisch durch entsprechende Literatur aneignet, weiß, wie wichtig Schaltungsbeispiele sind, um den Praxisbezug zu den vermittelten Lerninhalten nachvollziehen zu können. Wahrscheinlich bleibt aber nicht immer die Zeit zum Nachbau der in den Fachbüchern dargestellten Schaltungen. Um auch ohne Lötkolben einen ersten Eindruck über die mit dem FFT-Baustein realisierbaren Audiospektrum-Analysen erhalten zu können, befindet sich auf der beiliegenden CD-ROM im Ordner *LabVIEW* die Anwendung *SIMULATOR.vi*. Es ist jedoch erst nach der Installation der Programmiersprache LabVIEW auf Ihrem PC möglich, dieses und alle weiteren im Buch aufgeführten, mit dieser Sprache erstellten Analyseprogramme und Signalgeneratoren zu öffnen.

## 2.2 Bedienungsanleitung

Der Simulator dient nicht nur zur Veranschaulichung der Theorie. In begrenztem Umfang kann das Programm auch nützlich für die Entwicklung von neuen Anwendungen sein. Das Audiosignal wird über die Soundkarte des PCs empfangen. Hierzu muss ein Mikrofon angeschlossen werden. Es ist auch möglich, Signale und Tondateien, die mit dem Computer abgespielt werden, mithilfe des sogenannten *Stereo-Mixers* an die Soundkarte zu leiten.

**Abb. 2.2:** Wahl zwischen Mikrofon und Stereo-Mixer

Abb. 2.2 zeigt das Fenster *Recording Control*, das beispielsweise in *Windows XP* aufgerufen werden kann, wenn in der Taskleiste die Lautstärkeregelung geöffnet wird. Hier wird zur Einstellung Ihrer Soundkarte nur auf die zahlreichen im Internet verfügbaren und an die unterschiedlichen Betriebssysteme angepassten Anleitungen verwiesen. Im oberen Diagramm des Simulators wird stets das aktuelle Audiospektrum für den Bereich von 0 Hz bis 4.800 Hz mithilfe von 256 Frequenzbalken nahezu in Echtzeit angezeigt. Diese Genauigkeit entspricht der, die auch bei der Signalanalyse mithilfe des FFT-Bausteins erreicht wird. Der Simulator zeigt nur Frequenzanteile kleiner oder gleich 4.800 Hz an. Er verhält sich damit so, als ob ihm ein Tiefpassfilter mit extrem hoher Flankensteilheit vorgeschaltet wäre, der alle Frequenzen oberhalb des Durchlassbereichs eliminiert. Deswegen kann der Versuch zum Alias-Effekt auch nur mit dem Experimentiersystem und nicht mit dem Simulator durchgeführt werden (Kapitel 11.1.4).

Die Empfindlichkeit und damit die Balkenhöhe lässt sich mit dem Schieberegler *BARS* variieren. Anders als bei den durch den Mikrocontroller generierten Daten ist es möglich, auch Werte oberhalb von 254 zu erreichen.

Für die genaue Analyse einzelner Balken kann der senkrechte gelbe Cursor mithilfe der Maus verschoben werden. Neben der rechts oben befindlichen schwarz-weißen Anzeige *Frequency Bar* werden die Balkennummer und der Amplitudenwert angezeigt, die der momentanen Position des Cursors entsprechen. In Abb. 2.1 wird somit Balken 252 markiert. Seine Höhe beträgt 2. Gegebenenfalls ist es notwendig, die Anzeige im oberen Diagramm zu kalibrieren (siehe Kapitel 11.3.3).

Das untere Diagramm zeigt die Wechselspannung, die die Soundkarte aus dem Audiosignal generiert hat. Hier wurde Radiomusik aufgenommen. Es ist gut zu erkennen, dass sich höhere und tiefere Frequenzen überlagern. Die Darstellung ähnelt der eines Oszilloskops. Mit dem Schieberegler *Osci* kann die Empfindlichkeit (Y-Achse) variiert werden. Die Anzeige der Wechselspannung wird dabei automatisch in einer mittleren Y-Position gehalten.

Die Zeitablenkung (X-Achse) ist nicht variabel. Die Voreinstellung ist aber so gewählt, dass sie im relevanten Frequenzbereich von 0 Hz bis 4.800 Hz eine akzeptable Darstellung liefert.

Der Programmcode des Simulators ist in der grafischen Programmiersprache LabVIEW geschrieben. Abb. 2.3 zeigt das sogenannte *Blockdiagramm*, das die einzelnen Anweisungen enthält.

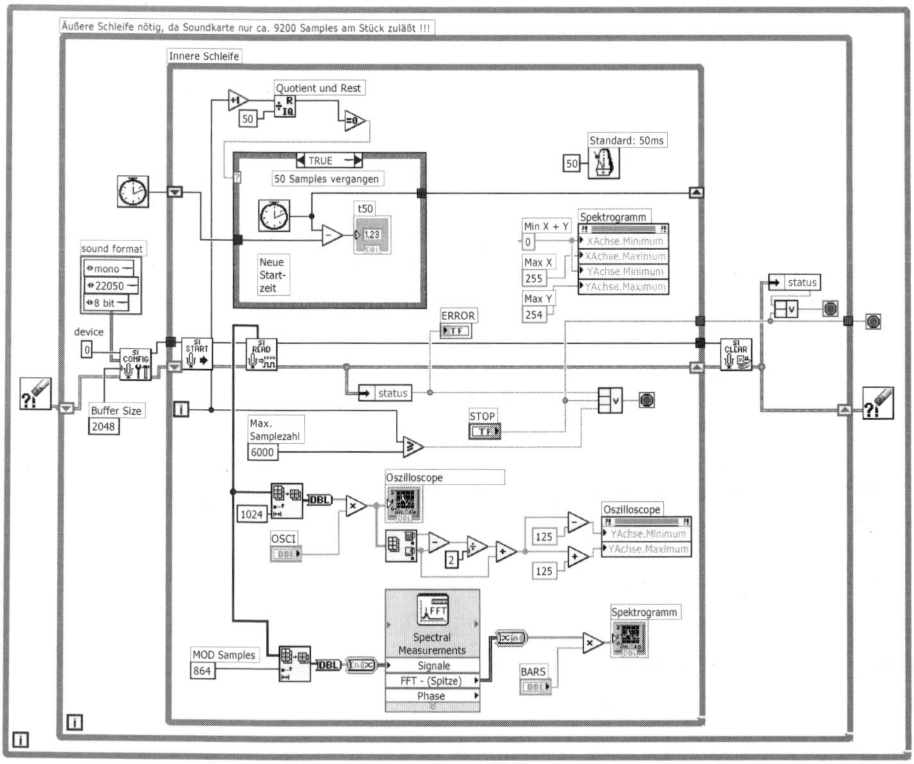


**Abb. 2.3:** SIMULATOR.vi (Block)

## 2.3 Soundkarten-Oszilloskope

Mittlerweile gibt es eine Vielzahl von im Internet verfügbaren Soundkarten-Oszilloskopen. Obwohl sie zum Teil einen beachtlichen Funktionsumfang bieten, sind sie noch nicht in der Lage, »echte« Geräte zu ersetzen. Um die Amplituden eines Wechselspannungssignals ermitteln zu können, müssten die Soundkarten-Oszilloskope nämlich möglichst vor jedem Gebrauch mit externen Signalen kalibriert werden, da es durch die Verwendung anderer Programme leicht zu Modifikationen in den Einstellungen der Soundkarte kommen kann, die Fehlmessungen nach sich ziehen. Gleichspannungen können gar nicht gemessen werden. Dennoch erlauben die Soundkarten-Oszilloskope erste Analysen von unbekannten Signalen. Im Folgenden werden die Internetadressen von zwei Oszilloskopen genannt, die zum Zeitpunkt der Drucklegung für den privaten Gebrauch kostenlos heruntergeladen werden können.

Auf der Homepage von Bernd Reiser (*http://dsp4swls.de/*) findet sich das kleine Programm *Oszilight.exe.* Es ist praktischerweise ohne Installation sofort lauffähig. Zu seinem Funktionsumfang gehören neben dem Zweikanal-Oszilloskop auch eine FFT-Darstellung und ein X-/Y-Graph. Zusätzlich kann auf der angegebenen Internetseite ein vielseitiger Signalgenerator *generator.exe* für den hörbaren Frequenzbereich bezogen werden.

Beide Programme werden in dem Buch »Elektronische Schaltungen« von Richard Zierl (1. Aufl. Franzis Verlag, 2007) genau beschrieben.

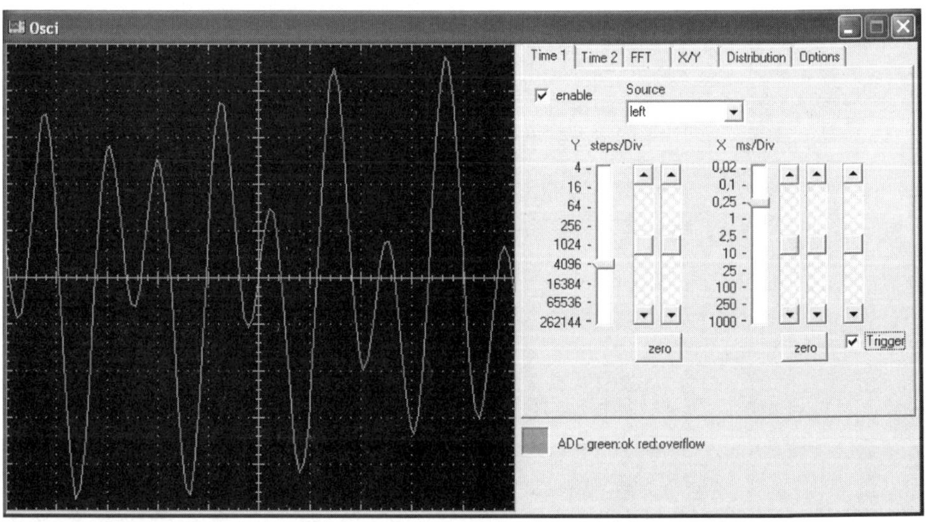


**Abb. 2.4:** Oszilight.exe

Das sehr aufwendig gestaltete Programm *Scope_140.exe* ist auf der Internetseite *http://www.zeitnitz.de/Christian/* verfügbar. Es wurde mit der auch in diesem Buch verwendeten Programmiersprache LabVIEW erstellt. Neben den oben beschriebenen Funktionen ist auch ein leistungsfähiger Funktionsgenerator integriert. Die Anwendung kann kostenlos heruntergeladen werden, sie ist aber keine Freeware. Beachten Sie bitte die Lizenzbestimmungen.

Die drei Anwendungen befinden sich auf der CD-ROM im Ordner *Oszi-Signal*.

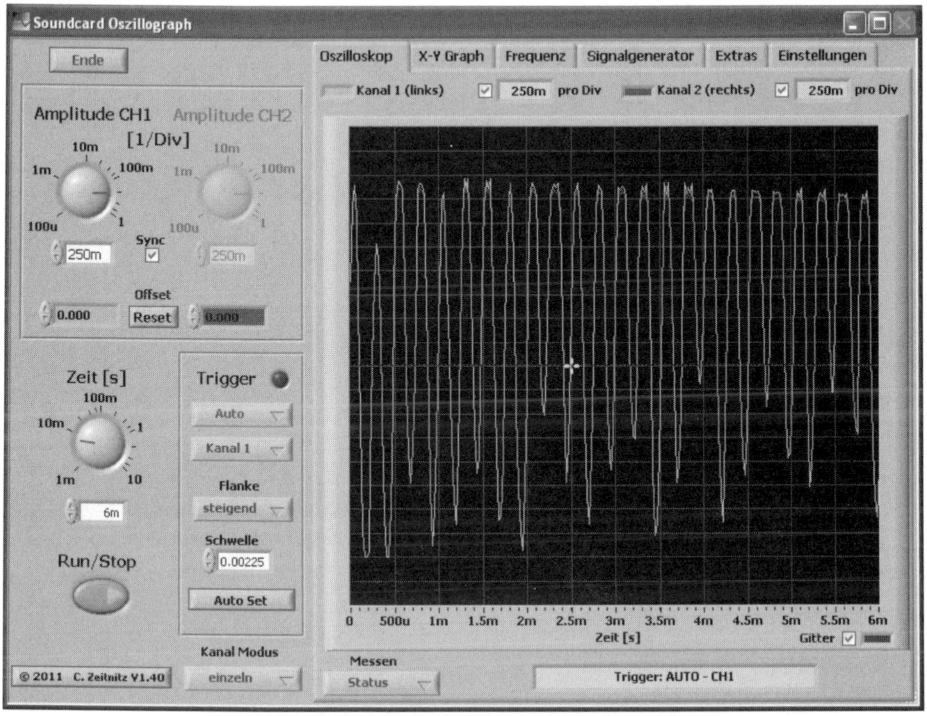


**Abb. 2.5:** Scope_140.exe

# 3 Einführung in LabVIEW

## 3.1 Was ist LabVIEW?

Die grafische Hochsprache LabVIEW wird für Anwendungsgebiete der modernen Signalverarbeitung genutzt. Das sind alle Bereiche von Technik und Forschung, in denen Lösungen zur Mess-, Steuer- und Regeltechnik (MSR) benötigt werden. LabVIEW wird z. B. in der industriellen Fertigung, in der Raumfahrt, bei der Zustandsüberwachung von Maschinen und in der medizinischen Forschung eingesetzt. Seit vielen Jahren wird die Programmiersprache von der Firma *National Instruments* optimiert und für die neuen Aufgabenstellungen unserer Zeit aktualisiert.

Für Messwertaufnahmen und Steuerungsaufgaben ist eine Vielzahl von Hardware-Applikationen verfügbar. Selbst einfachere Messgeräte bieten aufgrund der hohen Popularität von LabVIEW häufig schon die Möglichkeit, als Datenerfassungsmodule zu fungieren.

Obwohl diese Programmiersprache für den professionellen Einsatz vorgesehen ist, sind ihre Grundlagen leicht zu erlernen. Bereits mit wenigen Mausklicks können gute Ergebnisse in einer optisch ansprechenden Form erzielt werden. Anwendungen in LabVIEW werden durch die Verbindung von grafischen Elementen erstellt, die die Befehle verkörpern. Das hat für den Programmierer den Vorteil, dass er intuitiv arbeiten kann und sich nicht mit der in textbasierten Programmiersprachen üblichen komplexen Syntax beschäftigen muss. Außerdem ist für ihn eine in der Entwicklung befindliche Anwendung durch die grafische Darstellung meist besser überschaubar als durch seitenlange Listings.

Eine in LabVIEW geschriebene Applikation wird als *Virtuelles Instrument* (VI) bezeichnet, da es einem realen Messgerät ähnelt. Das VI besitzt jedoch gegenüber der Hardware-Lösung den großen Vorteil, dass es flexibel an sich ändernde Aufgabenstellungen angepasst werden kann. Meist wird zusätzlich zu LabVIEW noch eine besondere Hardware-Komponente zur Datenerfassung benötigt. Wie beim in Kapitel 2 beschriebenen Simulator genügt hierzu manchmal auch schon die Soundkarte des PCs.

In diesem Buch wird noch eine andere kostengünstige Möglichkeit zum Datentransfer genutzt. Mithilfe eines *USB-2.0-seriell-Adapters* können die von der Mikrocontroller-Schaltung ermittelten Messwerte via RS-232 seriell an den PC gesendet werden.

## 3.2 Der Aufbau eines virtuellen Instruments

Eine in LabVIEW geschriebene Anwendung setzt sich aus zwei wesentlichen Bestandteilen zusammen, die in getrennten Fenstern dargestellt werden. Auf dem *Frontpanel* sind die zur Bedienung und Anzeige benötigten Objekte dreidimensional abgebildet. Hierzu gehören u. a. Schalter, Schiebe- und Drehregler, Leuchten, Textfelder, numerische Anzeigen und Diagramme.

Das zweite Fenster wird als *Blockdiagramm* bezeichnet. Es enthält alle Programmieranweisungen in Form von grafischen Symbolen. Der mannigfaltige Funktionsumfang reicht von einfachen Rechenoperationen bis hin zu umfassenden Algorithmen. Die durch Symbole verkörperten Funktionen werden über Verbindungsleitungen miteinander in Beziehung gesetzt. Um die Bedien- und Anzeigeelemente des Frontpanels in die Programmstruktur einbinden zu können, werden sie zusätzlich im Blockdiagramm symbolisch dargestellt.

Ein sogenannter *grafischer Compiler* übersetzt das Blockdiagramm vor dem Programmstart in Assemblercode. Hierdurch wird eine möglichst hohe Ablaufgeschwindigkeit erreicht.

## 3.3 Beispielprogramm in LabVIEW

Anstatt vieler Worte erläutert die kurze Beschreibung eines einfachen Anwendungsbeispiels die Programmierung in LabVIEW. Nach dem Starten öffnet sich ein Fenster zur Dateiauswahl.

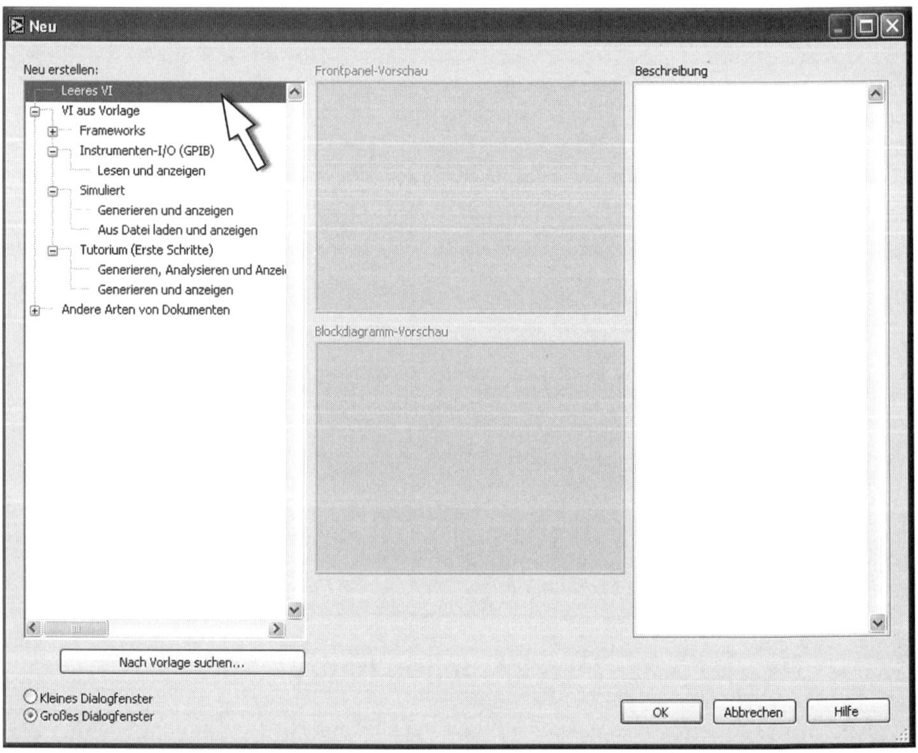


**Abb. 3.1:** Dateiauswahl

Mit einem Klick auf *Leeres VI* wird ein neues Programm, bestehend aus einem leeren Frontpanel und einem darunter liegenden Blockdiagramm, erstellt. Sein Name lautet zunächst *Unbenannt 1.vi.*

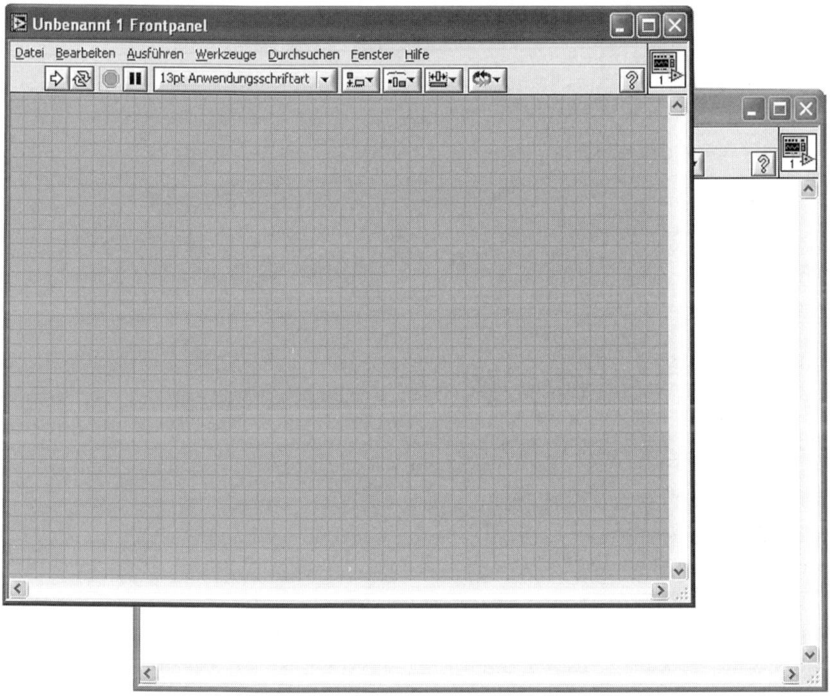


**Abb. 3.2:** Leeres VI

Mit einem Rechtsklick auf das Frontpanel öffnet sich die sogenannte *Elementepalette*, in der alle auf dem Frontpanel platzierbaren Objekte aufgeführt sind. Hierzu gehören die Anzeige- und Bedienelemente. Außerdem können grafische Gestaltungselemente hinzugefügt werden. Mit einem Linksklick auf *Graph*-Anzeige erscheint die zugehörige Unterpalette. Hier ist der *Signalverlauf-Graph* auszuwählen.

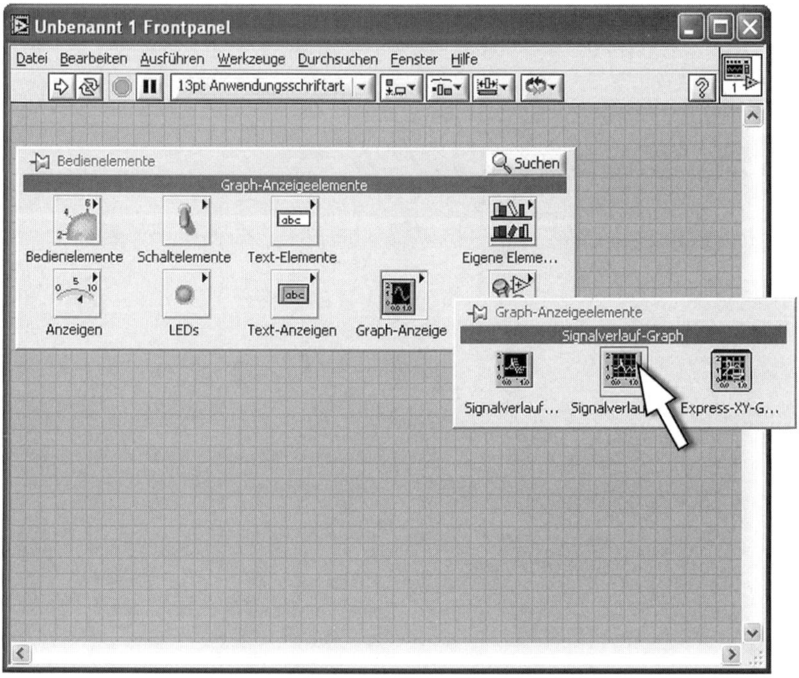


**Abb. 3.3:** Signalverlauf-Graph erstellen

Das Anzeigeelement ist noch mit dem Cursor verbunden und kann auf dem Frontpanel so lange bewegt werden, bis es durch einen Klick auf die linke Maustaste abgelegt wird. Wenn der Cursor wie hier die Form eines weißen Pfeils annimmt, wird er als *Positionierwerkzeug* bezeichnet.

Das VI soll später mit einer Schaltfläche zu beenden sein. Hierzu wird die Elementepalette erneut geöffnet. Der *Stop*-Button befindet sich in der Unterpalette *Schaltelemente.* Mit einem Linksklick wird die Schaltfläche auf dem Frontpanel platziert.

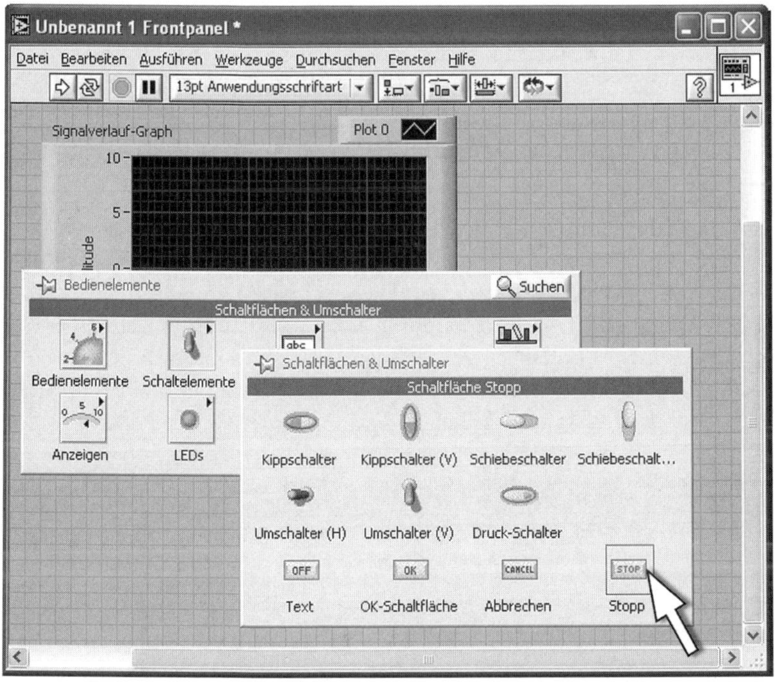


**Abb. 3.4:** Stop-Button hinzufügen

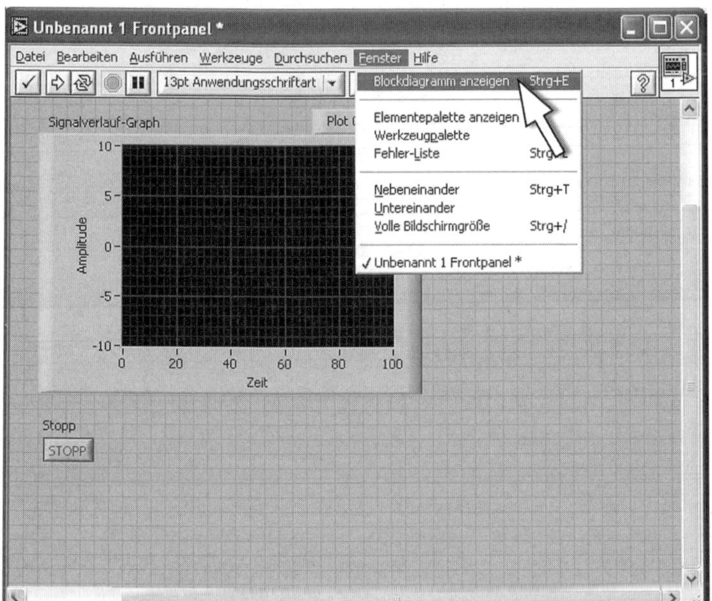


**Abb. 3.5:** Wechsel ins Blockdiagramm

Nun ist das Frontpanel des sehr einfachen Beispielprogramms fertiggestellt. Die durchzuführenden Programmieranweisungen fehlen noch. Sie werden im *Blockdiagramm* angeordnet und verbunden. Vergleicht man ein LabVIEW-Programm mit einem elektronischen Gerät, entspricht das Blockdiagramm der Platine mit den eingelöteten Bauteilen. Das virtuelle Frontpanel und eine real entwickelte Frontplatte weisen viele Ähnlichkeiten auf.

Das Blockdiagramm kann geöffnet werden, indem in der Menüleiste *Fenster* auf den Menüpunkt *Blockdiagramm anzeigen* geklickt wird. Bis auf die Symbole der Anschlüsse des Graphs und des *Stop*-Buttons ist es noch leer. Da das einfache Programm noch keine Messwerte erfassen kann, erfolgt die Generierung von künstlichen Werten über ein simuliertes Signal. Mit einem Rechtsklick auf die weiße Fläche des Blockdiagramms öffnet sich die sogenannte *Expresspalette* mit häufig verwendeten Programmierbefehlen. In der Unterpalette *Signal-Analyse* ist auf den Befehl *Signal simulieren* zu klicken.

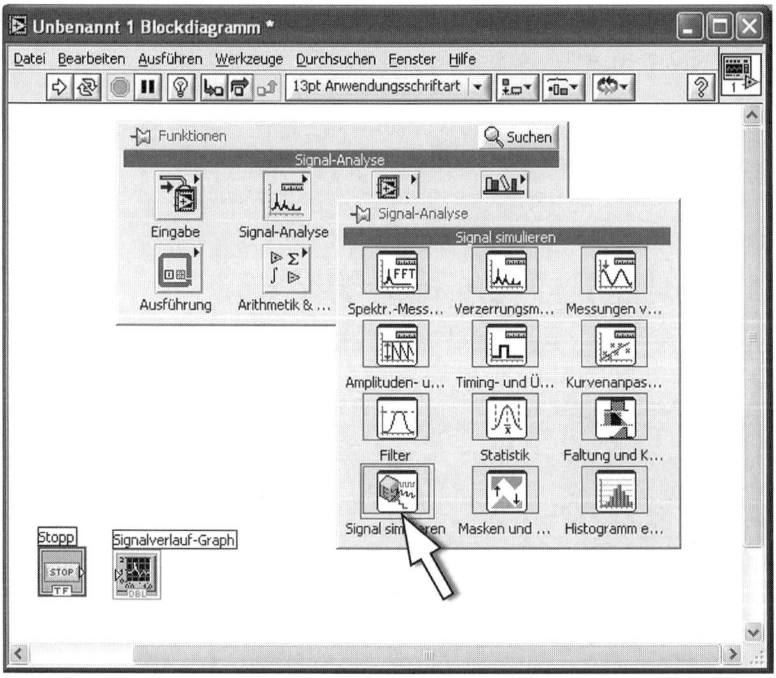


**Abb. 3.6:** Express-VI auswählen

Da es sich hierbei um ein sogenanntes *Express-VI* handelt, öffnet sich die *Eigenschaftsseite* dieses Befehls, in der das auszugebende Signal konfiguriert werden kann. Mit einem Klick auf den Button *OK* werden die Einstellungen gespeichert. Nun kann das Symbol mit der Maus positioniert und abgelegt werden.

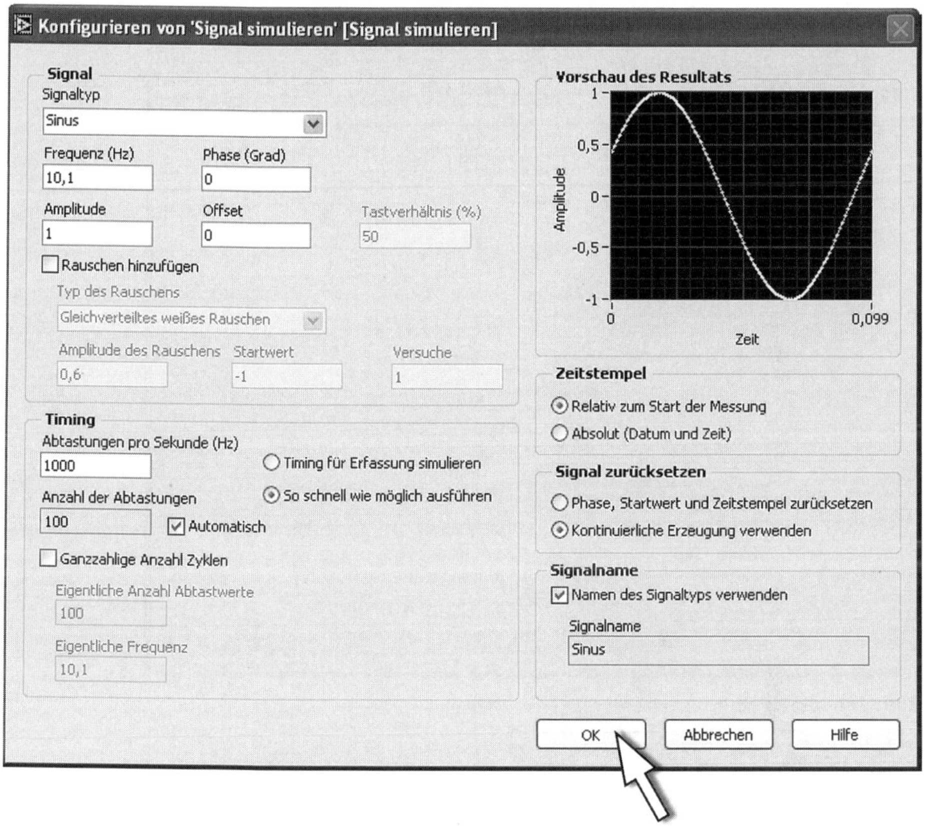


**Abb. 3.7:** Eigenschaftsseite des Express-VI

Um die Signale auf dem Frontpanel anzeigen zu können, muss der Ausgang des Befehls mit dem Eingang des Graphen verbunden werden. Der Cursor ändert seine Form, wenn man ihn dem Ausgang von *Signal simulieren* annähert. Anstatt des weißen Pfeils ist nun eine Drahtspule sichtbar, die als *Verbindungswerkzeug* bezeichnet wird. Hiermit lässt sich eine Leitung zwischen dem *Express-VI* und dem Graphen ziehen.

Eigentlich ist schon jetzt ein funktionstüchtiges Programm entstanden. Es würde nach dem Start jedoch nur einmal ablaufen.

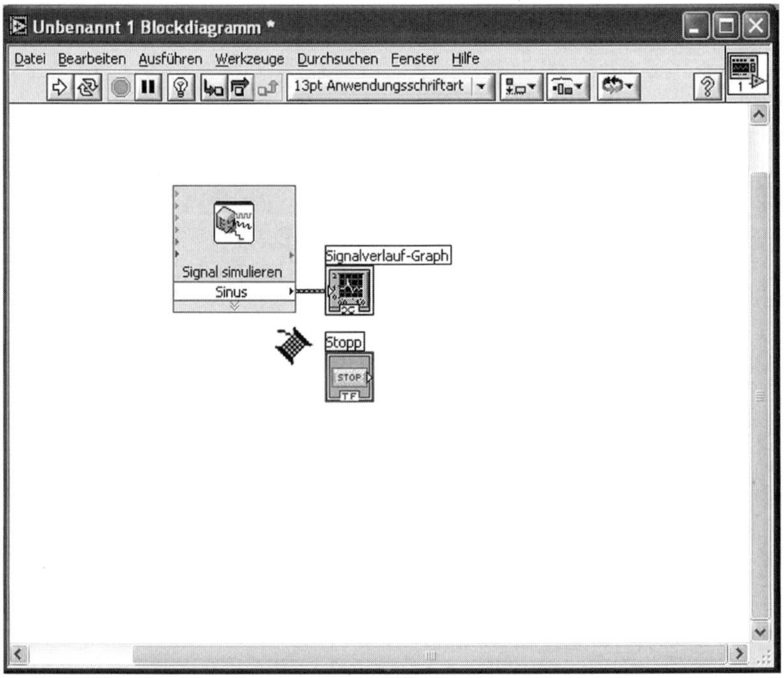


Abb. 3.8: Signalverlauf-Graphen anschließen

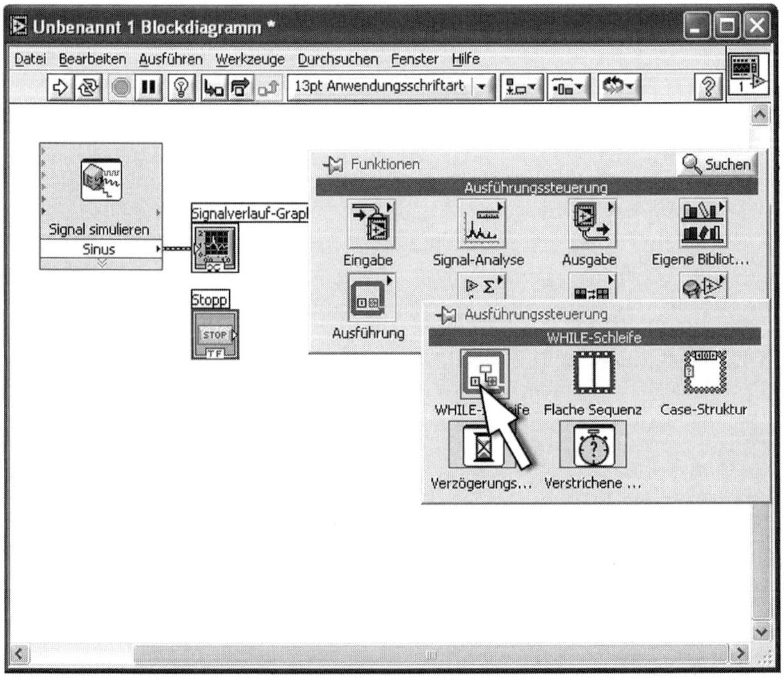


Abb. 3.9: While-Schleife hinzufügen

Um die Anzeige der simulierten Daten kontinuierlich zu wiederholen, wird, ähnlich wie bei einer textorientierten Programmiersprache, eine *While*-Schleife verwendet. Sie findet sich in der *Expresspalette* im Untermenü *Ausführung*. Nach dem Klick auf das Schleifensymbol kann mithilfe des Positionierwerkzeugs (weißer Pfeil) ein gestrichelter Rahmen um den Signalgenerator und die Anschlüsse von Graph und *Stop*-Button gezogen werden. Der Rahmen verwandelt sich nach dem Loslassen der Maustaste in die gewünschte Schleifenstruktur.

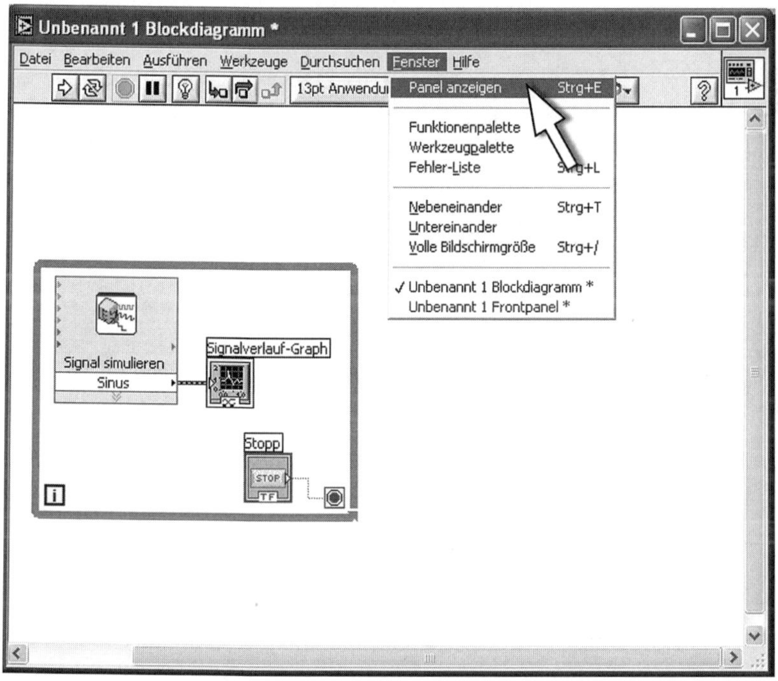


**Abb. 3.10:** Fertiggestelltes Blockdiagramm

Zuletzt ist der Ausgang des Buttons mit dem Verbindungswerkzeug an das sogenannte *Abbruchterminal* anzuschließen. Das ist die Bedingung, die zur Beendigung der Schleife führt.

Jetzt ist das Blockdiagramm vollständig. Im Menü *Fenster* wird wieder das Frontpanel aufgerufen. Links oben in der Symbolleiste des Frontpanels befindet sich ein weißer Pfeil. Hiermit wird das VI gestartet. Das Diagramm zeigt fortan das sich stets verändernde simulierte Signal. Mit einem Klick auf den Button *Stop* wird das Programm beendet.

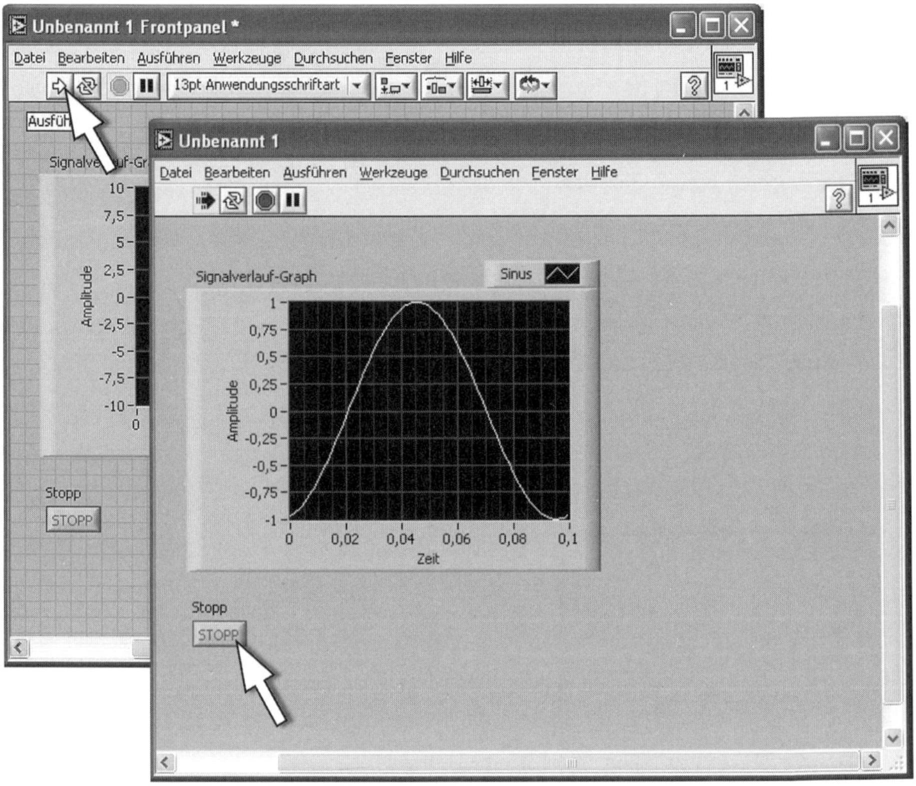


Abb. 3.11: Start und Stopp des Programms

Dieses einfache Beispiel ist Zeugnis für die extrem schnelle und unkomplizierte Programmerstellung mit LabVIEW. Um eine vergleichbare Anwendung in einer konventionellen textorientierten Programmiersprache zu entwickeln, wäre ein erheblich höherer Zeitaufwand zu leisten. Die Entwicklung von kleinen, aber sehr nützlichen Analysetools ist auch ohne große Programmierkenntnisse zu bewerkstelligen. Die Form, der Anzeigebereich, die Farbe und viele andere Einstellungen des Diagramms und der weiteren verfügbaren Elemente des Frontpanels lassen sich auch im Nachhinein flexibel an die jeweilige Aufgabe anpassen. So bleibt das Resultat optisch ansprechend und übersichtlich.

Mit zunehmendem Kenntnisstand kann der Programmierer immer komplexere Anwendungen bewältigen und in den schier endlos scheinenden Funktionsumfang von LabVIEW vordringen.

## 3.4 LabVIEW-Programme in diesem Buch

Größer und faszinierender könnte der Unterschied der im Buch behandelten, miteinander kommunizierenden Programmiersprachen kaum sein. Auf der einen Seite steht der unmittelbare, textbasierte Assemblercode der Mikrocontroller, auf der anderen die Verwendung der grafischen Hochsprache LabVIEW für die Analyse-Tools des PCs. Während mit Assembler der Vorteil der vollen Kontrolle über den bei jedem einzelnen Prozessortakt durchzuführenden Befehl besteht, bietet sich mit LabVIEW die Möglichkeit, durch die Verwendung hoch entwickelter Funktionen bereits mit geringem Programmieraufwand zuverlässige Applikationen zu erstellen.

Zur Entwicklung von Projekten mit dem Experimentiersystem werden in diesem Buch grundsätzlich zwei Typen von VIs vorgestellt. Um die Funktionstüchtigkeit der Assembler-Programme zu überprüfen, müssen bei der ersten Art von Anwendungen akustische Signale erzeugt werden. Das geschieht mit speziell angepassten Tongeneratoren, deren Ausgabe über die Soundkarte des PCs erfolgt. Die zweite Form stellen VIs zur Datenerfassung, zur weiteren Auswertung und zur Anzeige der über die serielle Schnittstelle (RS-232) vom Experimentiersystem gesendeten Informationen dar. Die Grundstruktur dieser Programme ist stets ähnlich. Zunächst wird in einer ersten *While*-Schleife so lange gewartet, bis das sogenannte *Start-Byte 255* empfangen wird. Mit diesem Wert signalisiert die Mikrocontroller-Schaltung den Beginn der Übertragung eines neuen Datenpakets. Danach wird eine je nach Anwendung vordefinierte Anzahl von Bytes (8 Bit) eingelesen und in bearbeiteter Form auf dem Frontpanel ausgegeben.

LabVIEW bietet eine ganze Menge an Kniffen, um den Code der Blockdiagramme möglichst kompakt formulieren zu können. Da diese für das Verständnis des Anfängers eher hinderlich erscheinen, wurden die VIs des Buchs ausführlicher programmiert. Vielleicht wird der bereits mit LabVIEW vertraute Anwender die Blockdiagramme deshalb als teilweise zu umständlich empfinden.

## 3.5 LabVIEW für eigene Projekte nutzen

Das Herz des leidenschaftlichen Elektronikers dürfte bei der Entwicklung eines virtuellen Instruments aufgrund der Parallelen zum Bau eines realen Geräts höher schlagen. Die Gestaltung von Blockdiagrammen ähnelt dem Layouten von Platinen. In beiden Fällen sind funktionelle und optische Aspekte zu beachten, um einen übersichtlichen und ansprechenden Schaltungsentwurf zu erzeugen.

Ein attraktives Design der dem virtuellen Frontpanel entsprechenden Frontplatte ist das gebührende Finish für eine aufwendige Eigenentwicklung. Hierzu nimmt sich der Elektroniker nach Vollendung der Arbeiten an der Platine gern Zeit, um die Bauteile zur Bedienung und Anzeige optimal zu platzieren und entsprechende Beschriftungen vorzunehmen. Auf dem Frontpanel des Virtuellen Instruments lässt sich dank der realitätsnah dreidimensional dargestellten Objekte und der Möglichkeit, Beschriftungen und Gestaltungselemente in individueller Farbgebung hinzuzufügen, ebenfalls ein Design mit hohem Anspruch erstellen.

Der Funktionsumfang einer in LabVIEW entwickelten Applikation kann, im Gegensatz zu einem realen Gerät, einfach und ohne Kostenaufwand für neue Bauteile geändert werden. Aufwendige Mess- und Analysetools lassen sich der Aufgabe entsprechend individuell konfektionieren. So stehen dem Elektroniker Werkzeuge zur Verfügung, die als

Hardware-Lösungen entweder einen unerschwinglichen Preis hätten oder gar nicht erst verfügbar wären. Außerdem besteht die Möglichkeit, gewonnene Messwerte zu speichern, um sie im Anschluss mit anderen VIs oder alternativen Programmen, wie z. B. Excel, weiter bearbeiten zu können.

Die in diesem Buch beschriebenen Signalgeneratoren und Applikationen zur Analyse der von der Mikrocontroller-Schaltung gesendeten Daten können als Basis für die Entwicklung ähnlicher Programme dienen. In den Anwendungsbeispielen aus Kapitel 11 werden Bytes vom PC nur empfangen, nicht aber gesendet. Die Schaltung der seriellen Schnittelle wurde jedoch so ausgelegt, dass das Experimentiersystem auch zum Datenempfang geeignet ist. Für Projekte, bei denen die Funktionen der Mikrocontroller über den PC gesteuert werden sollen, wäre die Entwicklung einer Assembler-Routine zum seriellen Datenempfang lohnend.

In den LabVIEW-Versionen finden sich zahlreiche thematisch sortierte Anwendungsbeispiele. Sie sind für das Selbststudium der Programmiersprache sehr hilfreich. Oft lassen sie sich mit wenig Aufwand an die eigenen Bedürfnisse anpassen.

Wenngleich bei einigen Soundkarten durch die Verwendung spezieller VIs höhere Sampleraten erreicht werden können, bleibt die Leistungsfähigkeit zur Erfassung analoger Messwerte doch sehr begrenzt. Bei den großen Elektronik-Versandhäusern werden zahlreiche mit LabVIEW kompatible Hardware-Applikationen angeboten. Oft erfolgt dazu schon ein Hinweis in der Offerte des Produkts. Es stehen dann zusätzliche VIs zur Ansteuerung zur Verfügung, die eine sehr einfache und komfortable Einbindung in eigene Anwendungen ermöglichen. Die meisten dieser Geräte werden über ein USB-Kabel mit dem PC verbunden. Hierzu zählen z. B. Datenerfassungsmodule für analoge und digitale Signale, USB-Oszilloskope sowie Relaiskarten.

Für Schüler, Azubis und Studenten bietet die Firma *National Instruments* kostengünstige Applikationen. Besonders hervorheben ist hier das *NI myDAQ – Student Edition.*

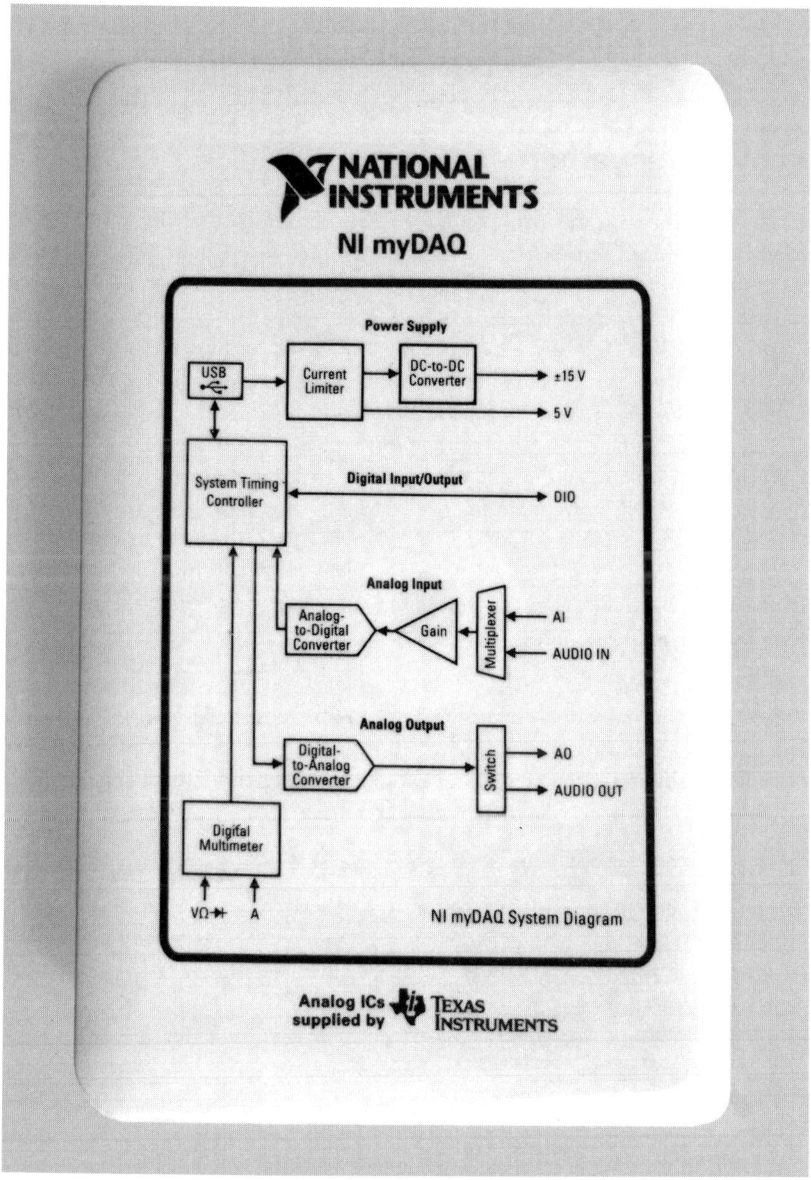


**Abb. 3.12:** NI myDAQ

Das hochwertige USB-Gerät verfügt über analoge und digitale Ein- und Ausgänge. Es stellt außerdem unterschiedliche Versorgungsspannungen für elektronische Schaltungen zur Verfügung. Zum Leistungsumfang gehören auch acht häufig genutzte Plug-and-play-Messgeräte, beispielsweise ein Digitalmultimeter, ein Oszilloskop, Analyseprogramme und Signalgeneratoren. Das Gerät eignet sich hervorragend zur Bearbeitung von Audiosignalen. Zur Entwicklung von Entzerrern, Filtern und ähnlichen Anwendungen sind Audio-Ein- und Ausgänge implementiert. Weitere Informationen sind verfügbar unter *www.ni.com/mydaq/d*.

## 3.6 LabVIEW erwerben

LabVIEW bleibt grundsätzlich der professionellen Anwendung vorbehalten. Die große Leistungsfähigkeit der Programmiersprache rechtfertigt auch ihren entsprechend hohen Verkaufpreis. *National Instruments* bietet die Möglichkeit, sich bereits vor dem Erwerb intensiv mit LabVIEW zu beschäftigen. Auf der Internetseite *http://germany.ni.com/* kann eine für einen Monat gültige Evaluierungsversion kostenlos heruntergeladen werden. Für das Selbststudium empfiehlt sich der Kauf eines ohnehin notwendigen Lehrbuchs, über das eine sogenannte *Studentenversion* bezogen werden kann, die der Vollversion weitgehend entspricht und zeitlich unbegrenzt nutzbar ist. Als Schüler, Azubi und Student ist es auch möglich, eine Studentenversion ohne Buch über die Online-Shops der Partner von *National Instruments* zu erwerben (*https://www.studyhouse.biz/cgi-bin/program/S1350*). Diese Versionen dürfen jedoch nur zu Lernzwecken verwendet werden. Um missbräuchlicher gewerblicher Nutzung oder dem Gebrauch in der Forschung vorzubeugen, enthalten die Programme und alle mit ihnen erstellten Anwendungen entsprechende Wasserzeichen. Dem sich während der Installation einer Studentenversion öffnenden Lizenzvertrag muss zugestimmt werden.

Von der verwendeten LabVIEW-Version hängt ab, ob zum Betrieb einer seriellen Schnittstelle auch eine der sogenannten *USART Runtime Engines* auf dem PC installiert werden muss. Diese Treiberdateien stehen auf zahlreichen Internetseiten kostenlos zum Download bereit. Es empfiehlt sich, zum Herunterladen eine der seriösen Firmen-Webseiten zu bevorzugen, um das Risiko von Malware zu minimieren. Unter der Web-Adresse *http://www.acam.de/de/download-bereich/picostrain/* finden sich zum Zeitpunkt der Drucklegung Treiber für alle gängigen Windows-Betriebssysteme. Zum Teil besteht Abwärtskompatibilität. So kann z. B. der für *Windows 98* vorgesehene Treiber *visa260runtime.exe* auch für *XP* genutzt werden. In der nachstehenden Liste sind die für das jeweilige Betriebssystem vorgesehenen Dateien aufgeführt:

- Windows 98: visa260runtime.exe
- Windows XP: visa320runtime.exe
- Windows VISTA: visa410full.exe
- Windows 7: visa462runtime.exe

Die auf der CD-ROM gespeicherten VIs liegen in mehreren Versionen vor. Sie sollten mindestens ab *LabVIEW 2009* lauffähig sein. Da nur Standardbefehle verwendet werden, ist es möglich, die VIs bereits mit *LabVIEW 7* anhand der im Buch aufgeführten Blockdiagramme nachzubilden.

# 4 Experimentiersystem

## 4.1 Elektronische Schaltung

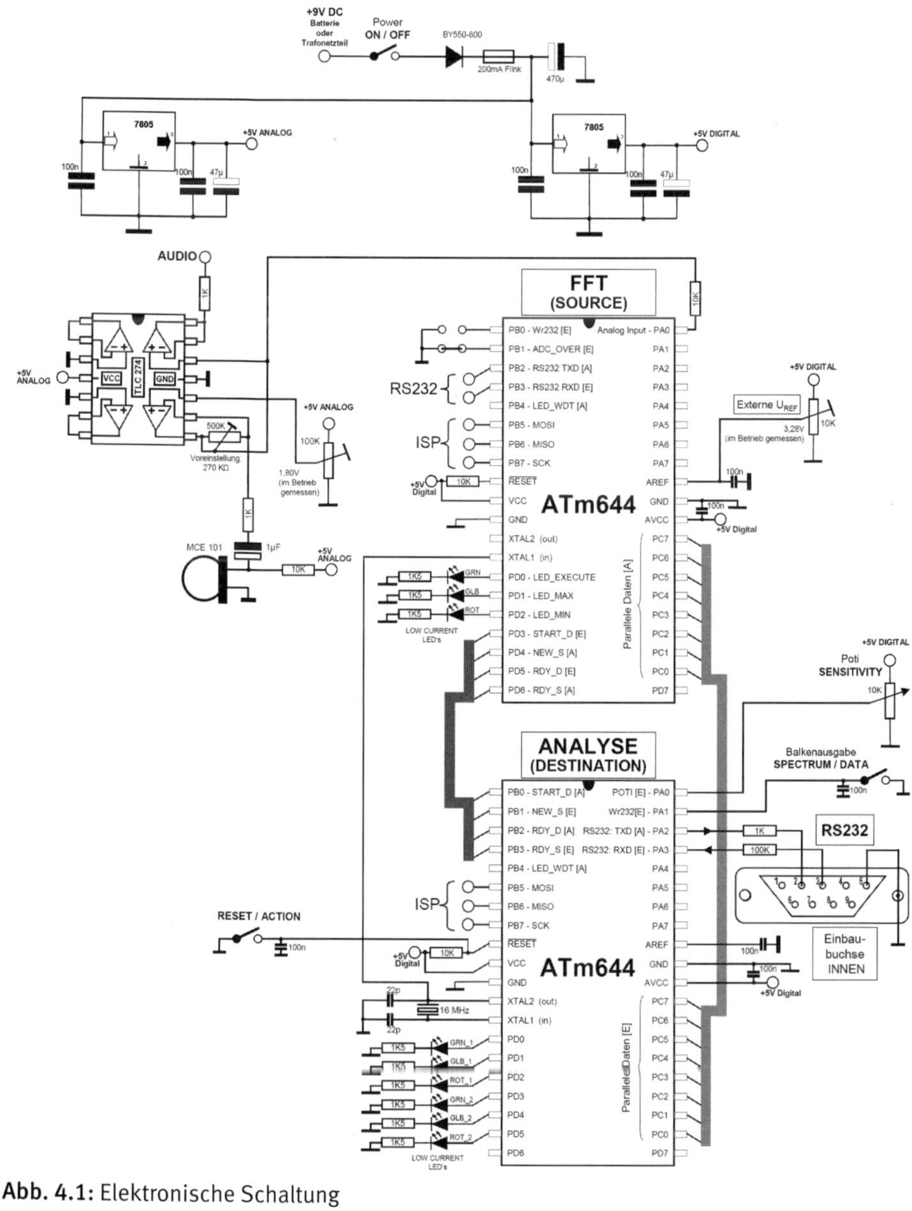


**Abb. 4.1:** Elektronische Schaltung

Mit der in Abb. 4.1 gezeigen Schaltung lassen sich alle folgenden Beispiele durchführen. Das System hat getrennte Spannungsversorgungen für den digitalen und den analogen Bereich. Dadurch können akustische Störungen bei der Mikrofonverstärkung, die sonst durch die digitale Elektronik entstehen würden, weitgehend vermieden werden. Die Festspannungsregler *7805* haben eine Strombegrenzung von jeweils 1 Ampere (A).

Bei der Inbetriebnahme synchronisieren sich die beiden Mikrocontroller. Das ist nur möglich, wenn beim Anschalten keine Zwischenzustände bei der Spannungsversorgung entstehen. Deshalb muss das Experimentiersystem über einen Ein/Aus-Schalter verfügen. Wackelkontakte bei der Spannungsversorgung sind zu vermeiden.

Beim Experimentieren entstehen leicht versehentliche Kurzschlüsse. Um die wertvollen ICs zu schützen, empfiehlt sich der Einbau einer Feinsicherung 5x20. In dem unten dargestellten Schaltungsaufbau wurde zur Vereinfachung darauf verzichtet. In jedem Fall sollte aber ein Verpolungsschutz eingebaut werden. Die hierzu verwendete Diode *BY 550-600* ist für Ströme bis 5 A geeignet. Alternativ könnte z. B. der Typ *4001* (1 A) zum Einsatz kommen.

Die Mikrofonverstärkung wird mit dem kostengünstigen und gut verfügbaren vierfach-Operationsverstärker *TLC274* realisiert. Von dem IC werden nur zwei OPs benötigt. Dabei übernimmt der erste die analoge Verstärkung, der zweite ist für den Betrieb eines hochohmigen Ohrhörers vorgesehen. Eigentlich würde auch der zweifach-Operationsverstärker *TLC272* ausreichen. Er wird aber aufgrund seiner geringeren Verstärkungsleistung hier nicht verwendet. Die Spannungsversorgung des mit Absicht sehr einfach und übersichtlich gestalteten Mikrofonverstärkers kann nur mit Batterien oder einem herkömmlichen Transformatorennetzteil betrieben werden. Bei der Verwendung der modernen Schaltnetzteile kommt es zu Überschwingungen. Vielleicht findet sich in Ihrer Bastelkiste noch ein älteres Netzteil. Es sollte eine Ausgangsspannung von ca. 9 Volt (V) liefern. Es muss keine Spannungsstabilisierung aufweisen.

### 4.1.1 Analoge Elektronik

An die Elektret-Mikrofonkapsel (z. B. *MCE-101*) werden keine besonderen Anforderungen gestellt. Es ist sogar wünschenswert, dass das Mikrofon nur eine niedrige obere Grenzfrequenz aufweist, da es dann schon als Tiefpass gegen den *Alias-Effekt* wirksam wird. Die beiden nicht verwendeten OPs sind so verschaltet, dass sie nicht in Schwingung geraten können. Es wäre möglich, sie für den Aufbau eines aktiven Tiefpassfilters zu nutzen.

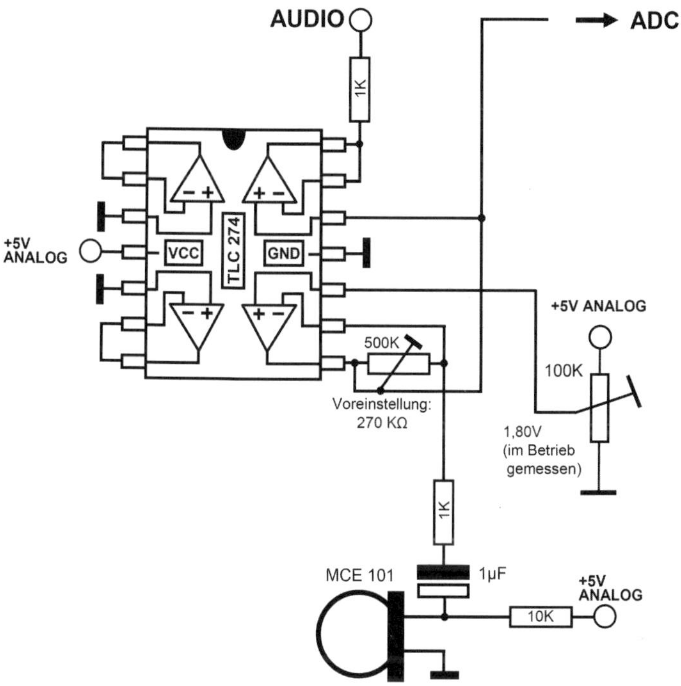


**Abb. 4.2:** Analoge Elektronik

Vielleicht möchten Sie ein solches Filter entwickeln und eine Möglichkeit finden, das Experimentiersystem auch mit Schaltnetzteilen zu betreiben? Das Online-Elektronikmagazin *ELO* des Franzis Verlags (*www.elo-web.de*) würde sich gut eignen, um solche Ideen anderen Interessierten zugänglich zu machen.

Bei dem *TLC274* handelt es sich um einen OP, der annähernd sogenanntes *Rail-to-Rail*-Verhalten aufweist. Das bedeutet, dass bei der unipolaren Versorgungsspannung (*Single Supply*) Verstärkungen von 0 V bis fast zur Höhe der Betriebsspannung möglich sind. Dadurch kann ein großer Dynamikbereich des eingehenden Audiosignals erfasst werden, ohne dass es zu Verzerrungen kommt.

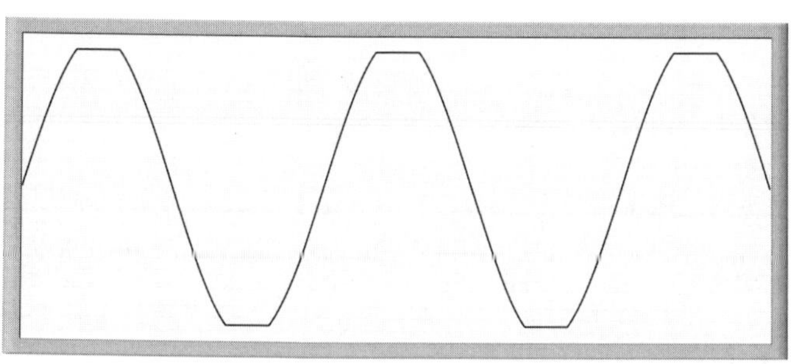

**Abb. 4.3:** Deformation bei Übersteuerung

Eine möglichst hohe, aber übersteuerungsfreie Verstärkung ist wünschenswert, um den Wertebereich der Analog-Digital-Wandlung zur präziseren Messung in großem Umfang ausnutzen zu können. Bei Praxistests wurde das Signal ab einer Verstärkung von über 3,3 V zunehmend verzerrt. Deswegen sollten höhere Werte nicht erreicht werden. Am AREF-Pin des FFT-Bausteins wird dementsprechend eine externe Referenzspannung von 3,28 V als Maximalwert bei der Digitalisierung angelegt.

Wie in Abb. 4.3 zu erkennen, werden Audiosignale mit Spannungen über dem Referenzwert bei der AD-Wandlung rechteckförmig deformiert. Dadurch entstehen Fehler bei der anschließenden Signalanalyse. Die Verstärkung am 500-kΩ-Trimmer ist deshalb so einzustellen, dass auch bei lauteren Geräuschen noch keine Übersteuerung eintritt. Ein guter Startwert liegt bei ca. 270 kΩ.

Diese sehr einfache Mikrofonverstärkung liefert nur dann akzeptable Ergebnisse, wenn zwischen dem invertierenden Eingang und dem Ausgang ein kleiner sogenannter *Präzisions-Keramiktrimmer* verwendet wird, der in nächster Nähe zum OP positioniert ist (Abb. 4.4). Bei Trimmern mit größeren Bauformen treten vermehrt Störungen auf.

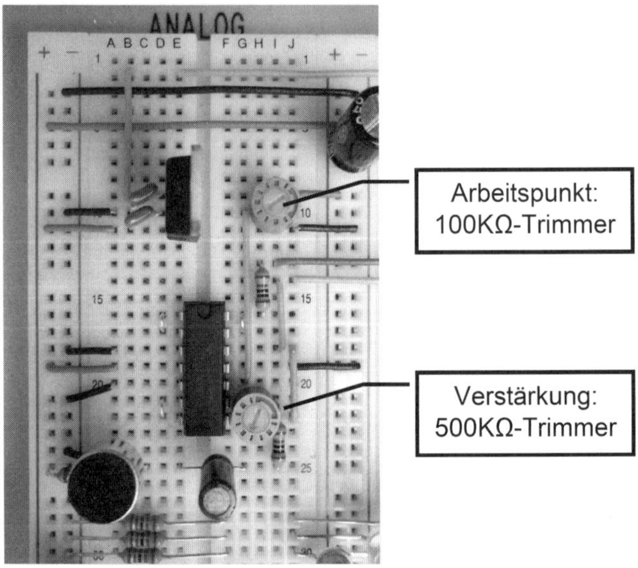


**Abb. 4.4:** Präzisions-Keramiktrimmer

Am nicht invertierenden Eingang des Operationsverstärkers soll der optimale Arbeitspunkt ebenfalls über einen Keramiktrimmer eingestellt werden. Um die bestmögliche Stellung zu finden, können neben dem in LabVIEW programmierten Simulator und den Soundkarten-Oszilloskopen auch die beiden LEDs *LED_Min* (rot) und *LED_Max* (gelb) zu Hilfe genommen werden: Die rote LED leuchtet, sobald die Eingangsspannung 0 V beträgt. Die gelbe LED schaltet sich ein, sobald die Spannung erreicht wird, die am AREF-Pin des FFT-Bausteins als Maximalwert voreingestellt wurde (3,28 V). Der Arbeitspunkt ist dann so einzustellen, dass bei einem langsam lauter werdenden akustischen Signal etwa zur gleichen Zeit sowohl die rote als auch die gelbe LED zu leuchten beginnen.

Bei eigenen Verstärkerschaltungen ist zu beachten, dass am ADC-Eingang keine negativen Spannungen angelegt werden dürfen, die niedriger als -0,6 V sind, da sonst die eingebaute Schutzdiode zerstört werden kann. Sollten doch einmal negative Spannungen entstehen und die Schutzdiode im ADC-Eingang leitend werden, wirkt der vorgeschaltete 10-kΩ-Widerstand strombegrenzend.

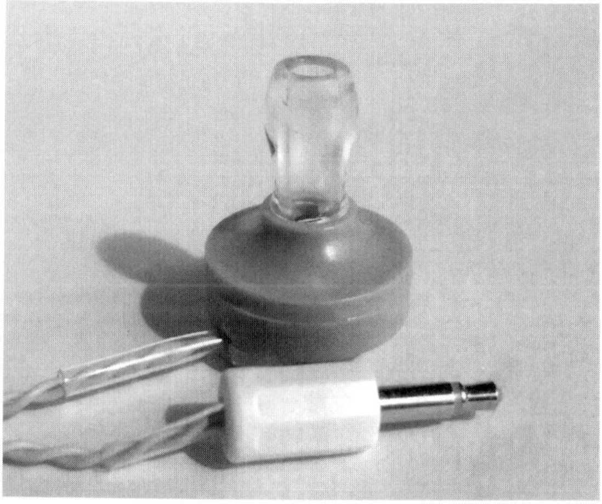

**Abb. 4.5:** Kristallohrhörer

Am Ausgang *Audio* kann ein hochohmiger Kristallohrhörer direkt angeschlossen werden (z. B. *S-83 K*), um die Qualität der Verstärkung beurteilen zu können. Sie werden stetige leise Klickgeräusche vernehmen, die durch den Betrieb der LEDs entstehen. Sie stören die Signalanalyse nicht und könnten durch verbesserte Abschirmung nahezu vollständig eliminiert werden.

Um Ihren PC über den *Line-in*-Eingang mit dem Ausgang *Audio* direkt zu verbinden, sind die in Abb. 4.6 dargestellten Veränderungen der Schaltung notwendig. Der Ausgang fungiert dann als *Messprüfspitze* für die in Kapitel 2 beschriebene Oszilloskopfunktion des Simulators und für die dort ebenfalls aufgeführten Soundkarten-Oszilloskope. Die Idee wurde aus dem Buch »Elektronische Schaltungen« von Richard Zierl entliehen. Der Spannungsteiler ist demnach notwendig, um dem *Line-in*-Eingang nicht mehr als 2 V zuzuführen. Für beim Experimentieren eventuell auftretende Schäden kann keine Haftung übernommen werden. Wer ganz sicher gehen und den PC keiner Gefahr aussetzen möchte, kann die Messprüfspitze über eine der kostengünstigen USB-Soundkarten betreiben.

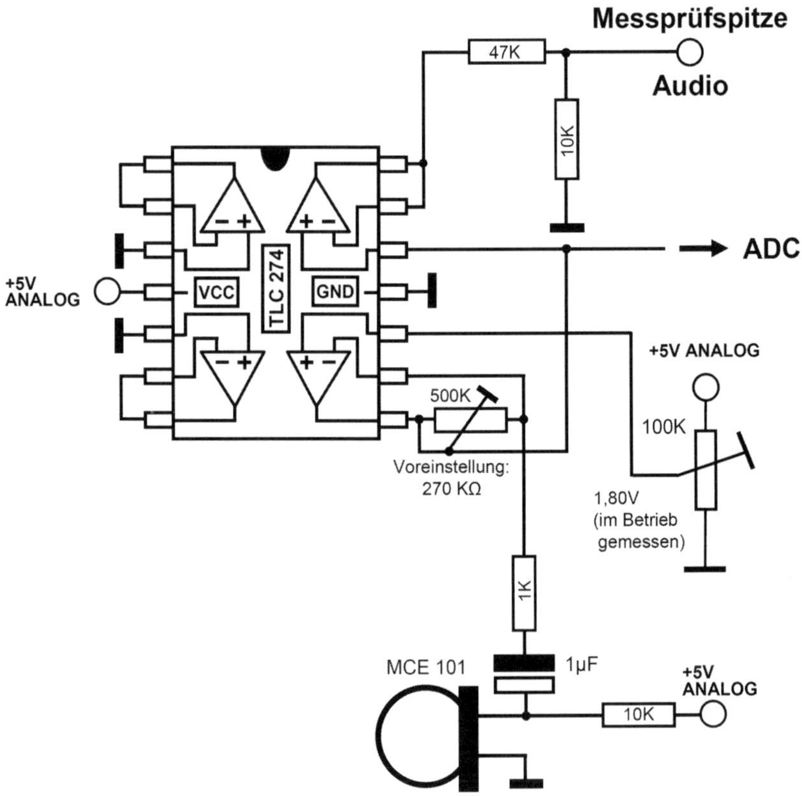


**Abb. 4.6:** Messprüfspitze für PC-Oszilloskope

## 4.1.2 Digitale Elektronik

Die Funktionsweise der Mikrocontroller wird in den nächsten Kapiteln noch detailliert erläutert. Die folgende Beschreibung dient einem ersten Überblick.

### FFT-Baustein

An PA0 des FFT-Bausteins, hier auch als *Source* bezeichnet, wird das Audiosignal empfangen und mit dem Kanal ADC0 digitalisiert. Dabei wird die am 10-kΩ-Trimmer voreingestellte externe Referenzspannung verwendet. Wenn die Ausgabe des FFT-Spektrums seriell über die RS-232 erfolgen soll (PB2 und PB3), muss eine Drahtbrücke zwischen PB0 und Masse eingesetzt werden. Ohne Brücke ist die parallele Schnittstelle über Port C aktiviert. Für die parallele Übertragung sind auch die Steuerleitungen an PD3 bis PD6 erforderlich.

Mit der standardmäßig eingebauten Drahtbrücke zwischen PB1 und Masse ist die Übersteuerungskontrolle angeschaltet. Über die LEDs *LED_Max* und *LED_Min* wird eine eventuelle Übersteuerung signalisiert. Die *LED_Execute* blinkt stets nach jedem fertiggestellten FFT-Spektrum. Eventuelle Funktionsstörungen können somit über die LED sichtbar werden. An PB4 kann optional die *LED_WDT* angeschlossen werden, die nach einem *Watchdog System Reset* kontinuierlich aufleuchtet.

Alle verwendeten Leuchtdioden sind *Low-current*-Typen, d. h., sie erreichen schon bei ca. 2 mA ihre volle Helligkeit. Normalerweise wird der FFT-Baustein über den externen 16-MHz-Takt des Analysebausteins am Pin XTAL1 betrieben.

Für die *ISP*-Programmierung des Mikrocontrollers stehen die Anschlüsse PB5 bis PB7 und der Reset-Pin zur Verfügung.

### Analysebaustein

Der Analysebaustein, im Weiteren auch *Destination* genannt, empfängt die Audiospektren des FFT-Bausteins über die parallele Schnittstelle an Port C. Hierfür sind zusätzlich die Steuerleitungen an PB0 bis PB3 notwendig. Ebenso wie beim FFT-Baustein können die Audiospektren über die RS-232 (PA2 und PA3) an den PC gesendet werden. Es ist alternativ aber auch möglich, andere Daten seriell zu übertragen. Die Auswahl zwischen diesen beiden Betriebsmodi erfolgt mit dem entprellten Schalter *Spectrum/Data* auf der Frontplatte.

Burkhard Kainka beschreibt in seinem »Lernpaket Mikrocontroller« (Franzis Verlag, 2007) die hier verwendete, aus nur zwei Widerständen aufgebaute serielle Schnittstelle. Über eine neunpolige D-Sub-Einbaubuchse kann der PC angeschlossen werden.

Die sechs LEDs an Port D (PD0 bis PD5) werden je nach Bedarf von den hochgeladenen Programmen verwendet. Optional kann eine an PB4 angeschlossene *LED_WDT* das Auslösen des Watchdog System Reset anzeigen. Der Analysebaustein wird über einen Quarzoszillator mit 16 MHz betrieben. Der sogenannte *Full Swing Crystal Oscillator* ist leistungsstark genug, um auch als Taktgeber für den FFT-Baustein zu dienen (Pin XTAL2).

Die *ISP*-Programmierung erfolgt in der gleichen Weise wie beim FFT-Baustein (PB5 bis PB7 und *Reset*). Je nachdem, welches Programmiermodul verwendet wird, kann es notwendig sein, beim Updating den Reset-Pin manuell auf Masse zu legen. Deswegen ist der entprellte Schalter *Reset/Action* vorgesehen.

Das auf der Frontplatte befindliche Potenziometer *Sensitivity* ist an PA0 (ADC0) angeschlossen. Hiermit lässt sich die Mindestlautstärke einstellen, die ein Frequenzbereich des Audiosignals haben muss, um analysiert zu werden.

## 4.2 Schaltungsaufbau

Die folgende Beschreibung zeigt eine mögliche Ausgestaltung des Experimentiersystems.

### 4.2.1 Bauteile

Die für den Aufbau des Experimentiersystems benötigten Bauteile sind u. a. bei den großen Elektronik-Versandhäusern erhältlich.

2 Steckplatinen 165 mm x 55 mm x 8,5 mm mit je 830 Anschlüssen
2 Festspannungsregler 7805 (5 V, 1 A)
2 ATMELmega644 im DIL-40-Gehäuse
3 Widerstände 1 kΩ
9 Widerstände 1,5 kΩ
4 Widerstände 10 kΩ
1 Widerstand 100 kΩ
1 Potenziometer 10 kΩ, linear
1 Miniatur-Präzisionstrimmer, liegend, 10 kΩ
1 Miniatur-Präzisionstrimmer, liegend, 100 kΩ
1 Miniatur-Präzisionstrimmer, liegend, 500 kΩ
1 Kondensator 470 µF
2 Kondensatoren 47 µF
1 Kondensator 1 µF
10 Kondensatoren 100 nF
2 Kondensatoren 22 pF
1 Diode als Verpolungsschutz, z. B. 1N4001 od. BY 550-600
1 Quarz 16 MHz
3 rote Low-Current-LEDs
3 gelbe Low-Current-LEDs
3 grüne Low-Current-LEDs
3 Kippschalter 1 x Ein/Aus
1 Netzgeräte-Einbaukupplung
1 Klinkeneinbaukupplung 3,5 Mono
1 D-Sub-Einbaubuchse, 9-polig, mit Lötkelchen
1 Elektret-Mikrofonkapsel (z. B. MCE-101)
1 Kristallohrhörer (z. B. S-83 K)
1 Potenziometerknopf
4 Gummifüße
1 Transformatorennetzteil, ca. 9 V (keine Spannungsstabilisierung nötig)
1 USB 2.0-seriell-Adapter
1 USB-Kabel

Für Messprüfspitze weiterhin benötigt:

1 Widerstand 10 kΩ
1 Widerstand 47 kΩ
1 Verbindungskabel (2 Adern und Abschirmung) mit
Stereo-Klinkensteckern 3,5 mm

### 4.2.2 Die Grundplatte

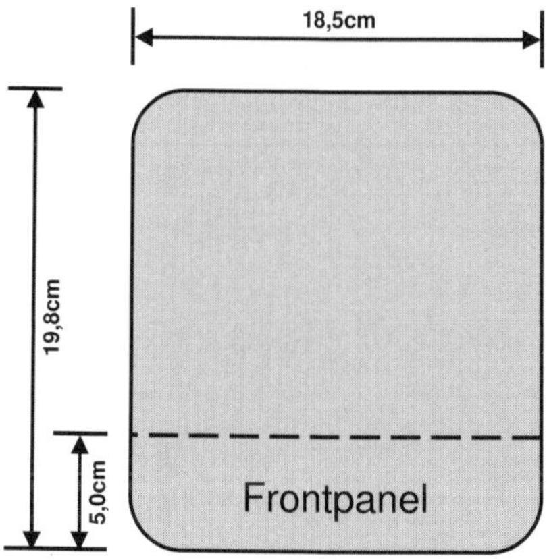


**Abb. 4.7:** Die Grundplatte

Als Grundplatte dient eine 1,5 mm starke, an den Ecken abgerundete Aluminiumplatte mit den Maßen 18,5 cm x 19,8 cm. Die Frontplatte ist von der längeren Seite mit einer Höhe von 5 cm rechtwinklig hochgebogen. Die Grundplatte muss zur besseren Abschirmung mit der Masseleitung verbunden sein. Um Kurzschlüsse mit herabhängenden Kabeln zu vermeiden, ist die Platte beidseitig mit Klebefolie bezogen.

**Abb. 4.8:** Die Frontplatte

Beim Einbau der Bedienelemente und Buchsen ist darauf zu achten, dass die Klebefolie Massekontakte mit dem Gehäuse nicht behindert. Auf der horizontalen Fläche der Grundplatte sind zwei Steckplatinen mit den Maßen 165 mm x 55 mm x 8,5 mm mit je 830 Anschlüssen aufgeklebt. Gummifüße sorgen für Standfestigkeit und verbessern die Isolation zur Unterlage.

### 4.2.3 Die Bestückung

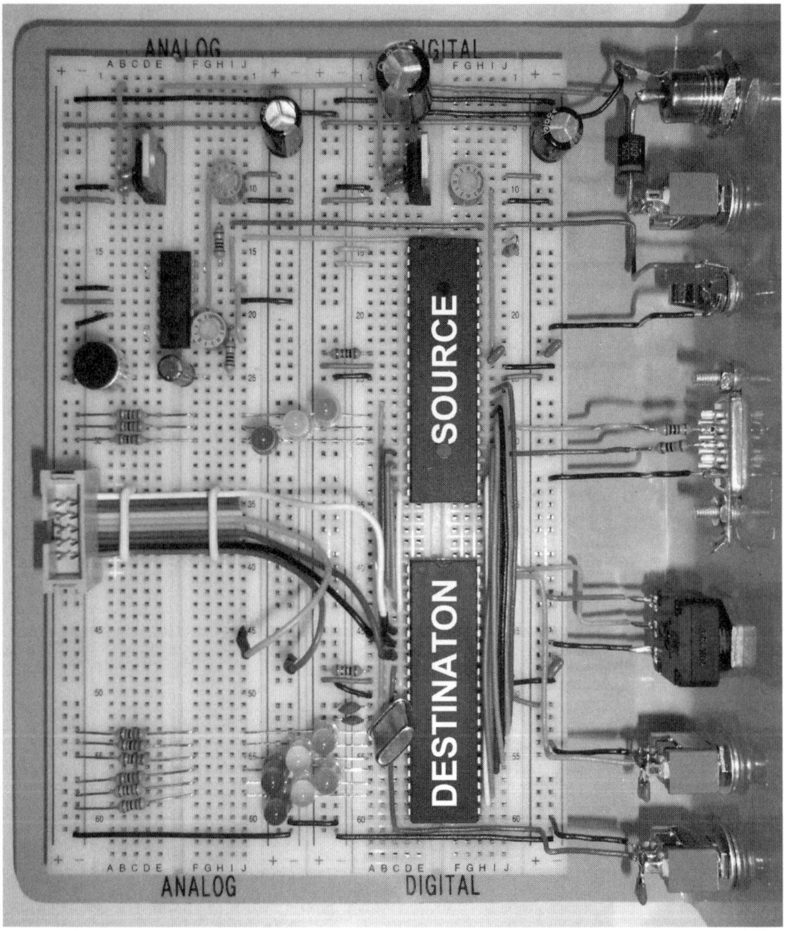


**Abb. 4.9:** Die Bestückung des Systems

Analoge und digitale Schaltungsbestandteile werden mit unterschiedlichen Spannungsversorgungen betrieben, indem an der linken Steckplatine die analoge und an der rechten die digitale Versorgung anliegt. Die dabei verwendeten Festspannungsregler können übrigens leichter eingesetzt werden, wenn ihre Beinchen zuvor um jeweils 90° gedreht wurden. Die Masse ist für beide Schaltungsteile gleich. Die Masseleitungen der Platinen sind zur besseren Erdung an ihrem oberen und unteren Ende miteinander verbunden.

In der Mitte der analogen Steckplatine ist der Verbindungsstecker für den verwendeten *ISP*-Programmer *mySmartUSB MK2* zu sehen. Hiermit lassen sich durch Umstecken der Kabel beide Mikrocontroller programmieren. Es steht noch reichlich Platz für eigene Erweiterungen zur Verfügung, wenn dieser Stecker und ggf. auch die darunterliegenden LEDs anders positioniert werden.

Die beiden Mikrocontroller *ATMELmega644* können durch das praktische DIL-40-Gehäuse direkt auf der digitalen Steckplatine platziert werden. Sie kommunizieren über eine speziell angepasste parallele Schnittstelle miteinander.

Mit acht Drahtbrücken ist der Port C des FFT-Bausteins mit dem Port C des Analysebausteins verbunden (PC0 → PC0, PC1 → PC1, usw. ...). Weitere vier Drahtbrücken sind an Port B für die Steuerleitungen eingesteckt (Start_D → Start_D, New_S → New_S usw.). Beachten Sie bitte, dass es sich bei den Mikrocontrollern und dem Operationsverstärker um elektrostatisch empfindliche Bauteile handelt.

Einige Bauteile wurden direkt an den Bedienelementen und Buchsen angelötet. Hierzu gehören die Schutzdiode zwischen der Netzgeräte-Einbaukupplung und dem *On/Off*-Schalter, die Widerstände für die RS-232 und die Kondensatoren zum Entprellen der Schalter *Reset/Action* und *Spectrum/D*ata.

# 5 Der FFT-Baustein

## 5.1 Schaltbild

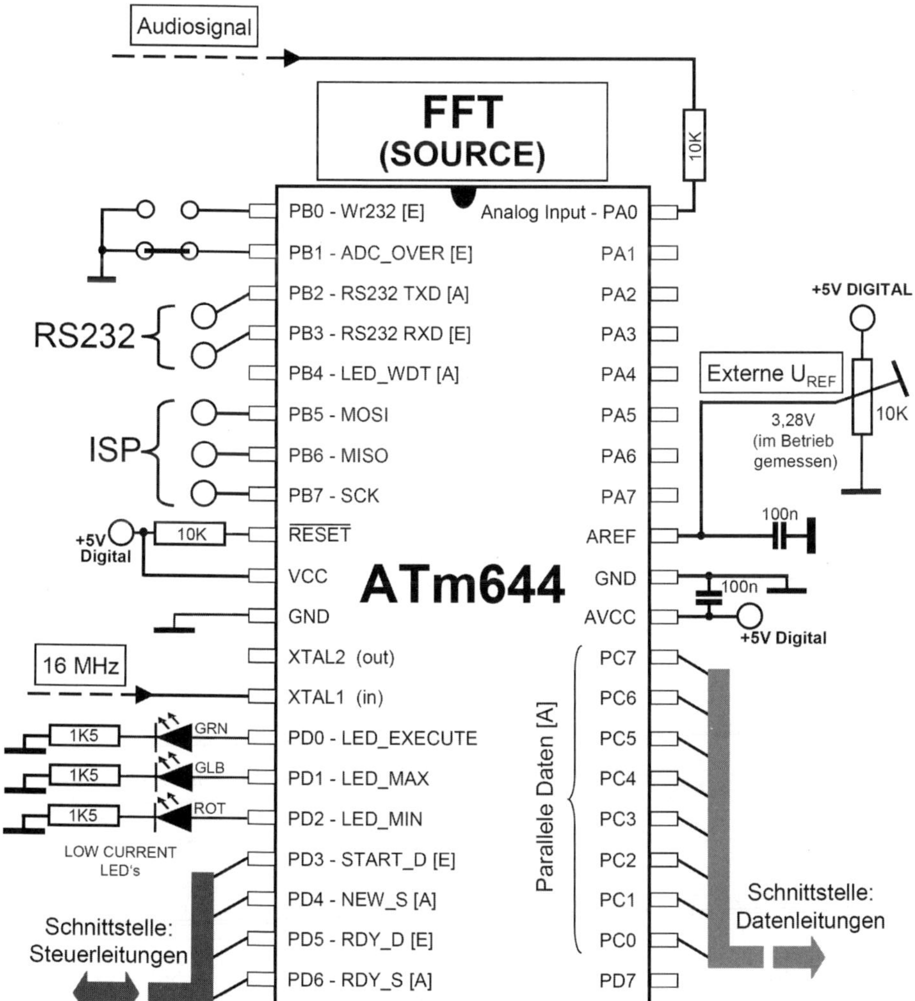


**Abb. 5.1:** Der FFT-Baustein

Die Anschlussbelegung des FFT-Bausteins wurde bereits dargestellt.

Abb. 5.1 zeigt den Baustein mit seinen Anschlüssen und Bauteilen.

## 5.2 GNU – General Public License

Grundlage des Programms für den FFT-Baustein sind die Quellcodes auf der Internetseite *http://elm-chan.org/works/akilcd/report_e.html.* Zu beachten ist, dass die Listings unter die »GNU General Public License« gestellt wurden. Mit diesem kostenfreien Lizenzvertrag soll auf der Grundlage des Urheberrechts (Copyright) gewährleistet werden, dass freie Software auch weiterhin frei bleibt. Es ist u. a. erlaubt, die Programme zu kopieren und zu verändern, sofern bestimmte Bedingungen eingehalten werden. So sind z. B. stets die Urheber anzugeben. Eigene Listings, die sich von dem lizenzierten Werk ableiten, müssen auch unter *GNU*-Lizenz gestellt werden (*Copyleft*). Dementsprechend sind die in diesem Buch aufgeführten Assembler-Codes ebenfalls durch die *GNU*-Lizenz (Version *GPLv2.0*) geschützt.

Der offizielle englische Originaltext der Lizenz findet sich zum Zeitpunkt der Drucklegung u. a. auf der Internetseite *http://www.gnu.org/licenses/gpl-2.0.html.* Hier sind auch Links zu den sogenannten »inoffiziellen deutschen Übersetzungen« vorhanden. Auf der dem Buch beiliegenden CD-ROM sind der englische Originaltext und der Assembler-Code im Ordner *ELM-CHAN* hinterlegt. Eine deutsche Übersetzung der Lizenz ist im Internet z. B. verfügbar unter *http://www.gnu.de/documents/gpl-2.0.de.html.* Sollten Sie später beabsichtigen, eigene Programme, die auf denen dieses Buchs aufgebaut sind, im Internet oder anderweitig zu veröffentlichen, müssen Sie sie ebenfalls unter die *GPL* stellen. Lassen Sie sich durch den vermeintlichen Aufwand der Lizenzierung nicht davon abhalten. Das Vorgehen ist sehr einfach und wird auch Ihre Werke schützen.

### 5.2.1 Eigene Projekte mit der GNU-Lizenz

Im Folgenden wird beschrieben, wie leicht die Bedingungen der *GPLv2.0* umgesetzt werden können. Es besteht keine Gewähr für die Richtigkeit der hier aufgeführten Angaben. Lesen Sie bitte auch den zehnseitigen, gut verständlichen Text der Lizenz.

Im Inhalt der *GPLv2.0* findet sich ein Vorschlag für den im Listing anzugebenden Hinweis auf die Lizenzierung. Als Beispiel dient das Assembler-Programm für den FFT-Baustein (*SOURCE.aps*). Hier wurde dieser Vermerk entsprechend modifiziert hinzugefügt. Er sollte an den Anfang der Datei gestellt werden und auffällig sein.

```
; ##########################################################
; #                                                        #
; # This program is free software; you can redistribute    #
; # it and/or modify it under the terms of the             #
; # GNU General Public License as published by the Free    #
; # Software Foundation; either version 2 of the License,  #
; # or (at your option) any later version.                 #
; #                                                        #
; # This program is distributed in the hope that it will   #
```

```
; # be useful, but WITHOUT ANY WARRANTY; without even the #
; # implied warranty of MERCHANTABILITY or FITNESS FOR A  #
; # PARTICULAR PURPOSE.                                   #
; # See the GNU General Public License for more details.  #
; #                                                       #
; # You should have received a copy of the GNU General    #
; # Public License along with this program; if not, write #
; # to the Free Software Foundation, Inc.,                #
; # 51 Franklin Street,                                   #
; # Fifth Floor, Boston, MA  02110-1301, USA.             #
; #                                                       #
; # For contact you can use my                            #
; #                                                       #
; # email address:   f-irmscher@web.de                    #
; #                                                       #
; # or write to      FRANZIS VERLAG GmbH,                 #
; #                  Richard-Reitzner-Allee 2             #
; #                  85540 Haar bei München               #
; #                                                       #
; #########################################################
; #                                                       #
; # Modified FFT routines and program parts based on:     #
; #                                                       #
; # Fixed-point FFT routines for megaAVRs (C)Chan, 2005   #
; # http://elm-chan.org/works/akilcd/report_e.html        #
; #                                                       #
; # Downloadable data files:                              #
; #                                                       #
; #-Firmware for SG12232C May 29, 2005                    #
; #-avrfft.zip Mar 13, 2005                               #
; #                                                       #
; #                                                       #
; # Modified subroutine "WrCOM"(renamed into "WrCOM_FAST")#
; # based on the code from:                               #
; # Kainka, Burkhard: Lernpaket Mikrocontroller:          #
; # Der leichte Einstieg in die Mikrocontroller-Program-  #
; # mierung; Einsteigerkurs; München: Franzis, 2007       #
; #                                                       #
; #                                                       #
; # File modification date: May, 2012   (C)Irmscher, 2012 #
; #                                                       #
; #########################################################
```

Im Text wird zunächst der wichtige Gewährleistungsausschluss betont. Ihrem Programm ist stets eine Kopie der Lizenz, z. B. in einer zusätzlichen Datei, beizufügen. Im Assemblercode des FFT-Bausteins wurde die *GPL* stattdessen am Ende des Listings angehängt. Außerdem finden sich Hinweise zu den Urheberrechten, dem sogenannten *Copyright* (C). Die originären Quellen, hier also insbesondere die von ELM-CHAN, sind zu benennen und zu beschreiben. Sie sollten am besten ebenfalls in zusätzlichen Dateien vollständig beigefügt werden. Die Beschreibungen sind im Listing nach dem Vermerk zur GNU-Lizenz aufgeführt. Nachstehend wird nur ein kleiner Auszug hiervon gezeigt:

```
;============================================================
; Audio Waveform Monitor R0.2                     May 29, 2005
; (C)ChaN, 2005; http://elm-chan.org/
;============================================================

;------------------------------------------------------------
; Spectrum analyzer
;------------------------------------------------------------
; 16bit fixed point FFT performance with megaAVR @16MHz
;
;  Points:  Input,     FFT, Output,    Total: Throughput
;   64pts:  .17ms,  1.9ms,  1.4ms,    3.5ms:   18.3kpps
;  128pts:  .34ms,  4.4ms,  2.6ms,    7.3ms:   17.5kpps
;  256pts:  .68ms, 10.1ms,  5.2ms,   16.0ms:   16.0kpps
;  512pts:  1.4ms, 22.6ms, 10.4ms,   34.4ms:   14.8kpps
;
; Input:  Input waveform into butterfly table with
;         applying window
; FFT:    Execute butterfly operations
; Output: Descramble and output the spectrum as scalar
;         values
;------------------------------------------------------------
```

Nun ist noch anzugeben, welche Teile der Originale modifiziert wurden und wann das geschah. Den abgewandelten Routinen sind im FFT-Code zusätzlich, wie im folgenden Beispiel ersichtlich, kurze Hinweise vorangestellt:

```
;------------------------------------------------------------

; # Modified subroutine "make_bars" (renamed into "bars") #
; # based on:                                             #
; #                                                       #
; # Fixed-point FFT routines for megaAVRs (C)Chan, 2005   #
; # http://elm-chan.org/works/akilcd/report_e.html        #

bars:                    ;Umrechnung in 1Byte-Balken
                         ;[0..254] (60dB)
```

Damit ist der Umsetzung der *GPLv2.0* nach meinem Ermessen Genüge getan.

Das einfache Vorgehen sollte also wirklich kein Hindernis für eigene Publikationen darstellen!

## 5.3 Projekte von ELM-CHAN

Auf der oben angegebenen Internetseite von ELM-CHAN ist der *Audio Spectrum Monitor* zu finden. Der Autor gibt einen kurzen Einblick in sein Projekt. Mithilfe einer kleinen LCD-Anzeige können die Audiospektren in Echtzeit dargestellt werden. Am unteren Ende kann man Filme aufrufen, die die Funktionsweise beeindruckend darstellen. Die mit dem FFT-Baustein erreichbare Frequenzauflösung ist doppelt so hoch wie die in den Videos 3 und 4 und umfasst damit 256 Balken.

Das *Circuit Diagram* zeigt eine Schaltung mit LCD-Display. Hierbei wurde ein *ATMELmega8* verwendet. Aufgrund seines kleinen SRAM von 1 KB können nur 64 Balken dargestellt werden. Das in dieser Schaltung verwendete elliptische Tiefpassfilter *MAX293* ist leider kaum erhältlich.

Zwei unterschiedliche Software-Projekte lassen sich herunterladen. Das erste öffnet sich bei einem Klick auf *Firmware for SG12232C*. Bei der Datei *akiglcd.asm* handelt es sich um Quellcode in Assembler für den *ATMELmega8*, passend zum o. g. *Circuit Diagram*. Die Dateien *avr.inc* und *akiglcd.inc* enthalten die dazu benötigten Makros. Das zweite Projekt ist in der Programmiersprache C geschrieben. Die FFT-Routinen sind in der Datei *fft.S* gespeichert. Die Makros befinden sich in der Datei *fft.h*. Für die Software des FFT-Bausteins wurden Komponenten beider Projekte verwendet und modifiziert. Der benötigte Quellcode in C wurde in Assembler konvertiert.

## 5.4 Programmablaufplan

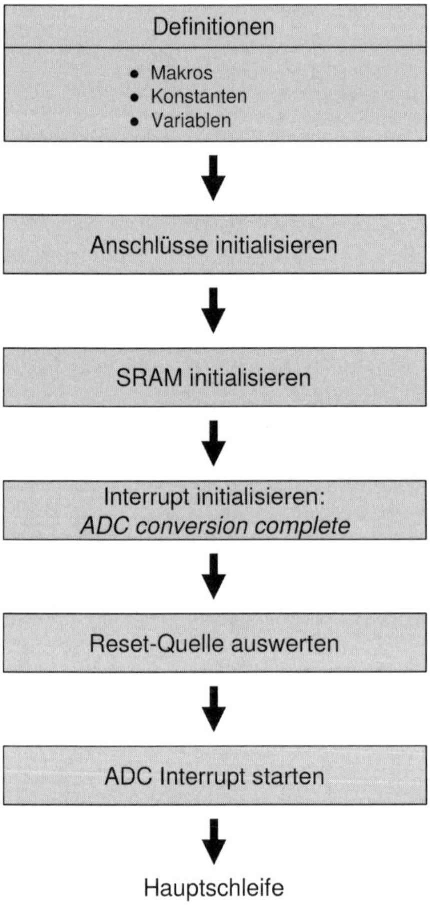


**Abb. 5.2:** PAP für FFT-Baustein (Vorbereitung)

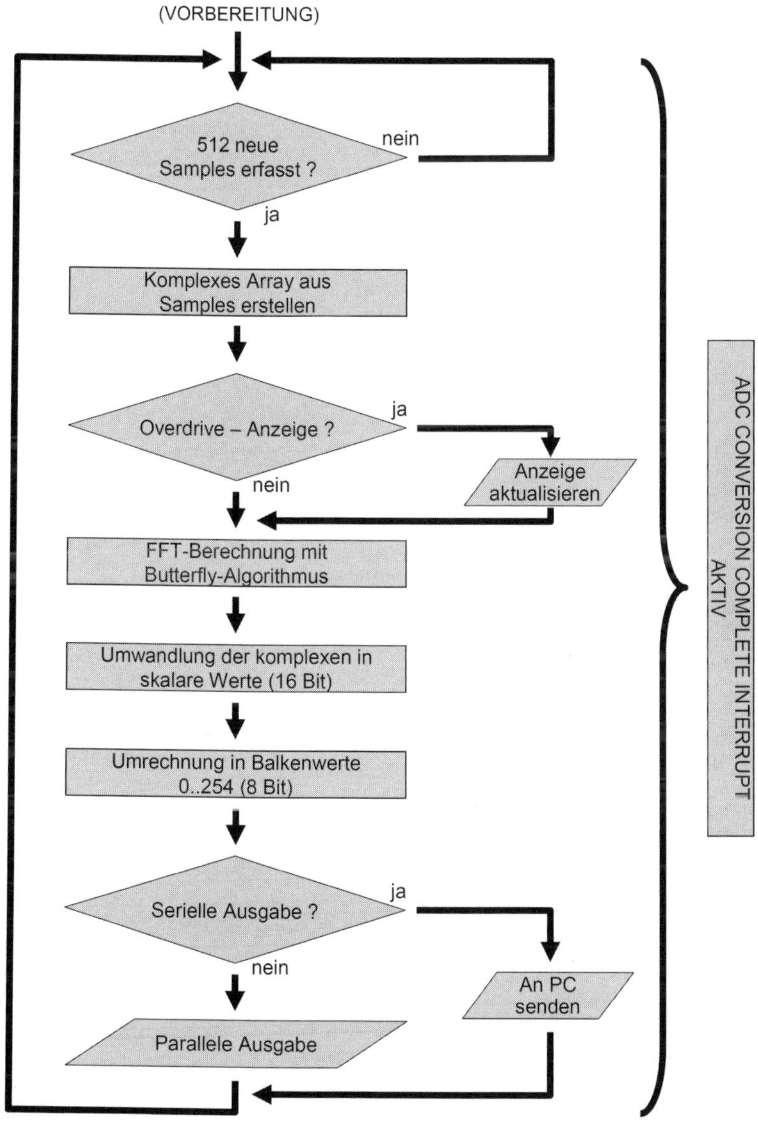


**Abb. 5.3:** PAP für FFT-Baustein (Hauptschleife)

In Kapitel 1.4 wurde bereits ein Programmablaufplan verwendet, um das Funktionsschema der FFT besser verständlich machen zu können. Hier wird nun der Assemblercode des FFT-Bausteins mit einem detaillierten Plan dargestellt. Das o. g. Funktionsschema zeigt sich dabei als eine Komponente des gesamten Programms.

Der Code setzt sich aus zwei Teilen zusammen. Im ersten Teil werden die Vorbereitungen getroffen, die für die folgende Audiospektrum-Analyse notwendig sind (Abb. 5.2).

Im zweiten Teil werden in der endlos laufenden Hauptschleife kontinuierlich FFT-Spektren generiert und entsprechend ausgegeben (Abb. 5.3).

Im Hauptteil ist der *ADC Conversion Complete Interrupt* stets aktiv und erfasst neue Samples aus dem Audiosignal.

## 5.5 Programmaufbau

In diesem Kapitel wird das Assembler-Programm, das auf den FFT-Baustein geladen werden soll, näher erläutert. Dabei wird Bezug auf die obigen Programmablaufpläne genommen. Wo es für das Verständnis sinnvoll erscheint, sind Auszüge des Assemblercodes abgebildet.

Für die Entwicklung eigener Anwendungen müssen Sie die Vorgänge in diesem Baustein nicht exakt nachvollziehen können. Deshalb genügt es, wenn Sie sich zunächst nur einen groben Überblick verschaffen.

Sie finden das Programm *SOURCE.aps* im Ordner *Assembler* auf der beiliegenden CD-ROM. Hier sind auch alle weiteren Anwendungen für die Mikrocontroller gespeichert.

### 5.5.1 Fuse Bytes

Zunächst sind die Einstellungen der *Fuses* zu vorzunehmen. Normalerweise erhält der FFT-Baustein seinen 16 MHz-Takt durch den Analysebaustein. Dann ist das *Fuse Low Byte* auf 0xE0 einzustellen. Wenn der FFT-Baustein mit eigenem Quarz betrieben werden soll, muss das *Fuse Low Byte* mit 0xF7 programmiert werden.

```
;--> FUSE LOW BYTE:  0xE0
;
;
;### NORMAL: EXTERNER 16MHz-TAKT VOM ANALYSE-BAUSTEIN ###
;
;    EXTERNEN Takt einbinden:
;    - Takt in: XTAL1      Takt out: XTAL2
;------------------------------------------------------------
;    => Fuse Low Byte = 0b11100000   -> SLOWLY rising Power
;                     = 0xE0            (SUT1:0 = 10)
;
;    - CKDIV8    =1  unprogrammed
;    - CKOUT     =1  unprogrammed
;    - SUT1      =1  SUT[1:0]=[11]+CKSEL0: StartupTime:
;    - SUT0      =0  Slowly Rising Power
;
;    - CKSEL3    =0  CKSEL[3..1]=[011]:
;    - CKSEL2    =0  Crystal, 0,4-20MHz
;    - CKSEL1    =0  (12-22pF)
;    - CKSEL0    =0
```

```
;
;------------------------------------------------------------
;
;
;### OPTIONAL: AUTARKER BETRIEB MIT 16Mhz-Quarz: ###
;
;------------------------------------------------------------
;    =>  Fuse Low Byte = 0b11110111
;                      = 0xF7
;
;    - CKDIV8    =1    unprogrammed
;    - CKOUT     =1    unprogrammed
;    - SUT1      =1    SUT[1:0]=[11]+CKSEL0: StartupTime:
;    - SUT0      =1    Slowly Rising Power
;
;    - CKSEL3    =0    CKSEL[3..1]=[011]:
;    - CKSEL2    =1    Crystal, 0,4-20MHz
;    - CKSEL1    =1    (12-22pF)
;    - CKSEL0    =1
```

Das *JTAG-Interface*, das zum Debugging genutzt werden kann, ist standardmäßig eingeschaltet und belegt Pins an Port C. Diese Pins lassen sich dadurch nicht mehr programmatisch ansteuern. Deshalb muss das Bit *ENABLE JTAG* unbedingt deaktiviert werden. Der *Watchdog Timer* sollte eingeschaltet werden, um Störungen mithilfe eines Systemneustarts zu beseitigen, die insbesondere bei der Übertragung durch die parallele Schnittstelle zustande kommen könnten.

Somit ergibt sich für das *Fuse High Byte* mit Watchdog Timer der Wert 0xC9 und ohne den Timer 0xD9.

```
;    - JTAG DISABLE   (Dadurch PC[2..5] frei!!!)
;------------------------------------------------------------
;    => Fuse HIGH Byte   =   0b11001001
;                        =   0xC9 (ohne WDT: 0xD9)
;
;    7   - Enable OCD            =  1   unprogrammed
;    6   - ENABLE JTAG           =  1   UNPROGRAMMED !!!
;    5   - Enable Serial Prog.   =  0   programmed
;    4   - Watchdog always on    =  0   PROGRAMMED !!!
;    3   - EEPROM preserved..    =  1   unprogrammed
;    2   - Select Boot Size      =  0   programmed
;    1   - Select Boot Size      =  0   programmed
;    0   - Select Reset Vector   =  1   unprogrammed
;
;
;------------------------------------------------------------
```

### 5.5.2 Makros

Makros kommen bei *ELM-CHAN* häufig zum Einsatz. Für die Rechenoperationen müssen 16 Bit und zum Teil sogar 32 Bit große Zahlen verarbeitet werden. Die 8-Bit-Mikrocontroller der *ATMELmega*-Reihe stellen hierfür kaum Befehle zur Verfügung. Da Hobbyisten Makros eher seltener verwenden, folgen hier einige Erklärungen.

Wenn in einem Programm immer wieder gleiche Befehlsfolgen aufgerufen werden müssen, ist es bequemer und übersichtlicher, diese in Form eines Unterprogramms oder Makros zusammenzufassen. Sie können dann durch einen einfachen Befehl aufgerufen werden. Beide Strukturen haben Vor- und Nachteile.

Der Code von Unterprogrammen wird nur einmal im Programmspeicher abgelegt. Beim jedem Aufruf des Unterprogramms erfolgt ein Sprung zu dem entsprechenden Code. Dieses Vorgehen schont zwar den Speicher, ist aber langsamer als das für Makros. Trifft der Compiler auf den Aufruf eines Makros, wird hier der vollständige Code im Programmspeicher eingefügt. Bei mehrmaligem Aufruf wird auch der Code mehrfach eingebunden. Makros benötigen also mehr Speicherplatz. Da aber keine Sprungbefehle nötig werden, können insbesondere kleinere Makros viel schneller abgearbeitet werden als vergleichbare Unterprogramme. Bei der Audiospektrum-Analyse ist Geschwindigkeit sehr wichtig. Programmspeicher ist bei den großen *ATMELmega*-Typen ausreichend vorhanden.

Makros werden meist am Anfang eines Programms definiert oder in Form einer *include*-Datei eingebunden. In dem Assemblercode von *ELM-CHAN* sind das z. B. die Dateien *avr.inc* und *akiglcd.inc*. Häufig sind in solchen Dateien auch Befehle enthalten, die gar nicht verwendet werden. Um den Code übersichtlicher zu gestalten, wurden im Programm für den FFT-Baustein nur die tatsächlich verwendeten Makros an den Anfang gestellt.

Für das Programm wurden Assemblerroutinen und Quellcode in C kombiniert. Die besondere Syntax der Makros in der Programmiersprache C musste zunächst in Assemblercode umgewandelt werden.

Für das nachstehende Beispiel sind zwei Variablen zu definieren:

```
.def EL  =  r24
.def EH  =  r25
```

Das folgende Makro ist in C geschrieben:

```
.macro   ldiw dh,dl, abs
   ldi   \dl, lo8(\abs)
   ldi   \dh, hi8(\abs)
.endm
```

Nach der Konvertierung in Assembler sieht das Makro so aus:

```
.macro   ldiw
   ldi   @1, low(@2)
   ldi   @0, high(@2)
.endm
```

Der Aufruf dieses Makros könnte z. B. wie folgt durchgeführt werden:

```
  ldiw   EH, EL, 1
```

Der Compiler erzeugt hieraus:

```
   ldi   EL, 1
   ldi   EH, 0
```

Im Assembler-Projekt von ELM-CHAN wird noch eine andere Syntax für Makros verwendet, mit der Sie sich ebenfalls vertraut machen sollten, da beide Schreibweisen in den Programmen vorkommen.

```
.macro   ldiw_
   ldi   @0L,low(@1)
   ldi   @0H,high(@1)
.endm
```

Dieses Makro ruft man auf mit:

```
ldiw_ E
```

Der Compiler generiert den gleichen Code wie oben beschrieben:

```
   ldi   EL, 1
   ldi   EH, 0
```

Voraussetzung für die Verwendung der zweiten Syntax ist, dass die Variable *EH* in einem Register direkt über dem für *EL* definiert werden muss.

## 5.5.3 Konstanten

Die Konstanten, die mit dem *.equ*-Befehl definiert werden, sind im Listing ausführlich beschrieben. Die Konstante *FFT_N* wird von ELM-CHAN häufig verwendet. Sie gibt an, wie viele Samples für eine Spektrum-Analyse notwendig sind. Hier wird demnach eine *512-Punkt-FFT* generiert.

```
.equ   FFT_N   = 512   ;number of points
                       ;--> entspr. 256 Balken
```

Die beiden Konstanten *Baud_MHz* und *Del_B* sind für die Baudrate der seriellen Schnittstelle zuständig und müssen ggf. angepasst werden. Das Vorgehen wird in Kapitel 11.1.2 beschrieben.

```
;---  WrCOM_FAST  ---

;#  38400 BAUD haben mit allen getesteten  #
;#  USB 2.0-Seriell-Adaptern funktioniert  #

.equ   Baud_MHz   = 4   ;für 38400 BAUD
.equ   Del_B      = 34
```

```
;.equ  Baud_MHz  = 3    ;für 57600 BAUD
;.equ  Del_B     = 29

;.equ  Baud_MHz  = 9    ;für 19200 BAUD
;.equ  Del_B     = 30
```

### 5.5.4 Variablen

Bei der eigenen Verwendung der Variablen ist große Vorsicht geboten, um die Algorithmen zur Fourier-Transformation nicht zu beeinflussen. Nach Möglichkeit sollten die bei Änderungen verwendeten Variablen mit den Befehlen *push* und *pop* gesichert werden.

Nachfolgend sind die selbst genutzten Variablen aufgeführt:

```
;---   Eigene Verwendung der Variablen   ---
;
;   AH   SREG-Sicherung in AUSGABE_Y
;   AL   SREG-Sicherung in WrCOM_FAST
;
;   BH   in WrCOM_FAST
;   BL   in WrCOM_FAST
;
;   CH   Number of Elements in AUSGABE_Y
;   CL   Übergabewert(Ein- & Ausgabe) mit WrCOM_FAST
;
;   DH   in WrCOM_FAST
;   DL
```

### 5.5.5 Anschlüsse initialisieren

Hier werden die Ein- und Ausgänge definiert. Für die Eingänge, die die Nutzung der seriellen Ausgabe und der Übersteuerungsanzeige regeln, wurden die Pull-up-Widerstände aktiviert. Port C kann nur verwendet werden, wenn zuvor das *JTAG-Interface* im *Fuse High Byte* deaktiviert wurde (s. o.).

### 5.5.6 SRAM initialisieren

Bei der Aufteilung des flüchtigen Speichers wird deutlich, weshalb das SRAM eine Größe von mindestens 4 KB aufweisen muss. Die vier großen Puffer benötigen insgesamt 3.840 Bytes.

```
;---  Data memory area  -----------------------------------

.dseg
   .org    RAMTOP100          ;entspr. 0x100

AdPtr_L:  .byte 1             ;Sampling pointer für
                              ;512 Samples
```

```
AdPtr_H:   .byte 1           ;(mit High-Low-Byte)
FlagReg:   .byte 1           ;Zwischenspeicherung für
                              ;ehem. _Flags
CaptBuf:   .byte FFT_N * 2   ;Sampling buffer
BflyBuf:   .byte FFT_N * 4   ;Butterfly operation table,
                             ;Wave form buffer
LvlBuf:    .byte FFT_N       ;Spectrum bar length
BarsBuf:   .byte FFT_N / 2   ;Bars 0..254
```

### 5.5.7 ADC-Interrupt initialisieren

Die Aufnahme der ADC-Werte aus dem Analogsignal erfolgt mit einer Samplingrate von 9,6 kHz. Die nachfolgende Rechnung zeigt, wie viel Zeit für 512 Samples benötigt wird:

1 / 9.600 ms x 512 ≈ 53 ms

Damit ist die AD-Wandlung der zeitlich limitierende Faktor bei der FFT. Die Abarbeitung aller anderen Routinen zusammen ist schneller als das Sampling der 512 Werte.

Der *ADC Conversion Complete Interrupt* wird ausgelöst, sobald ein neues Sample erfasst wurde. In der Zwischenzeit können die letzten 512 Werte durch die Routinen der FFT analysiert werden. Dieses Vorgehen wird in dem Programmablaufplan durch die geschweifte Klammer veranschaulicht. Würden alle Samples aufgenommen und erst danach bearbeitet, würde sich die Zeit, die für ein Audiospektrum notwendig ist, fast verdoppeln.

```
.org   0x0030                       ;ADC Conversion Complete ITR
       rjmp   isr_adc
```

### 5.5.8 Reset-Quelle auswerten

Der *Watchdog Timer* wird, ebenso wie Makros, eher selten verwendet und hier deshalb genauer beschrieben. Mithilfe dieses Timers ist es möglich, den Mikrocontroller bei einem Fehlerzustand neu zu starten. Normalerweise sollte die endlos ablaufende Hauptschleife störungsfrei funktionieren. Insbesondere durch Schwankungen bei der Spannungsversorgung und Störungen bei der parallelen Datenübertragung könnte sich das Programm ggf. in einer Endlosschleife verfangen.

Der Watchdog Timer besitzt einen eigenen *On-Chip-Oszillator*. Durch den *Watchdog Prescaler* wird der Takt des Timers heruntergeteilt. Mit diesem Takt inkrementiert der Zähler seinen Wert bei Null beginnend, bis eine bestimme, durch den Prescaler angegebene Anzahl von Zyklen durchlaufen wurde. Ist die Anzahl erreicht, wird ein »echter« System-Reset ausgelöst. Hier wurde die größtmögliche Zyklenzahl eingestellt, die eine Verzögerung des Resets um 8 Sekunden zur Folge hat, damit der Effekt beim Experimentieren gut zu erkennen ist.

Zu Anfang der Hauptschleife wird der Counter mit dem Befehl *Watchdog Reset* (*wdr*) stets auf den Wert Null zurückgesetzt, damit kein System-Reset eintritt. Nur dann, wenn der Befehl *wdr* nach der voreingestellten Zeit immer noch nicht abgearbeitet wurde, leitet der *Watchdog Timer* den Neustart des Systems ein. Dann ist davon auszugehen, dass sich ein Systemabsturz zugetragen hat.

Das Vorgehen für die Programmierung des *Watchdog Timers* ist einfach und im Manual des *ATMELmega664* ausführlich beschrieben. Zu beachten ist, dass die Aktivierung im *Fuse High Byte* mit dem Bit 4 *WDTON* (Watchdog Timer always on) erfolgen muss.

Um zu erkennen, ob bereits ein Systemneustart notwendig wurde, kann man das Bit *WDRF* im Register *MCUSR* auslesen. In diesem Programm wird dann die *LED_WDT* optional eingeschaltet. Man hat damit Kontrolle über die Zuverlässigkeit des Systems.

```
reset:

;---  RESET-Quelle auswerten  ---------------------------

in    AL, MCUSR
   sbrs  AL, WDRF
   rjmp  NORMAL_START
   cbr   AL, 1<<WDRF          ;WD-Reset-Flag <- 0
   out   MCUSR, AL
   rjmp  WDT_START

WDT_START:
   sbi   portb, LED_WDT       ;LED_WDT dauernd AN (optional),
                              ;wenn, WDT-Reset ausgelöst wurde
                              ;LED wird erst wieder bei POWER-
                              ;ON-RESET ausgeschaltet
NORMAL_START:

   rcall WDT_OFF              ;Zur Sicherheit WDT zunächst
                              ;ausstellen!

   rcall WDT_PRESC_CHANGE ;Time-out auf 8 sec einstellen!
```

### 5.5.9 ADC-Interrupt starten

Der zuvor initialisierte Interrupt wird nun gestartet und bleibt bei den meisten Prozessen der Hauptschleife aktiv.

### 5.5.10 Interrupt-Routine: isr_adc

Die Routine *isr_adc* wird durch das *ADC Conversion Complete Interrupt* aufgerufen. Sie basiert auf der gleichnamigen Routine des Assembler-Quellcodes von ELM-CHAN. Die Samples werden auf ungewöhnliche Weise modifiziert und anschließend im Puffer *Captbuf* abgespeichert.

Die ADC-Werte sind *left adjusted*, d. h., dass die oberen 8 Bits in das High-Byte *ADCH* geschoben werden. Dennoch finden auch die Bits 7 und 6 im Low-Byte *ADCL* Verwendung. Demnach lautet das ADC-Maximum 0xFFC0.

Von allen Samples ADC [H:L] werden stets 32.768 subtrahiert. Der Wertebereich erhält somit auch negative Zahlen und ergibt sich wie folgt:

```
;   - Maximum: 0xFFC0-32768
;                              = 32704
;                              = 0x7FC0
;                              = 0b0111 1111 1100 0000
;   - Minimum:   0x0000-32768 =
;                              = -32768
;                              = 0xFFFF8000
;                              = 0b1000 0000 0000 0000
;
;   - "Null":0xFFC0/2-32768
;                              = -32
;                              = 0xFFFFFFE0
;                              = 0b1111 1111 1110 0000
```

## 5.5.11 512 neue Samples erfasst?

Nach dem Löschen des Watchdog-Zählers (*wdr*) wartet das Programm, bis alle 512 neuen Samples erfasst wurden. Die Aufzeichnung der ADC-Werte ist der zeitlich aufwendigste Prozess. Alle anderen Arbeitsschritte wurden bereits erledigt. Die gesamte Messwertaufnahme dauert stets gleich lange. Das hat den Vorteil, dass damit auch die Ausgabe neuer Audiospektren in kontinuierlichem zeitlichem Abstand erfolgt. Das ist für die weiterführende Analyse der Spektren von großer Bedeutung. Die Kontinuität ist natürlich nur so lange gegeben, wie zusätzliche Prozesse die Ausführung nicht verzögern.

```
   push  AL                  ;Wait for end of wave capturing
POLL_RDY:
   lds   AL,FlagReg
   sbrc  AL, 0
   rjmp  POLL_RDY
   pop   AL
```

## 5.5.12 Komplexes Array erstellen

Die im Puffer *CaptBuf* gespeicherten Werte werden in komplexe Zahlen umgewandelt und dann im Puffer *BflyBuf* abgelegt. Dabei kommt ein sogenanntes *Hamming-Fenster* zur Anwendung, das die Gewichtung der Samples für die weiteren Berechnungen bestimmt.

```
rcall fft_input              ;Fills array with wave form to
                             ;prepare butterfly operations
```

Hier ist ein Ausschnitt der Routine *fft_input* abgebildet. Man sieht, dass das Pointer-Register Z auf die im Programmspeicher befindliche Tabelle *t_hamming* zeigt.

```
   ldiw_ X, CaptBuf          ;Source
   ldiw_ Y, BflyBuf          ;Destination

   clr   EH                  ;Zero

   ldiw_ Z,t_hamming*2       ;Window Table

   ldiw  AH,AL, FFT_N        ;A = FFT_N;
```

Alle benötigten Tabellen befinden sich am Ende des Listings. Die Werte sind wortweise (16 Bit) abgelegt.

```
t_hamming: ;Hamming window (for 512 point FFT, 512 Samples)

   .dw   2621, 2622, 2625, 2631, 2639, 2649, 2662, 2676
   .dw   2693, 2713, 2734, 2758, 2784, 2812, 2843, 2876
   .dw   2910, 2948, 2987, 3029, 3073, 3119, 3167, 3217
   .dw   3270, 3325, 3382, 3441, 3502, 3565, 3631, ...
```

## 5.5.13 Overdrive-Anzeige

Nun wird der Zustand des Pin *ADC_Over* (PB1) abgefragt. Ist der Eingang low, wird die Routine *ADC_Range* aufgerufen.

```
sbis   pinb, ADC_OVER        ;Check Min/Max der Samples
   rcall     ADC_RANGE       ;wenn ADC_RANGE = ON (LOW)
```

In der Routine werden alle im Puffer *CaptBuf* gespeicherten Abtastwerte darauf hin überprüft, ob einer der Werte das Maximum oder das Minimum erreicht. In diesem Fall wird davon ausgegangen, dass das Audiosignal zu laut war und zur Übersteuerung führte. Dabei muss beachtet werden, dass in der Interrupt-Routine *isr_adc* von den Samples 32.768 subtrahiert wurden. Ein eventuelles Maximum wird mit der gelben *LED_Max* und ein Minimum mit der roten *LED_Min* angezeigt.

```
CHECK_MAX:
   ldiw_ B, 32704           ;B[H:L] <- ADC-MAX n. Subtraktion
   cpw_  A, B
   brge  ROT_AN             ;ADC >= ADC-MAX?
   rjmp  CHECK_MIN
 ROT_AN:
   sbi   PORTD,LED_MAX      ;LED_MAX an!
   rjmp  ENDE_ADC_RANGE

 CHECK_MIN:
   ldiw_ B, -32768          ;B[H:L] <- ADC_MIN n. Subtraktion
   cpw_  B, A
```

```
    brge  GELB_AN           ;ADC-MIN >= ADC?
    rjmp  ENDE_ADC_RANGE
GELB_AN:
    sbi   PORTD,LED_MIN     ;LED_MIN an!
    rjmp  ENDE_ADC_RANGE
```

Die folgende Abbildung zeigt ein im Puffer *CaptBuf* gespeichertes, übersteuertes, rechteckförmig deformiertes Signal. Je stärker die Übersteuerung eintritt, desto mehr entsteht die rechteckige Form. Sie führt bei der folgenden Transformation zu falschen Ergebnissen.

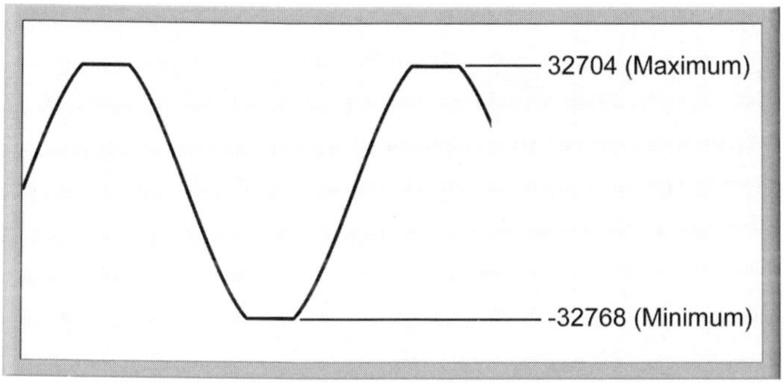


**Abb. 5.4:** Übersteuertes Signal

## 5.5.14 FFT-Berechnung (Butterfly)

In der Routine *fft_execute* werden die durch den *Butterfly-Algorithmus* stark beschleunigten Rechenoperationen bewerkstelligt, die für die schnelle Fourier-Transformation (FFT) benötigt werden.

```
rcall fft_execute       ;Execute the butterfly operations
```

Hierzu wird auch die Tabelle *t_cos_sin* verwendet. Sie enthält die zur Zeitersparnis im Voraus berechneten Cosinus- und Sinus-Werte. Die Ergebnisse befinden sich anschließend wieder im Puffer *BflyBuf*.

## 5.5.15 Umwandlung in skalare Werte (16 Bit)

Aus den komplexen Zahlen werden wieder Skalare, also aus nur noch einer Komponente bestehende, 16 Bit große Werte generiert. Für die korrekte Zuordnung der Daten aus dem Puffer *BflyBuf* wird die Tabelle *t_desc* benötigt. Die Skalare werden in den Puffer *LvlBuf* geschrieben.

```
rcall   fft_output          ;re-oders the results
                            ;converts into scalar spectrum
                            ;output in linear scale
```

Die Routine *fft_output* aus dem C-Code von *ELM-CHAN* entspricht in seinem Assembler-Projekt dem Unterprogramm *make_bars*. Letztere Routine führt aber zusätzlich noch die Umrechnung in 8-Bit-Balken für die Anzeige auf dem LCD-Display durch. Dieser Algorithmus wird hier von der nun folgenden Routine *bars* übernommen. Das ehemalige *peak holding*, also das auf dem Display effektvolle langsame Abfallen der Balken, wurde entfernt.

### 5.5.16 Umrechnung in Balkenwerte (8 Bit)

Die 2 Byte großen Skalare werden auf 1 Byte reduziert und im Puffer *BarsBuf* abgelegt. Hierfür ist die Tabelle *logs* erforderlich. Die Reduzierung auf nur 8 Bit beschleunigt die weiteren Prozesse und spart Speicherplatz.

```
rcall   bars                    ;Umrechnung in Balken [0..254]
```

Die Umwandlung erfolgt nach der von ELM-CHAN im Assembler-Projekt gegebenen Empfehlung in Dezibelwerte. Hierfür hatte er in der Tabelle *60 dB – 32 point log conversion table* ein kleines C-Programm hinterlegt:

```
;   for($a = -32; $a <= 0; $a++) {
;       $v = exp($a*1.875*2.303/20);
;       printf("%d, ", $v * 16000)
;   }
;   printf("0xFFFF\n");
```

Wendet man dieses Programm auf 256 Balken mit einer maximalen Höhe von 254 an, beginnen die ermittelten Werte leider nicht bei null, was sich ungünstig auf die Auflösung und damit auf die Genauigkeit der Amplitudenberechnung auswirkt. Überdies wird, bedingt durch das Abrunden auf ganze Zahlen, an manchen aufeinanderfolgenden Stellen der gleiche Wert zweimal ermittelt. Aus diesen Gründen wurde der Algorithmus modifiziert. Im unteren Bereich wurden doppelte Werte »von Hand« beseitigt. Das hat zur Folge, dass sich die resultierende Kurve von 0 bis 100 weitgehend linear verhält und dann exponentiell ansteigt.

Mit dem auf der CD-ROM im Ordner *LabVIEW* befindlichen Programm *Log Conversion Table.vi* kann die Umrechnung in Dezibel-ähnliche Werte nachvollzogen werden. Die graue Kurve in Abb. 5.5 und Abb. 5.6 zeigt die Berechnungen nach der Formel von ELM-CHAN. Die weiße, gestrichelte Kurve wurde durch Änderung des Multiplikators ermittelt. Bei der schwarzen Kurve wurden die Werte der weißen Kurve von Hand nachbearbeitet. In Abb. 5.5 sieht man den leicht divergierenden Kurvenverlauf im Bereich von 0 bis 100. Wird, wie in Abb. 5.6 dargestellt, der gesamte Wertebereich von 0 bis 254 betrachtet, fällt auf, dass Original und Modifikation einen ähnlichen Kurvenverlauf aufweisen.

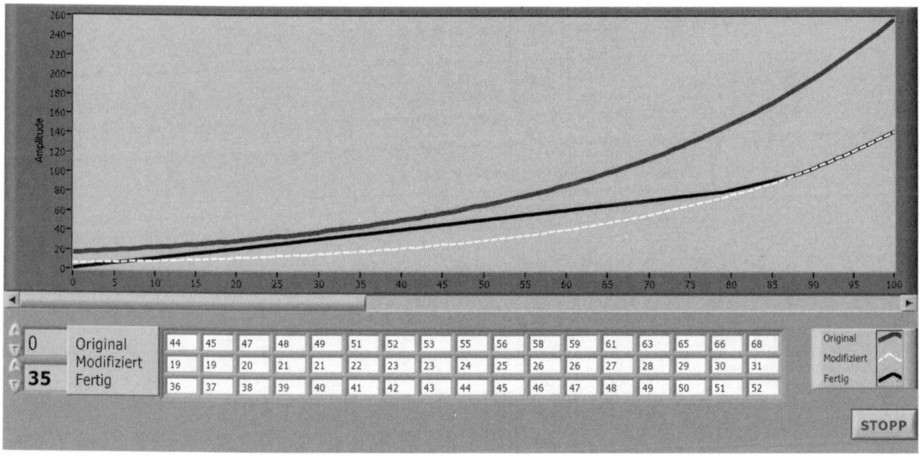


**Abb. 5.5:** Konvertierung in Dezibel (Ausschnitt)

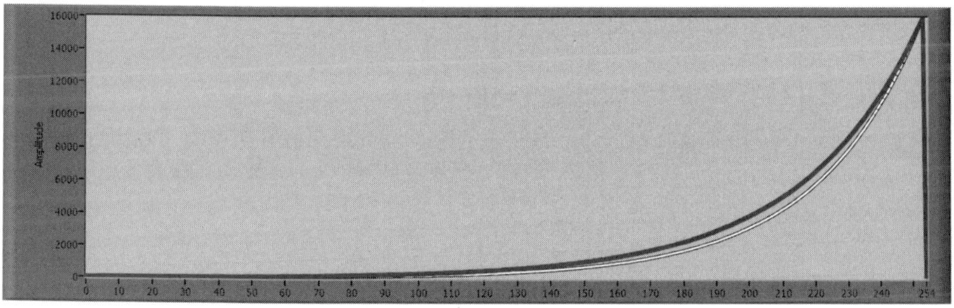

**Abb. 5.6:** Konvertierung in Dezibel (Gesamtansicht)

Das Resultat der Änderungen hat sich in der Praxis bewährt. Bei kleinen Balkenhöhen ist aufgrund der Linearität eine hohe Empfindlichkeit zu verzeichnen. Durch den exponentiellen Anstieg werden Signale über einen großen Dynamikbereich zuverlässig analysiert. Der Wert 255 wird übrigens als Steuerzeichen für die Synchronisation bei der seriellen Datenübertragung benötigt und ist deshalb nicht für die Balkenhöhe verfügbar.

```
bars:                         ;Umrechnung in 1Byte-Balken
                              ;[0..254] (60dB)

   . . .

   ldiw_   X, LvlBuf          ;Alter Balken-Puffer   (2Bytes)
   ldiw_   Y, BarsBuf         ;Neuer Balken-Puffer   (1Byte)

   ldiw    DH, DL ,FFT_N/2 ;Zahl der Durchgänge   (=FFT_N/2)
LOOP_BARS:
   ldw     AH, AL,X+          ;AH:AL <- (X+1:X); X <- X +2

   ldi     CL, 0
```

```
    ldiw_  Z, logs*2         ;CAVE mit Sprung!
    lpmw_  B, Z+
    cpw_   A, B
    brcs   PC+3
    inc    CL
    rjmp   PC-6

    st     Y+, CL

    subiw  DH, DL, 1         ;D <- D-1
    rjne   LOOP_BARS         ;D = 0?

ENDE_BARS:

    . . .

ret
```

### 5.5.17 Parallele und serielle Ausgabe

Die parallele Datenübertragung an den Analysebaustein mithilfe der Routine *Parallel_out* und die serielle Ausgabe an den PC mit *Ausgabe_Y* werden in den Kapiteln 7 und 8 noch ausführlich beschrieben.

# 6 Der Analysebaustein

## 6.1 Schaltbild

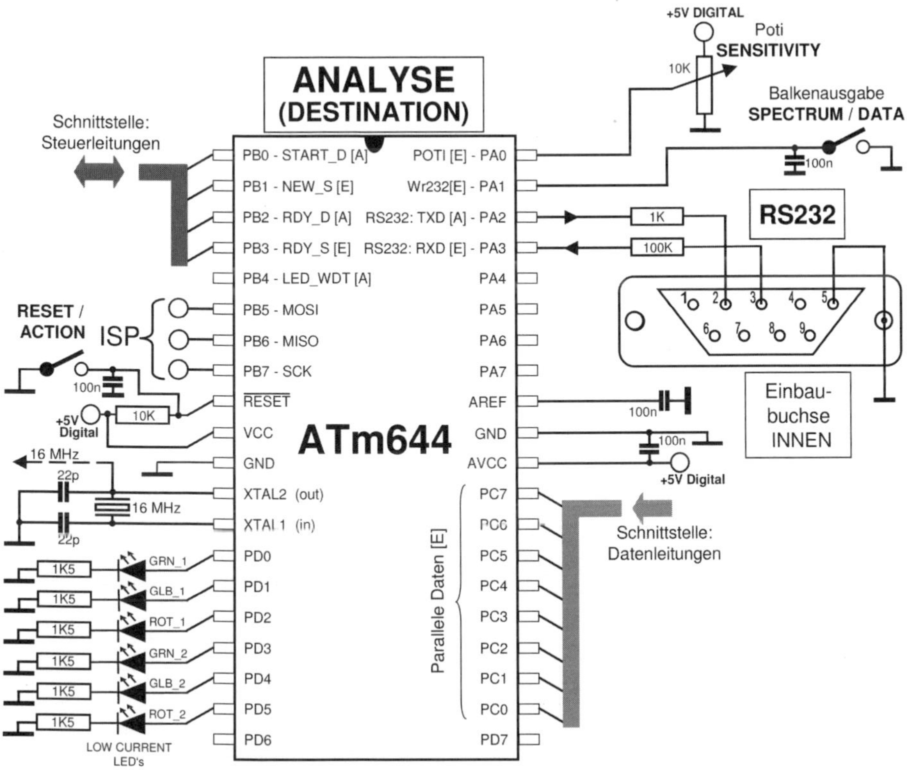


**Abb. 6.1:** Der Analysebaustein

In der obigen Abb. 6.1 sind der Analysebaustein und die mit ihm verbundenen Bauteile zu sehen. Seine Anschlussbelegung wurde in Kapitel 4.1.2 bereits näher erläutert.

## 6.2 Technische Details

Im Modus *Spectrum* (Schalter geschlossen) werden die vom FFT-Baustein übertragenen Audiospektren direkt mithilfe der RS-232 ausgegeben. Im Modus *Data* (Schalter geöffnet) können je nach Anwendung unterschiedliche Informationen über die RS-232 an den PC gesendet werden. Im sogenannten *Basisprogramm* (*BASIS.aps*), das nachfolgend vorgestellt wird, ist eine zusätzliche Funktion im Modus *Data* implementiert: Dreht man das Potenziometer *Sensitivity* bis zum Anschlag nach rechts, wird ein Testprogramm zur Überprüfung der seriellen Übertragungsqualität aktiviert.

Prinzipiell ist jeder Mikrocontroller als Analysebaustein geeignet, bei dem 12 Pins für die parallele Datenübertragung zur Verfügung stehen. Ebenso kann sein Takt frei gewählt werden. Der Takt muss nicht quarzgenau sein. Es ist auch nicht von Belang, mit welcher Programmiersprache gearbeitet wird, solange das Funktionsprinzip der parallelen Schnittstelle eingehalten wird. Dennoch gilt es, Folgendes zu beachten: Die einzelnen Spektrum-Analysen sollten möglichst schnell und in gleichmäßigen Abständen hintereinander stattfinden, um aussagekräftige Ergebnisse in Echtzeit zu erhalten. Die durch die ADC-Datenaufnahme des FFT-Bausteins vorgegebene minimale Zeit für eine Spektrum-Analyse sollte nicht durch einen zu langsamen Analysebaustein ausgebremst werden. In der Regel reichen beim Analysebaustein 16 MHz aus, um selbst kompliziertere Aufgaben innerhalb der für die ADC-Aufnahme notwendigen Zeitspanne durchzuführen, ehe an der parallelen Schnittstelle des FFT-Bausteins die Werte der nächsten Spektrum-Analyse auf die Übertragung warten.

Da für den FFT-Baustein ohnehin ein quarzgenauer Takt von 16 MHz benötigt wird, kann dieser praktischerweise auch am Analysebaustein mitgenutzt werden. Für kleinere Projekte würde z. B. schon das SRAM eines *ATMELtiny2313* ausreichen. Muss hingegen das gesamte Spektrum analysiert werden, ist zur Zwischenspeicherung ein größeres SRAM vonnöten. Deswegen wird hier auch als Analysebaustein ein *ATMELmega644* mit 4 KB SRAM verwendet.

Günstig für die manuelle Einstellung der Sensitivität ist beim Analysebaustein ein ADC-Eingang, an dem ein Potenziometer angeschlossen werden kann. Zur Geschwindigkeitsoptimierung und zur vollen Kontrolle der Programmabläufe des Analysebausteins sind die unten aufgeführten Schaltungsbeispiele in Assembler programmiert.

# 6.3 Programmablaufplan

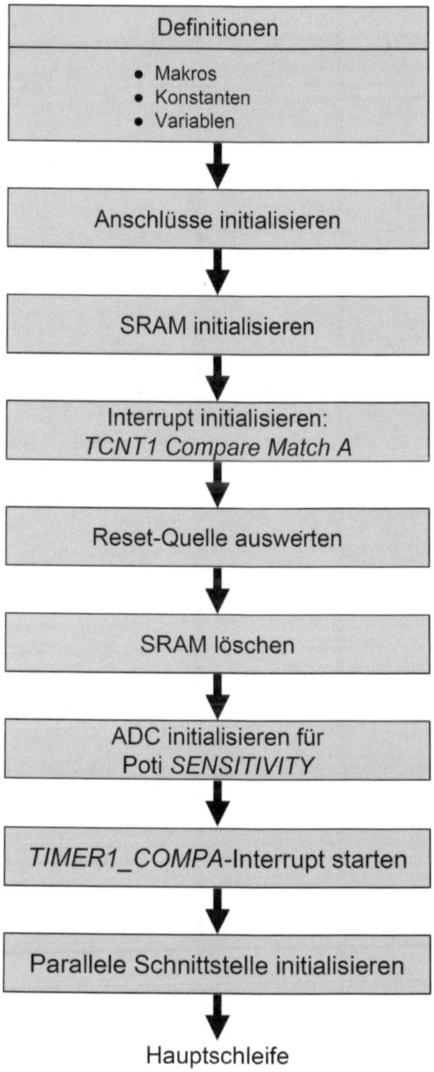


**Abb. 6.2:** PAP für Basisprogramm (Vorbereitung)

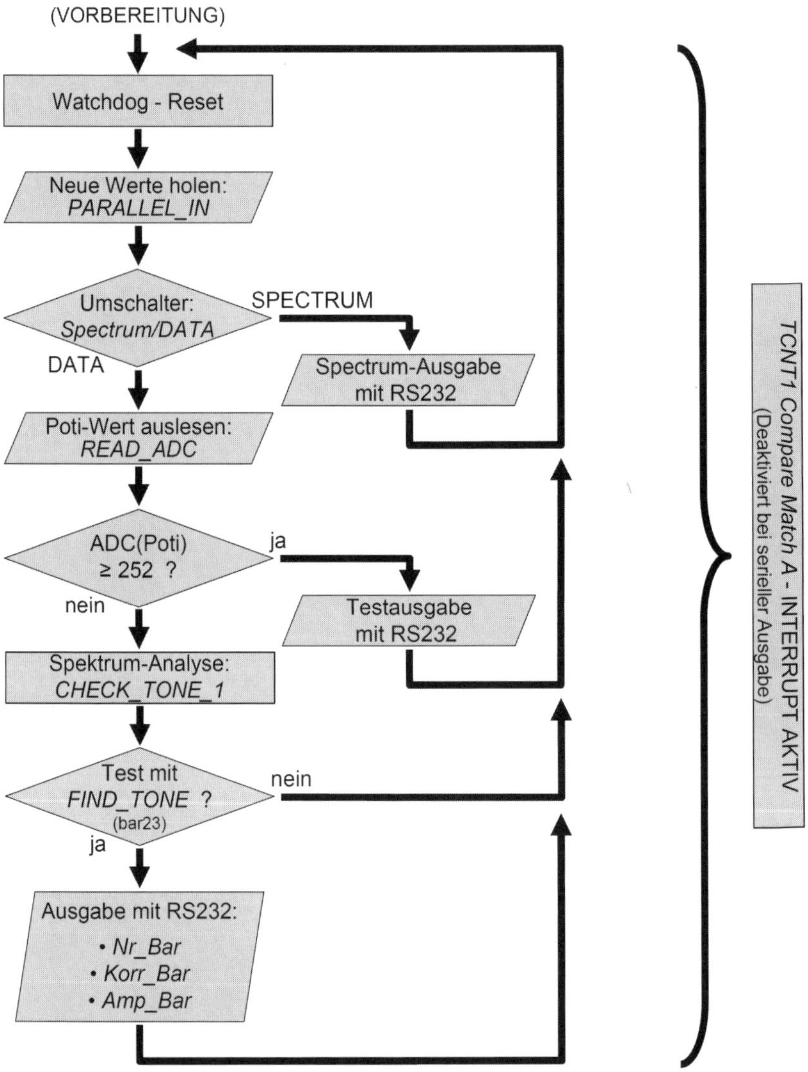


**Abb. 6.3:** PAP für Basisprogramm (Hauptschleife)

Abb. 6.2 und Abb. 6.3 stellen die Programmstruktur des Basisprogramms *BASIS.aps* für den Analysebaustein zur besseren Übersicht vereinfacht dar. Die zur Vorbereitung notwendigen Definitionen und Initialisierungen ähneln denen des FFT-Bausteins. Die eigentliche Hauptschleife umfasst mit Absicht nur wenige Zeilen, um für den Leser überschaubar zu bleiben. Hierdurch wird die Einbindung erster eigener Projekte erleichtert. Im Assembler-Programm sind die Interrupt-Routine und die Unterprogramme nach der Hauptschleife aufgelistet. Für die Entwicklung eigener Analyseprogramme ist es empfehlenswert, die Prozesse im Analysebaustein grundsätzlich nachvollziehen zu können. Aus diesem Grund folgen hier ausführliche Beschreibungen der

Programmabläufe. Zum Teil werden zum besseren Verständnis Auszüge des Assemblercodes abgebildet.

# 6.4 Programmaufbau

## 6.4.1 Fuse Bytes

Der Analysebaustein wird mit einem 16-MHz-Quarz betrieben. An Pin *XTAL2* wird der gleiche Takt auch für den FFT-Baustein abgegriffen. Damit ist das *Fuse Low Byte* auf 0xF7 einzustellen.

```
;--> FUSE LOW-BYTE:   0xF7
;
;
;###   NORMAL: AUTARKER BETRIEB MIT 16MHz-Quarz:    ###
;
;    - Takt in: XTAL1       Takt out: XTAL2
;--------------------------------------------------------
;  => Fuse Low Byte = 0b11100111   ->  SLOWLY rising Power
;                   = 0xF7             (SUT1:0 = 10)
;
;    - CKDIV8    =1  unprogrammed
;    - CKOUT     =1  unprogrammed
;    - SUT1      =1  SUT[1:0]=[11]+CKSEL0: StartupTime:
;    - SUT0      =0  Slowly Rising Power
;
;    - CKSEL3    =0  CKSEL[3..1]=[011]:
;    - CKSEL2    =1  Crystal, 0,4-20MHz
;    - CKSEL1    =1  (12-22pF)
;    - CKSEL0    =1
```

Einige Pins von Port C sind im Auslieferungszustand des Mikrocontrollers durch das sogenannte *JTAG-Interface* gesperrt, das zum Debugging verwendet werden kann. Im *Fuse High Byte* ist diese Funktion mit dem Bit *ENABLE JTAG* zu deaktivieren. Der in Kapitel 5.5.8 bereits beschriebene *Watchdog Timer* sollte mit dem Bit *Watchdog always on* eingeschaltet werden, um bei Systemabstürzen automatisch einen Systemneustart auslösen zu können. Mit diesen beiden Änderungen ergibt sich für das *Fuse High Byte* der Wert 0xC9. Ohne Aktivierung des *Watchdog Timers* muss hier 0xD9 eingetragen werden.

```
;--> FUSE HIGH BYTE:   0xC9
;
;
; -  JTAG DISABLE (Dadurch PC[2..5] frei!!!)
;--------------------------------------------------------
; => Fuse HIGH Byte    =   0b11001001
;                      =   0xC9 (ohne WDT: 0xD9)
```

```
;
;     7   - Enable OCD          =  1  unprogrammed
;     6   - ENABLE JTAG         =  1  UNPROGRAMMED !!!
;     5   - Enable Serial Prog. =  0  Programmed
;     4   - Watchdog always on  =  0  PROGRAMMED !!!
;     3   - EEPROM preserved..  =  1  unprogrammed
;     2   - Select Boot Size    =  0  programmed
;     1   - Select Boot Size    =  0  programmed
;     0   - Select Reset Vector =  1  unprogrammed

;-------------------------------------------------------
```

### 6.4.2 GNU-Lizenz

Die GNU-Lizenz wurde bereits in Kapitel 5.2 eingehend beschrieben. Wenngleich der Quellcode von ELM-CHAN fast nur im Programm für den FFT-Baustein verwendet wird, ist doch im Basisprogramm und in den noch folgenden Anwendungsbeispielen auf diese Quellen hinzuweisen. Das ist durch das Prinzip des sogenannten Copyleft gefordert, da sich die Programme in weiterem Sinne von den lizenzierten Werken ableiten. Die GNU-Lizenz (Version *GPLv2.0*) ist im Gegensatz zum FFT-Baustein bei den Programmen für den Analysebaustein nicht im Listing integriert und muss deshalb separat beigefügt werden.

### 6.4.3 Makros

Am Anfang aller Programme für den Analysebaustein sind die verwendeten Makros zur besseren Übersicht aufgelistet. Normalerweise werden die Makros in einer sogenannten *Include*-Datei zusammengefasst, die dann vom Programm aus aufgerufen wird. In Kapitel 5.5.2 werden Makros näher erläutert. Hier werden auch Besonderheiten beschrieben, die mit Makros in den Codes dieses Buchs einhergehen. In den Programmen für den Analysebaustein kommen vor allem Makros für die Verarbeitung von 16-Bit-Zahlen zu Anwendung.

Die Verwendung von 16-Bit-Variablen lässt sich übersichtlich mit den Makros durchführen, an deren Namen ein Unterstrich angefügt ist. Dabei ist der Unterstrich als Markierung willkürlich gewählt. Diese 16-Bit-Variablen bestehen eigentlich aus zwei einzelnen 8-Bit-Variablen, wobei das High-Byte ein Register über dem Low-Byte stehen muss.

Bei dem Aufruf von Makros ohne Unterstrich sind das High- und das Low-Byte hintereinander aufzuführen.

```
   . . .

   addiw_  Y, 1           ;Y <- Y + 1 (MemT1_Buf)

   addiw_  C, 1           ;C <- C + 1 (KorrT1_Buf)
```

```
    addiw_  D, 1              ;D <- D + 1 (AmpT1_Buf)

    subiw   BH ,BL , 1        ;B <- B - 1
   rjne LOOP_MemT1

    . . .
```

## 6.4.4 Konstanten

Die zahlreichen Konstanten des Basisprogramms erhöhen die Lesbarkeit des Listings. Änderungen an den Voreinstellungen, die in Konstanten gespeichert sind, werden zugleich an allen Stellen wirksam, an denen sie verwendet werden. Sie sind deshalb schnell und ohne die Gefahr, einzelne Änderungen zu vergessen, durchzuführen.

Nachfolgend sind wichtige Konstanten aus dem Listing abgebildet, mit deren Hilfe Schwell- und Grenzwerte und weitere Einstellungen definiert werden.

```
. . .

;---  ALLGEMEIN  ---

.equ  CYCLES       = 4     ;Nötige Anzahl von Balken-
                           ;Erkennungen
.equ  Level_F2     = 8     ;max. Diff.
                           ;|P[0]-P[+1]| < Level_F2!
                           ;zur Einleitung von "Fall 2"

.equ  T_Display    = 2     ;Anzeigedauer (X*125ms)

.equ  WAIT_232     = 20    ;Länge der Warteschleife nach
                           ;Start-Byte in WAIT_START

;---  FIND_TONE  ---

.equ  Level_K_1    = 15    ;Schwellwert für Korrektur=1
.equ  Level_K_2    = 15    ;Schwellwert für Korrektur=2
.equ  Level_K_3    = 40    ;Schwellwert für Korrektur=3
.equ  Level_li_re  = 6     ;Differenz P[-1] - P[+1]

;---  WrCOM_FAST  ---

.equ  Baud_MHz     = 4     ;FÜR 38400 BAUD
.equ  Del_B        = 34

. . .
```

### 6.4.5 Variablen

Im Gegensatz zur Software für den FFT-Baustein können die Variablen in der Hauptschleife des Basisprogramms und in eigenen Unterprogrammen weitgehend frei verwendet werden. Nur wenige Vorsichtsmaßregeln sind zu beachten.

Die Register *r0* und *r1* werden von manchen Befehlen des *ATMELmega644* verwendet, z. B. von *MUL* und *FMUL*.

Obwohl solche Befehle im Basisprogramm nicht verwendet werden, sind die beiden Register für künftige Programmerweiterungen aufgespart worden.

Die Register *r2* bis *r7* sind die einzigen Register, deren Verwendungszweck nicht geändert werden sollte:

```
.def   Poti_ADC      = r2     ;Poti-Wert für min. Peak-
                              ;Schwelle
.def   WDT_set       = r3     ;=TRUE(1), wenn WDT ausgelöst
.def   New_Tone      = r4     ;> 0, wenn neuer Ton gefunden

;---   Variablen für SUB: FIND_TONE ---

.def   Nr_Bar        = r5     ;Nummer des zu untersuchenden
                              ;Balkens
.def   Korr_Bar      = r6     ;Ermittelter Korrekturwert
.def   Amp_Bar       = r7     ;Amplitude des gefundenen
                              ;Signals
```

Die Register r16 bis r25 werden als Hilfsvariablen genutzt. Sie können hierbei einzeln oder zu zweit als 16-Bit-Variablen mit den entsprechenden Makros und mit den im Mikrocontroller bereits fest implementierten Befehlen eingesetzt werden. Die Variable *A* setzt sich z. B. aus den Registern r17 = *AH* und r16 = *AL* zusammen.

Die Register r26 bis r31 sind für die Variablen *X*, *Y* und *Z* vorgesehen. Diese Variablen wurden durch den Befehl *.include m644def.inc* am Anfang des Listings bereits definiert. Sie sind hier nur zu besseren Übersicht als Kontext mit aufgeführt.

```
 .def  AL    =   r16
 .def  AH    =   r17
 .def  BL    =   r18
 .def  BH    =   r19
 .def  CL    =   r20
 .def  CH    =   r21
 .def  DL    =   r22
 .def  DH    =   r23
 .def  EL    =   r24
 .def  EH    =   r25
;.def  XL    =   r26
;.def  XH    =   r27
;.def  YL    =   r28
```

```
;.def  YH         =   r29
;.def  ZL         =   r30
;.def  ZH         =   r31
```

Variablen sind in größeren Assembler-Projekten leider stets Mangelware. Werden sie nur als Hilfsvariablen lokal innerhalb eines Unterprogramms oder eines anderen, in sich abgeschlossenen Programmteils benötigt, kann man sich damit behelfen, die Vorwerte der Variablen im sogenannten *Stack* (Stapelspeicher) zu sichern. Sie können danach wieder so aus dem *Stack* zurückgeholt werden, dass die Variablen ihren ursprünglichen Wert zurückerhalten. Die hierfür benötigten Befehle sind *push* (»drauflegen«) und *pop* (»runternehmen«). Für aus zwei Byte bestehende Variablen stehen die Makros *pushw_* und *popw_* zur Verfügung.

```
FILL_TONE_1:                    ;Kontrolle der Zyklenzahl
                                ;in MemT1_Buf

   push    AH                   ;IN:    - akt. Z (Tone1_Buf)
   in      AH, SREG             ;       - DH = P[max0\+1]
   pushw_  B                    ;OUT:   - EL Erkennung:
   push    EH                   ;         1(true)/0(false)
   pushw_  Y                    ;LOCAL: - Y für MemT1_Buf

. . .

ENDE_FILL_TONE_1:

   popw_   Y
   pop     EH
   popw_   B
   out     SREG, AH
   pop     AH

ret
```

In dem obigen Beispiel wird die Anwendung der Befehle deutlich. Bei Unterprogrammen sollte auch das sogenannte *Statusregister* gesichert werden. Die Verwendung des *Stacks* ist sehr praktisch. Leider können sich aber beim Programmieren leicht Fehler einschleichen. Das geschieht insbesondere dadurch, dass die Anzahl der *Push*-Befehle nicht mit der der *Pop*-Befehle übereinstimmt und damit Werte auf dem *Stack* zurückbleiben oder verloren gehen. Wichtig ist auch, dass die mit *push* abgelegten Zahlen in der genau umgekehrten Reihenfolge mit *pop* aus dem *Stack* wieder zurückgeholt werden müssen.

Variablen, die nur innerhalb eines Unterprogramms Verwendung finden, werden in den Hochsprachen als *lokale Variablen* bezeichnet. Hierzu gehören sinngemäß auch die Variablen in Assembler-Programmen, deren ursprüngliche Werte im Stack gesichert werden. Am Anfang einiger Routinen des Basisprogramms werden im Kontext unter dem Begriff *LOCAL:* besonders wichtige lokale Variablen aufgeführt. Die Variablen, die ihren Wert auch außerhalb der Routinen behalten können, werden in Analogie zu den Hochsprachen als *GLOBAL:* bezeichnet. In dem obigen Beispiel wird zur Verbesserung der Übersicht unterschieden, ob die Routine einen Variablenwert von »außen« benötigt (*IN:*) oder ob ein Übergabewert an das aufrufende Programm zurückgegeben wird (*OUT:*).

Müssen sehr viele variable Werte im SRAM des Mikrocontrollers zwischengespeichert werden, wie das im Basisprogramm vonnöten ist, reichen die wenigen Variablen natürlich nicht aus. Deshalb kommen auch sogenannte *Puffer* zum Einsatz. Sie werden in Kapitel 6.4.7 beschrieben.

### 6.4.6 Anschlüsse initialisieren

Hier werden die Ein- und Ausgänge des Mikrocontrollers definiert. Beachten Sie bitte, dass *Port C* nur genutzt werden kann, wenn zuvor das *JTAG-Interface* im *Fuse High Byte* deaktiviert wurde.

```
;%%%  PORT A  %%%

   sbi   porta, Wr232      ;Taster mit PullUp

   sbi   ddra,  TXD        ;Datenrichtung für RS-232

;%%%  PORT B  %%%

   sbi   ddrb,  START_D
   sbi   ddrb,  RDY_D
   sbi   ddrb,  LED_WDT    ;Ausgang für LED_WDT
                           ;(optional)

;%%%  PORT C  %%%

;  Paralleler DatenEINgang (8 Bit)

;%%%  PORT D  %%%

   sbi   ddrd,  GRN_1      ;LED-Anzeigen
   sbi   ddrd,  GLB_1
   sbi   ddrd,  ROT_1

   sbi   ddrd,  GRN_2
   sbi   ddrd,  GLB_2
   sbi   ddrd,  ROT_2
```

### 6.4.7 SRAM initialisieren

Der ATMELmega664 bietet mit seinen 4 KByte SRAM reichlich Speicherplatz für Puffer. Da im Basisprogramm stets das gesamte Spektrum mit seinen 256 Balken untersucht werden kann, haben die verwendeten Puffer eine Größe von 256 Bytes. In dem Puffer *Bars_Buf* werden die Spektrum-Analysen des FFT-Bausteins während der parallelen Datenübertragung zwischengespeichert. Mit *Tone1_Buf* wird gemessen, wie lange ein einzelner Ton detektiert werden kann. *MemT1_Buf* legt die sogenannte *Anzeigedauer* eines bereits erkannten Tons fest. Hiermit wird zugleich bestimmt, wie lange die Erkennung für weitere Berechnungen vorgehalten werden soll. Die Puffer *KorrT1_Buf* und *AmpT1_Buf* werden für genauere Frequenzbestimmungen benötigt.

Es ist vielleicht irritierend, dass stets auf den *ersten* Ton (*T1*) hingewiesen wird, obwohl keine weiteren Töne im Listing benannt werden. Das geschieht aber bereits im Hinblick auf zukünftige Projekte mit mehreren Tönen.

```
;---  Data memory area  ----------------------------------

.dseg
   .org    RAMTOP100        ;entspr. 0x100

Bars_Buf:      .byte 256    ;n Bars 0..254
Tone1_Buf:     .byte 256    ;n Peaks für 1.Ton
MemT1_Buf:     .byte 256    ;Anzeigedauer 1.Ton
KorrT1_Buf:    .byte 256    ;Korrekturwert (1..5)
AmpT1_Buf:     .byte 256    ;Amplituden im letzten
                            ;Erkennungszyklus
```

Werden viele Variablen benötigt, kann man sich auch mit Puffern behelfen, die nur die Größe von einem Byte haben. In dem folgenden Beispiel, das aus dem Listing des FFT-Bausteins entliehen ist, wird der Umgang mit solchen Puffern demonstriert:

```
AdPtr_L:       .byte 1      ;Sampling pointer für
                            ;512 Samples
AdPtr_H:       .byte 1      ;(mit High- & Low-Byte)
FlagReg:       .byte 1      ;Zwischenspeicherung für
                            ;ehem. _Flags

   clr   BL
   sts   AdPtr_H,BL         ;AdPtr_H:L löschen
   sts   AdPtr_L,BL

   lds   CL,FlagReg         ;ehem.: cbr _Flags, bit0
   cbr   CL,bit0
   sts   FlagReg,CL
```

Mit den Befehlen *sts* und *lds* können die Werte des Puffers einfach mit einer Hilfsvariablen getauscht werden. Dieses Vorgehen ist jedoch etwas zeitaufwendiger als die direkte Verwendung einer Variable aus den Registern *r0* bis *r31*.

### 6.4.8 Reset-Quelle auswerten

Sollte sich das Programm des Mikrocontrollers durch Programmierfehler oder durch Störungen, die z. B. bei der parallelen Datenübertragung und bei Schwankungen der Spannungsversorgung auftreten können, in einer Endlosschleife verfangen, kann der *Watchdog Timer* automatisch ein System-Reset auslösen (vgl. Kapitel 5.5.8).

### 6.4.9 SRAM löschen

Nicht definierte Zufallswerte, die sich nach dem Einschalten im SRAM befinden, können zu einem unvorhersehbaren Verhalten der Programme führen. Um das zu verhindern, werden nun alle Variablen gelöscht, die nicht für die Systemsteuerung vonnöten sind.

```
;---  SRAM LÖSCHEN ---------------------------------------

   clr   AL

   ldiw_ Z, RAMTOP100               ;Alle Variablen löschen
   ldiw_ X, RAMEND-RAMTOP100+1      ;RAMEND = 0x10FF
                                    ;X <- 0x1000 (=0d4096)

   st     Z+,AL                     ;CLR RAM
   sbiw   XL, 1                     ;(außer Systemvariablen)
   brne   PC-2
   sbiw   ZL, 1
   outw_  SP, Z
```

### 6.4.10 Initialisierung ADC0 für POTI: Sensitivity

Mit dem Potenziometer *Sensitivity* wird bestimmt, wie laut ein Ton mindestens sein muss, um vom System erfasst zu werden. Außerdem kann mit ihm eine Routine zur Überprüfung der seriellen Übertragungsqualität gestartet werden.

Die Einstellung des Potenziometers, das an Pin A0 (ADC 0) angeschlossen ist, wird stets am Anfang der Hauptschleife ausgelesen. Das Ergebnis ist *left adjusted* und hat damit eine Größe von 8 Bit. Als Referenzspannung werden die 5 V der digitalen Spannungsversorgung verwendet.

```
;---  Initialisierung ADC0 für POTI "SENSITIVITY"  --------

            ;76543210
   ldi   AL, 0b01100000
   sts   ADMUX,AL

          ;b7:   REFS1   = 0   AVCC with external
          ;b6:   REFS0   = 1   Cap. on AREF pin
          ;b5:   ADLAR   = 1   ADC left adjust enable
          ;b4:   MUX4    = 0   MUX [4:0]= 00000
          ;b3:   MUX3    = 0   ->
          ;b2:   MUX2    = 0   Single ended Input
          ;b1:   MUX1    = 0   on ADC0 (PA0)
          ;b0:   MUX0    = 0


            ;76543210
   ldi   AL, 0b00000000
   sts   ADCSRB,AL
          ;b6:   ACME    = 0   Analog Comp.Multip. enable
          ;b3:   MUX5..  = 0
          ;b2:   ADTS2.  = 0   (Free Running Mode AUS!)
          ;b1:   ADTS1.  = 0
          ;b0:   ADTS0   = 0

            ;76543210
   ldi   AL, 0b10000110

   sts   ADCSRA,AL

          ;b7:   ADEN    = 1   ADC Enable
          ;b6:   ADSC    = 0   ADC Start Conversion
          ;b5:   ADATE   = 0   Auto Trigger Enable
          ;b4:   ADIF    = 0   ADC ITR Flag
          ;b3:   ADIE    = 0   ADC ITR Enable
          ;                    (für ADC Conversion
          ;                    Complete ITR [0x0030])
          ;b2:   ADPS2   = 1   ADPS [2:0] = 110:
          ;b1:   ADPS1   = 1   => Division Faktor=64
          ;b0:   ADPS0   = 0   => 16MHz/64 = 250kHz
          ;                    okay nur bei LEFT ADJUST
```

### 6.4.11 TCNT1 Compare Match A-Interrupt

Das Basisprogramm benötigt für diverse Timings eine präzise Zeitsteuerung. Diese wird durch das *TCNT1 Compare Match A-Interrupt* realisiert. Hiermit wird die Interrupt-Routine *Check_Time* stets wiederkehrend nach 125 ms aufgerufen. Alternativ sind im Listing die Einstellungen als Kontext hinterlegt, die notwendig sind, um die Routine nur alle 500 ms zu starten.

Mit dem folgenden Befehl wird bei der Auslösung des Interrupts die Routine *Check_Time* aufgerufen:

```
.org    0x001A                    ;TCNT1 Compare Match A
        rjmp   CHECK_TIME
```

Um den Interrupt exakt nach 125 ms zu starten, müssen einige Register voreingestellt werden, die das Verhalten des 16-Bit-Timer/Counter 1 steuern. Der Timer wird damit im Modus *Clear Timer on Compare Match* (CTC) betrieben. Dieser Modus wird mit den Bits *WGM* in den Registern *TCCR1A* und *TCCR1B* angewählt.

In dem Register *TCCR1B* wird der Vorteiler für den Takt des Zählers auf 1 / 64 eingestellt. Daraus resultiert folgende Zählfrequenz:

16 MHz / 64 = 250 kHz

Der Wert von Timer 1 wird bei jedem Taktzyklus, bei null beginnend, um eins erhöht, bis sein Wert dem Inhalt des *OCR1A*-Registers gleicht. Das soll genau nach 125 ms erfolgen. Jeder Taktzyklus hat eine Länge von 1 / 250 kHz = 4 µs. Damit sind nach 31.250 Zyklen genau 125 ms vergangen: 31.250 × 4 µs = 125 ms.

Nach hexadezimaler Konvertierung wird diese Zyklenzahl im High- und Low-Byte von *OCR1A* gespeichert.

```
;-  CTC ON OCR1A (0x7412) => 125ms/ITR -

    ldi   AH, 0x7A          ;Output Compare Register 1A:
    ldi   AL, 0x12
    sts   OCR1AH, AH        ;Vergleichswert für TCNT1
    sts   OCR1AL, AL        ;erst High- ,dann Low-Byte
                            ;schreiben!

                ;76543210
    ldi   AL,0b00000000
    sts   TCCR1A, AL

          ;b7:6  = 00   COM1A[1:0]
          ;             Normal Port Operation,
          ;             OC1A disconnected, non-PWM
          ;b5:4  = 00   COM1B1
```

```
          ;b1:0  = 00    WGM1[1:0] CTC on OCR1A (mit TCCR1B)

              ;76543210
    ldi   AL, 0b00001011
    sts   TCCR1B, AL

          ;b7:    = 0    ICNC1-Input Capt. Noise Canceller
          ;b6:    = 0    ICES1-Input Capt. Edge Select
          ;b4:3   = 01   WGM1[3:2] CTC on OCR1A(mit TCCR1A)
          ;b2..0  = 011  CK/64
          ;              16MHz/64
          ;              (für 125ms / ITR)
```

Nun muss noch im Register *TIMSK1* der entsprechende Interrupt angewählt und anschließend mit dem Befehl *sei* gestartet werden.

```
              ;76543210
    ldi   AL, 0b00000010
    sts   TIMSK1, AL

          ;TCNT1-ITR-Mask-Register (-> ITR START!)
          ;b5:    = 0    ICIE-Input Capture ITR Enable
          ;b2:    = 0    OCIE1B-Outp.Comp.MatchB-
          ;              ITR-enable
          ;b1:    = 1    OCIE1A-Outp.Comp.MatchA-
          ;              ITR-enable
          ;b0:    = 0    TOIE1-Overflow ITR-enable

;---  ITR START !  ---

    sei
```

Der Interrupt darf während der seriellen Ausgaben nicht aktiviert sein, da der Aufruf von *Check_Time* durch zeitliche Verzögerungen zu Übertragungsfehlern an der RS-232 führt. Beachten Sie, dass die Funktion des Interrupts als konstante Zeitbasis gestört wird, wenn zu viele Werte hintereinander über die serielle Schnittstelle gesendet werden und damit der Interrupt länger als 125 ms ausgeschaltet bleibt.

### 6.4.12 Interrupt-Routine: Check_Time

**Programmablaufplan**

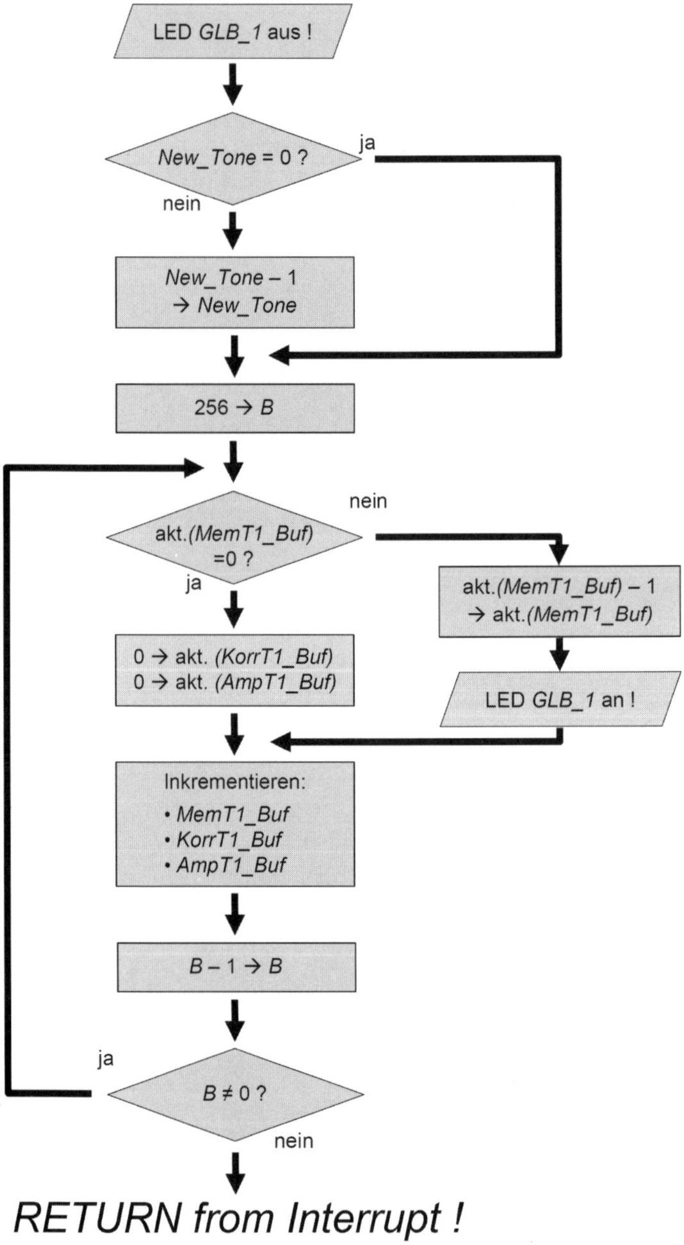


**Abb. 6.4:** PAP für Check_Time

Die Arbeitsweise der Mikrocontroller unterliegt einem möglichst gleichförmigen zeitlichen Rhythmus. Stets wiederkehrend untersucht der Analysebaustein die Daten, die er zuvor vom FFT-Baustein bezogen hat. Um beim Vorliegen der nächsten FFT-Daten bereits mit der Arbeit fertig zu sein, muss er sehr schnell arbeiten. Prozesse wie z. B. die Dauer von LED-Anzeigen, die zeitlich verzögert ablaufen, dürfen deshalb nicht mit Warteschleifen programmiert werden. Stattdessen kommt hierfür die Interrupt-Routine *Check_Time* zum Einsatz. Sie wird zyklisch im Abstand von 125 ms aufgerufen.

Der Umgang mit der Anzeigedauer einer LED wird in der Routine beispielhaft mit der Variable *New_Tone* dargestellt. Diese Variable wird bei einer beliebigen Tonerkennung an anderer Stelle (in *Check_Tone_1*) auf den Wert der Konstanten *T_Display* gesetzt. Bei jedem Aufruf von *Check_Time* wird *New_Tone* dekrementiert:

```
. . .
                                ;Zeitaktualisierung von
                                ;New_Tone
   tst   New_Tone               ;New_Tone <- New_Tone - 1
   breq  START_NORMAL_MODE      ;New_Tone wurde bei Toner-
                                ;kennung auf T_Display
   dec   New_Tone               ;gesetzt
                                ;T_Display /8
                                ;     = Anzeigedauer [sec]
START_NORMAL_MODE:

. . .
```

In der Hauptschleife *MAIN* wird die LED *GRN_1* dann einschaltet, wenn *New_Tone* größer als Null ist:

```
. . .

   tst   New_Tone               ;Beliebiger Ton erkannt?
   breq  TONE_OFF

   sbi   portd, GRN_1
   rjmp  TONE_ON

TONE_OFF:
   cbi   portd, GRN_1

TONE_ON:

. . .
```

Bei der Voreinstellung von *T_Display* = 2 leuchtet die LED damit für 250 ms (= 2 × 125 ms), ohne dass eine Warteschleife verwendet werden musste.

Für eine zuverlässige Erkennung genügt es meist nicht, einen Ton in einer einzigen Spektrum-Analyse zu detektieren. Vielmehr muss er in mehreren, direkt aufeinanderfolgenden Spektren vorhanden sein. Sollen nun gleichzeitig mehrere Töne präsent sein, wie das beispielsweise bei einem DTMF-Decoder gefordert wird (s. Kapitel 11.4), kann es vorkommen, dass die verschiedenen Töne geringfügig zeitlich versetzt detektiert werden. Um die Töne dennoch gleichzeitig wahrnehmen zu können, kommt auch hier die Konstante *T_Display* zum Einsatz. Die bereits erkannten Töne werden im Puffer *MemT1_Buf* für die aus *T_Display* resultierende Anzeigedauer vorgehalten. Dieses Vorgehen wird in Kapitel 9 noch ausführlich beschrieben.

In *Check_Time* werden noch zwei weitere Puffer aktualisiert: *KorrT1_Buf* und *AmpT1_Buf*. Sie werden für die präzise Frequenzbestimmung in der Routine *Bar_and_Korr* benötigt. Die mit den einzelnen Frequenzbalken korrelierenden Werte in beiden Puffern werden auf Null gesetzt, wenn die entsprechende Anzeigedauer in *MemT1_Buf* abgelaufen ist.

Um die Funktionsweise der Interrupt-Routine besser veranschaulichen zu können, wird im Basisprogramm die LED *GLB_1* angeschaltet, wenn noch mindestens ein Frequenzbalken in *MemT1_Buf* »angezeigt« wird.

```
. . .

START_NORMAL_MODE:
                                ;Zeitaktualisierung in
   ldiw_  Y, MemT1_Buf          ;Y <- MemT1_Buf

   ldiw_  C, KorrT1_Buf         ;C <- KorrT1_Buf
   ldiw_  D, AmpT1_Buf          ;D <- AmpT1_Buf

   ldiw   BH, BL, 256           ;256 Elemente

LOOP_MemT1:

   ld     AH, Y                 ;AH <- (Y)  (MemT1_Buf)

   tst    AH                    ;bar(MemT1_Buf) = 0?
   breq   NO_DECREMENT          ;dekrementieren!

   dec    AH                    ;AH <- AH - 1
   st     Y, AH                 ;(Y) <- AH

   sbi    portd, GLB_1          ;GLB_1 an, wenn mindestens
                                ;1 Balken noch in der
  rjmp   ENDE_LOOP_MemT1        ;Anzeige ist

;---  Hier KorrT1_Buf und AmpT1_Buf a.d.St. Z löschen!  ---

NO_DECREMENT:

   clr    AL                    ;AL <- 0

   movw   ZL, CL                ;Z <- akt. KorrT1_Buf
```

```
    st      Z, AL               ;(Z) <- 0

    movw    ZL, DL              ;Z <- akt. AmpT1_Buf
    st      Z, AL               ;(Z) <- 0

ENDE_LOOP_MemT1:

    addiw_  Y, 1                ;Y <- Y + 1  (MemT1_Buf)

    addiw_  C, 1                ;C <- C + 1  (KorrT1_Buf)
    addiw_  D, 1                ;D <- D + 1  (AmpT1_Buf)

    subiw   BH,BL, 1            ;B <- B - 1
  rjne LOOP_MemT1

ENDE_CHECK_TIME:

. . .

reti
```

### 6.4.13 Hauptprogramm

Das Hauptprogramm, das hier auch als Hauptschleife bezeichnet wird, ist möglichst einfach und klein gehalten, um die Einbindung eigener Projekte zu erleichtern. Für das bessere Verständnis sei auf den Programmablaufplan in Abb. 6.3 verwiesen.

Nach dem *Watchdog Reset* (*wdr*) wird zunächst das aktuelle, bereits berechnete Audiospektrum des FFT-Bausteins mithilfe der parallelen Schnittstelle heruntergeladen. Um Zeit zu sparen, wird gleich im Anschluss die Generierung einer neuen Spektrum-Analyse gestartet, indem der Pin *Start_D* ein- und der Pin *RDY_D* ausgeschaltet wird.

```
MAIN:

    wdr                         ;Watch-Dog-Reset

    rcall   PARALLEL_IN         ;Neue Werte holen!

    sbi     portb, START_D      ;Neue FFT starten!
    cbi     portb, RDY_D
```

Anschließend wird der Zustand des Schalters *Spectrum/Data* abgefragt.

In der Schalterstellung *Spectrum* werden die 255 Balken der aktuellen FFT über die serielle Schnittstelle an den Computer gesendet. Der Beginn einer neuen Übertragung wird durch ein vorangestelltes Start-Byte mit dem Wert »255« markiert. Es wird direkt mit der Routine *WrCom_Fast* übertragen. Das PC-Programm wartet stets auf das Start-Byte, bevor neue Werte eingelesen werden, um sicherzugehen, dass die Werteaufnahme auch beim ersten Balken eines Datenpakets beginnt. Nach dem Senden des Start-Bytes wird mit der Routine *Wait_Start* eine kleine Pause eingefügt, um dem PC-Programm für seine Berechnungen Zeit zur Verfügung zu stellen. Die Ausgabe der 255 Balken erfolgt danach mit der Routine *Ausgabe_Y*. Der Interrupt ist im Modus *Spectrum* stets deaktiviert, um die serielle Übertragung nicht zu stören. Die beiden grünen LEDs *GRN_1* und *GRN_2* signalisieren diesen Betriebszustand durch schnelles Blinken.

```
;---  SPECTRUM  ---

   cli                         ;ITR für fehlerfreie
                               ;Ausgabe ausschalten!

;---  SERIELLE AUSGABE DES SPEKTRUMS AN PC (RS-232)  ---

   ldi   CL, 255               ;Start-Byte "255" senden
   rcall WrCOM_FAST
   rcall WAIT_START            ;Warteschleife für Übertragung

   sbi   portd, GRN_1          ;Ausgabe der 255 Balken
   sbi   portd, GRN_2

   rcall AUSGABE_Y

   cbi   portd, GRN_1
   cbi   portd, GRN_2

rjmp   MAIN_ENDE
```

In der Schalterstellung *Data* wird zunächst die Routine *Read_ADC* aufgerufen, die mit der Variable *Poti_ADC* die aktuelle Stellung des Potenziometers *Sensitivity* zurückgibt.

Ist das Potenziometer ganz nach rechts gedreht und somit *Poti_ADC* ≥ 252, wird die Routine *Test_RS-232* gestartet, die durch auf- und absteigende Werte die visuelle Kontrolle der seriellen Übertragungsqualität ermöglicht. Das ist nur bei deaktiviertem Interrupt sinnvoll.

```
NO_SPECTRUM:

   rcall READ_ADC              ;Poti-Wert für AMP-Schwelle
                               ;auslesen -> Poti_ADC

   ldi   CL,252                ;Test der RS-232, wenn Poti
   cp    Poti_ADC, CL          ;>= 252 (ganz nach rechts).
   brlo  ANALYSE_START         ;Andernfalls Analyse starten!

   cli                         ;ITR für fehlerfreie
                               ;Ausgabe ausschalten

   rcall TEST_RS-232           ;Auf- und absteigende Werte
```

```
                                ;zur Überprüfung der Baudrate
                                ;an PC senden
  rjmp  MAIN_ENDE
```

Wird das Potenziometer weiter nach links gedreht (< 252), werden die Analysefunktionen des Basisprogramms aktiviert. Dabei übernimmt die Routine *Check_Tone_1* die meisten der benötigten Berechnungen. Im Analysebetrieb muss der Interrupt zum Aufruf von *Check_Time* möglichst kontinuierlich eingeschaltet sein.

Der Wert der Variablen *New_Tone wird* sowohl von *Check_Tone_1* als auch von *Check_Time* beeinflusst. Ist er größer als null, wurde aktuell wenigstens ein beliebiger neuer Ton erkannt, der zumindest die Lautstärke aufweist, die der Voreinstellung des Potenziometers entspricht. Ist das der Fall, wird die LED *GRN_1* eingeschaltet. Die Variable *New_Tone* veranschaulicht das Zusammenspiel der einzelnen Routinen und kann für die Entwicklung eigener Projekte von Nutzen sein.

```
ANALYSE_START:

   sei                          ;ITR für normalen
                                ;Betrieb einschalten
   rcall CHECK_TONE_1

;   >>CHECK_TIME<< wird über ITR alle 125 ms aufgerufen

;ALLGEMEINER Hinweis, ob überhaupt ein Ton erkannt wurde:

   tst   New_Tone               ;Beliebiger Ton erkannt?
   breq  TONE_OFF

   sbi   portd, GRN_1
   rjmp  TONE_ON

TONE_OFF:
   cbi   portd, GRN_1
```

Zum Ende der Hauptschleife wird ein Beispiel für den Aufruf von *Find_Tone* aufgeführt. Mit dieser Routine lassen sich auf einfache Weise einzelne Frequenzbereiche analysieren. Mithilfe der Variable *Nr_Bar* wird dem Unterprogramm mitgeteilt, welcher Balken untersucht werden soll. Als Rückgabewerte liefert *Find_Tone* in der Variable *Korr_Bar* den Korrekturwert und in *Amp_Bar* die aktuelle Lautstärke des Balkens. Diese Werte werden dann mit der seriellen Schnittstelle an den PC gesendet. Außerdem zeigt die LED *GRN_2*, ob der gesuchte Balken gefunden wurde.

Erfolgte keine Detektion, werden statt der Variablenwerte mehrere Nullen gesendet. Wie im Modus *Spectrum* dient auch hier der Wert »255« als Start-Byte. Diese Form der Ausgabe ist für das LabVIEW-Programm *KORR-TERMINAL.vi* konfiguriert.

In der Standardeinstellung des Basisprogramms ist die Übertragung an den PC durch zwei Sprünge (*rjmp No_Output_Tone*) deaktiviert. Das Prinzip der Frequenzkorrektur und die hierfür notwendigen Routinen werden in Kapitel 9.4 noch ausführlich beschrieben.

```
TONE_ON:

;##########################################################################
;###  TEST VON FIND_TONE  431,25Hz   (bar = 23)                          ###
;##########################################################################

   cbi   portd, GRN_2       ;Test-LED ausschalten

   ldi   CL, 23             ;Nr_Bar <- 23
   mov   Nr_Bar, CL         ;(entspr. 431,25 Hz)

   rcall FIND_TONE

;---  Ausgabe der ermittelten Werte  ---

   tst   Korr_Bar           ;wenn Korr_Bar <> 0, dann:
   brne  OUTPUT_TONE

rjmp   NO_OUTPUT_TONE       ;BEI SPRUNG KEINE AUSGABE!!!

   cli                      ;ITR für fehlerfreie
                            ;Ausgabe ausschalten

   ldi   CL, 255            ;Start-Byte "255" senden
   rcall WrCOM_FAST
   rcall WAIT_START         ;Warteschleife für Übertragung

   clr   CL                 ;CL <- 0
   rcall WrCOM_FAST         ;(ursprgl. Balken)

   clr   CL                 ;CL <- 0
   rcall WrCOM_FAST         ;(KorrT1_Buf)

   clr   CL                 ;CL <- 0
   rcall WrCOM_FAST         ;(AmpT1_Buf)

   sei                      ;ITR wieder einschalten

   rjmp  DETECT_NO_TONE     ;kein Ton erkannt

OUTPUT_TONE:
   sbi   portd, GRN_2       ;LED GRN_2 bei Tonerkennung
                            ;testweise einschalten

rjmp  NO_OUTPUT_TONE        ;BEI SPRUNG KEINE AUSGABE!!!
```

```
    cli                     ;ITR für fehlerfreie
                            ;Ausgabe ausschalten

    ldi   CL, 255           ;Start-Byte "255" senden
    rcall WrCOM_FAST
    rcall WAIT_START        ;Warteschleife für Übertragung

    mov   CL, Nr_Bar        ;ursprgl. Übergabewert
    rcall WrCOM_FAST

    mov   CL, Korr_Bar      ;Korrekturwert des Balkens
    rcall WrCOM_FAST        ;(KorrT1_Buf)

    mov   CL, Amp_Bar       ;Amplitude des Balkens
    rcall WrCOM_FAST        ;(AmpT1_Buf)

    sei                     ;ITR wieder einschalten

NO_OUTPUT_TONE:

DETECT_NO_TONE:

MAIN_ENDE:

rjmp   MAIN
```

# 7 Parallele Schnittstelle

## 7.1 Funktionsweise

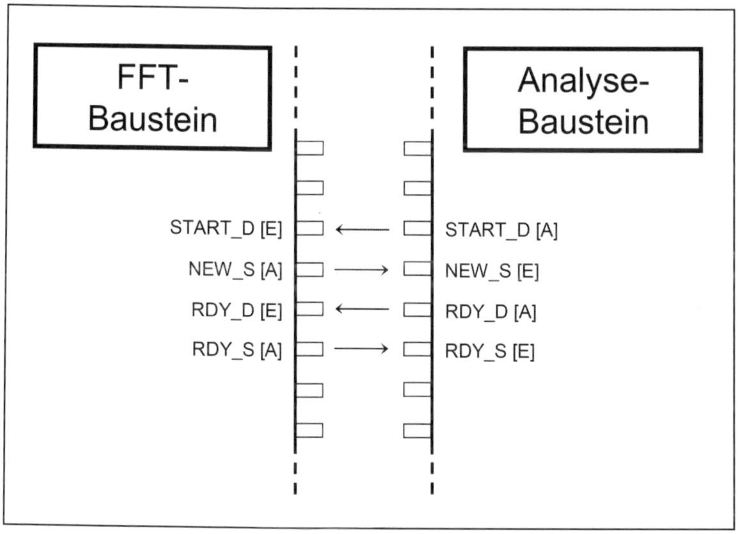


**Abb. 7.1:** Steuer-Pins der parallelen Schnittstelle

Um Audiospektrum-Analysen in Echtzeit zu ermöglichen, muss für einen schnellen und flexiblen Datentransfer zwischen den beiden Mikrocontrollern gesorgt werden. Das ist durch eine *parallele Schnittstelle* realisiert worden.

Die Datenübertragung wird mit den acht Pins an Port C durchgeführt. Durch vier zusätzliche Steuer-Pins können FFT- und Analysebaustein miteinander kommunizieren. Sie informieren sich damit gegenseitig über den Zustand der Übertragung. Bei Verzögerungen warten die Controller aufeinander, bis der Datenfluss fortgesetzt werden kann.

In Abb. 7.1 sind die Steuer-Pins dargestellt. Jeder Mikrocontroller hat dabei je zwei Ein- und Ausgänge.

Mit einem High-Pegel an Pin *Start_D* kann der FFT-Baustein beauftragt werden, ein neues Audiospektrum zu generieren. Dieser Pin ist am Analysebaustein ein Ausgang [A] und am FFT-Baustein ein Eingang [E]. Die Namensergänzung »*_D*« weist darauf hin, dass der Zustand des Pin *Start_D* vom Ziel der Datenübertragung (*Destination*), also vom Analysebaustein aus gesteuert wird.

Der Pin *New_S* ist ein Ausgang [A] der Datenquelle (*Source*), also des FFT-Bausteins. Deswegen findet sich hier auch die Ergänzung »*_S*«. *New_S* wird vom FFT-Baustein auf High-Pegel gesetzt, wenn ein neues Spektrum von ihm fertiggestellt wurde.

Die beiden Pins *Rdy_D* (vom Analysebaustein) und *Rdy_S* (vom FFT-Baustein) ändern ihren Zustand nach jeder erfolgreichen Übertragung eines Bytes. Auf diese Zustandsänderung (engl. *toggle*) wartet der jeweils andere Mikrocontroller, bevor die Schnittstelle ihre Arbeit fortsetzt.

Mit dem in Abb. 7.2 dargestellten Schema soll das Verhalten der Steuer-Pins in den nachstehenden Beschreibungen leichter erklärbar gemacht werden. Dabei bezeichnet ein schwarzer Kreis den High-Pegel und ein grauer Kreis den Low-Pegel der entsprechenden Pins.

Für ein besseres Verständnis sind in Abb. 7.6 und Abb. 7.7 die Programmablaufpläne der für die parallele Übertragung zuständigen Routinen *Parallel_out* und *Parallel_in* dargestellt. Die Listings der beiden Programme folgen in den anschließenden Kapiteln 7.2 und 7.3.

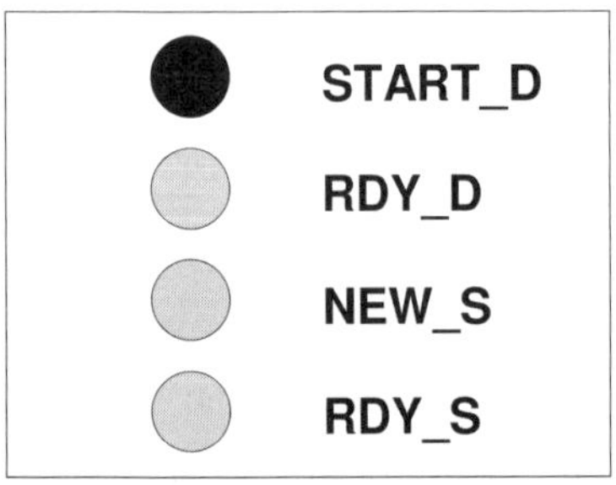


**Abb. 7.2:** Stellung 1 der Steuer-Pins

Beim Einschalten der Experimentierplatine starten die Programme der beiden Mikrocontroller gleichzeitig. Während der FFT-Baustein, im Folgenden auch *Quellsystem* oder *Quelle* genannt, noch mit der Erstellung des ersten Audiospektrums beschäftigt ist, hat der Analysebaustein, hier auch als *Zielsystem* oder als *Ziel* bezeichnet, bereits die Initialisierung seiner Steuer-Pins vorgenommen, und damit seine Empfangsbereitschaft signalisiert (Abb. 7.2).

Danach ruft das Ziel in der Hauptschleife die Routine *Parallel_in* auf und wartet nun so lange, bis die Quelle *New_S* und *Rdy_S* auf high gesetzt hat und dadurch ihrerseits die Sendebereitschaft anzeigt.

Sobald das Quellsystem seine erste Spektrum-Analyse fertiggestellt hat, startet es die Routine *Parallel_out*. Hier wird zunächst geprüft, ob die Pins *Start_D* und *Rdy_D* den oben in Abb. 7.2 gezeigten Anfangszustand aufweisen.

Ist die Bedingung erfüllt, wird der sogenannte *nullte Balken* nach Port C geschoben und der Zustand der Pins der Quelle gemäß Abb. 7.3 verändert.

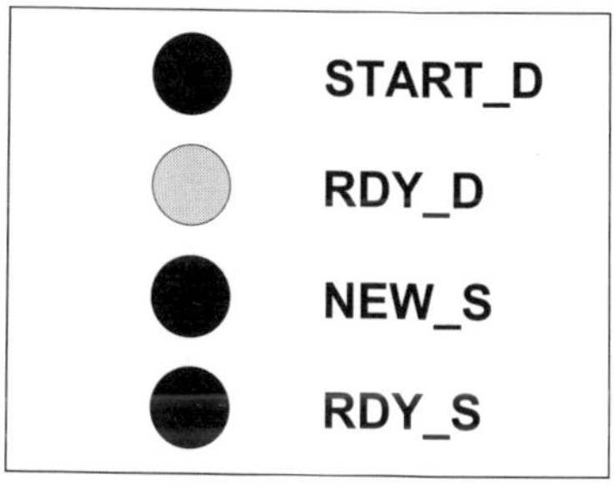


**Abb. 7.3:** Stellung 2 der Steuer-Pins

Das Senden des *nullten Balkens* stellt einen Sonderfall dar. Nach der ersten Übertragung muss das Zielsystem nämlich nicht nur den Zustand von *Rdy_D* wechseln, sondern auch den Pin *Start_D* zurücksetzen (Abb. 7.4).

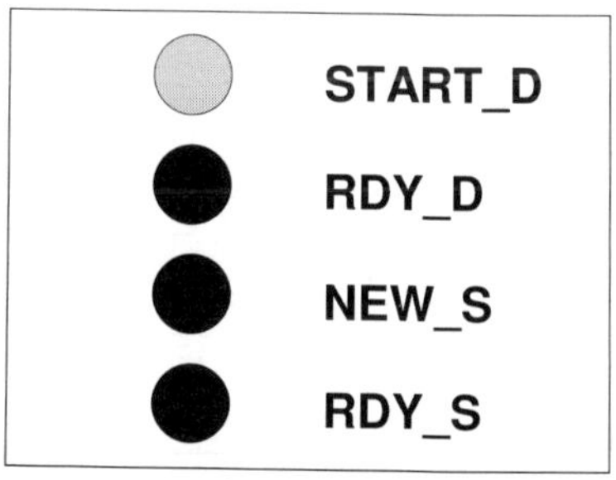


**Abb. 7.4:** Stellung 3 der Steuer-Pins

Durch erneutes Setzen von *Start_D* könnte dann bei der Übertragung der folgenden Balken ein sofortiger Abbruch erzwungen werden, um z. B. Systemabstürze zu verhindern. Hierfür ist ab der Übermittlung des zweiten Balkens im Programm der Quelle eine Sicherheitsabfrage für den Zustand von *Start_D* eingefügt.

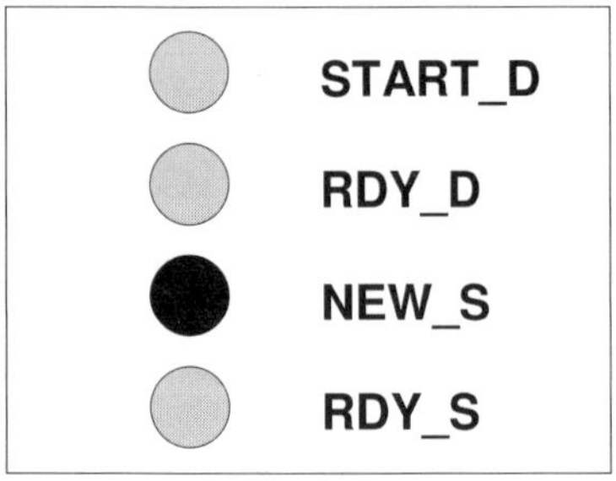


**Abb. 7.5:** Stellung 4 der Steuer-Pins

Nun wird der zweite Balken vom Quellsystem an *Port C* geschoben und danach der Zustand von *Rdy_S* gewechselt. Anschließend wird so lange gewartet, bis das Ziel mit dem Zustandswechsel von *Rdy_D* anzeigt, dass es den Balkenwert an *Port C* in seinem Speicher abgelegt hat (Abb. 7.5).

Dieses Vorgehen wiederholt sich, bis alle 255 Werte des Audiospektrums übertragen worden sind.

Zur weiteren Absicherung für einen störungsfreien Betrieb wurden die *Watchdog Timer* von Quelle und Ziel aktiviert. Beide Sicherungen sind auch bei der *ISP*-Programmierung des Zielsystems im laufenden Betrieb von Nutzen. Wenn die Programmierung länger dauert, kann in dem durch die gestörte parallele Datenübertragung in der Funktion behinderten FFT-Baustein ein Reset ausgelöst werden. Sobald der Analysebaustein wieder seinen Betrieb aufnimmt, kann der bisher ineffektive parallele Datentransfer des Quellsystems durch die Sicherheitsabfragen von *Start_D* sofort beendet werden.

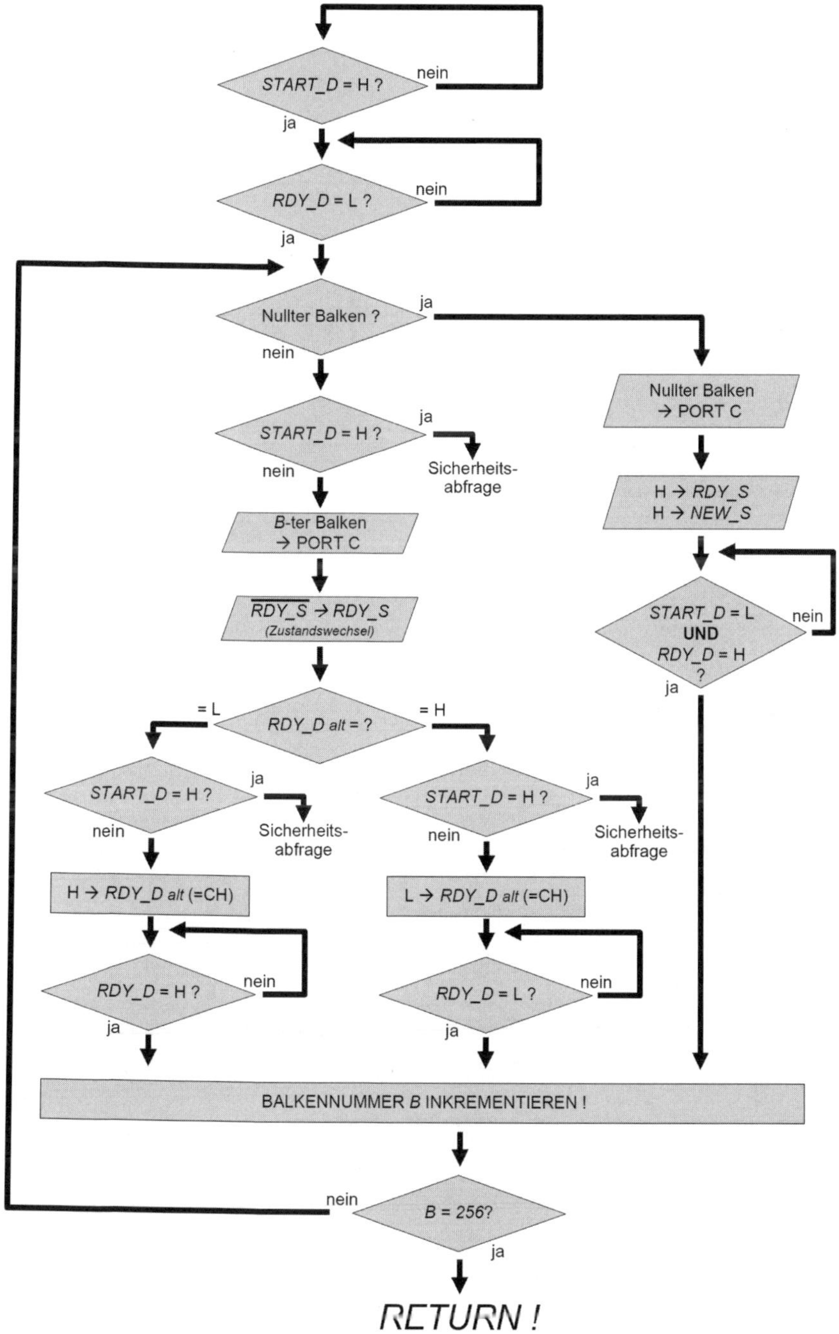


**Abb. 7.6:** PAP für Parallel_out (Quellsystem)

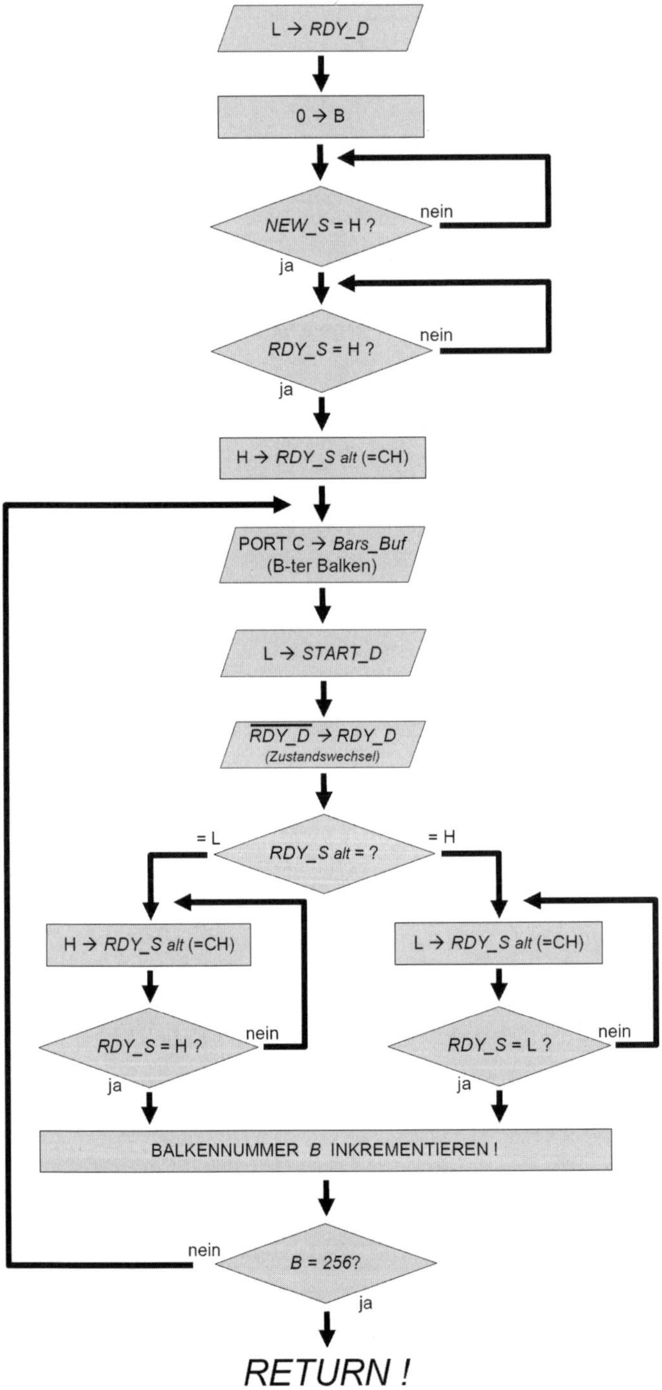


**Abb. 7.7:** PAP für Parallel_in (Zielsystem)

## 7.2 Routine: Parallel_out (FFT-Baustein)

Nach dem Aufruf der Routine *Parallel_out* wartet das Quellsystem in einer Polling-Schleife, bis das Zielsystem den Pin *Start_D* auf High-Level setzt. Erst dann wird die Generierung eines neuen Audiospektrums begonnen.

```
;--- Parallele Ausgabe ---

Wr232_OFF:
   rcall  PARALLEL_OUT

POLL_START_D:                 ;Polling, bis START_D = HIGH
   sbis   pind, START_D
   rjmp   POLL_START_D
```

Hier folgt das Listing der Routine. Ihr Funktionsprinzip wurde im vorherigen Kapitel erläutert.

```
PARALLEL_OUT:

   pushw_ A                   ;CL: 1Byte für portc
   pushw_ B                   ;CH: letzter Zustand von RDY_D
   pushw_ C
   pushw_ Y

                              ;POLLING bis Zielsystem bereit:
PARALLEL_POLL:
   sbis   pind, START_D       ;START_D = H !?
   rjmp   PARALLEL_POLL
   sbic   pind, RDY_D         ;RDY_D   = L !?
   rjmp   PARALLEL_POLL

   ldiw_  Y, BarsBuf
   ldiw_  B, 0                ;Number of Elements B <- 0

LOOP_PARALLEL:

   ldiw_  A, 0                ;Nullter Balken?
   cpw_   B, A
   brne   NEXT_BARS

;NULLTER BALKEN
   ld     CL, Y+              ;CL <- (Y); Y <- Y+1
   out    portc, CL           ;PORTC <- [0.Bar]

   sbi    portd, RDY_S        ;für D: Neue Daten sind bereit!
   sbi    portd, NEW_S        ;         0. Byte liegt an!
```

```
WAIT_ZERO:                      ;WARTEN AUF AUSGABE
   sbic   pind, START_D         ;Hier kein Neustart mit
                                ;START_D möglich!
   rjmp   WAIT_ZERO             ;Warten, bis: - START_D = L
   sbis   pind, RDY_D           ;                UND:
   rjmp   WAIT_ZERO             ;              - RDY_D   = H

   ldi    CH, 1                 ;Sicherung von letztem RDY_D(=H)

   rjmp   INC_BARS              ;Übertragung 0.Bar beendet!



NEXT_BARS:

   sbic   pind, START_D       ;SICHERHEITSABFRAGE:
   rjmp   PARALLEL_ENDE       ;START_D=H kann Ausgabe sofort
                              ;beenden!

   ld     CL, Y+              ;CL <- (Y); Y <- Y+1
   out    portc, CL           ;PORTC <- [next Bar]

   sbis   portd, RDY_S        ;TOGGLE RDY_S!
   rjmp   RDY_ON
   rjmp   RDY_OFF

RDY_ON:
   sbi    portd, RDY_S
   rjmp   WAIT_RDY_D

RDY_OFF:
   cbi    portd, RDY_S
   rjmp   WAIT_RDY_D

WAIT_RDY_D:
   cpi    CH,1                ;altes RDY_D = HIGH?
   breq   WAIT_RDY_0
   rjmp   WAIT_RDY_1

WAIT_RDY_0:
   sbic   pind, START_D       ;SICHERHEITSABFRAGE:
   rjmp   PARALLEL_ENDE       ;START_D=H kann Ausgabe sofort
                              ;beenden!
   ldi    CH,0                ;CH <- RDY_D=0 (aktuell)
   sbic   pind, RDY_D
   rjmp   WAIT_RDY_0
```

```
    rjmp    INC_BARS

WAIT_RDY_1:
    sbic    pind, START_D    ;SICHERHEITSABFRAGE:
    rjmp    PARALLEL_ENDE    ;START_D=H kann Ausgabe sofort
                             ;beenden!
    ldi     CH,1             ;CH <- RDY_D=1 (aktuell)
    sbis    pind, RDY_D
    rjmp    WAIT_RDY_1
    rjmp    INC_BARS

INC_BARS:

    ldiw_   A, 256
    addiw_  B, 1             ;B <- B + 1
    cpw_    B, A             ;B = A (256)?
    rjne    LOOP_PARALLEL    ;B = 0?

PARALLEL_ENDE:

    sbi     portd, RDY_S     ;Toggle RDY_S für letzten Balken
    cbi     portd, NEW_S

    popw_   Y
    popw_   C
    popw_   B
    popw_   A

ret
```

## 7.3 Routine: Parallel_in (Analysebaustein)

Die vom Quellsystem gesendeten Daten werden mithilfe der Routine *Parallel_in* auf dem Zielsystem empfangen. Vor der ersten Übermittlung müssen die Steuer-Pins *Start_D* und *Rdy_D* vor dem Beginn der Hauptschleife mit Anfangswerten initialisiert werden.

```
;--- Parallele Schnittstelle initialisieren ---

    sbi     portb, START_D    ;für erste Übertragung!
    cbi     portb, RDY_D
```

Die Routine *Parallel_in* wird aus der Hauptschleife des Analysebausteins gestartet. Direkt nach ihrer Abarbeitung wird der FFT-Baustein zur Zeitersparnis mit der Erstellung einer neuen Spektrum-Analyse beauftragt. Hierfür werden vom Zielsystem *Start_D* auf high und *Rdy_D* auf low gesetzt.

```
   rcall  PARALLEL_IN       ;Neue Werte holen!

   sbi    portb,   START_D  ;Neue FFT starten!
   cbi    portb,   RDY_D
```

Die Routine wurde bereits beschrieben. Nachfolgend ist das zugehörige Listing dargestellt:

```
PARALLEL_IN:                ;Parallele 8-Bit-Datenübertragung
                            ;an Port C

   push   AL                ;OUT:   -  Bars_Buf (Y)
   in AL, SREG
   pushw_ A                 ;CL:   1Byte für portc
   pushw_ B                 ;CH:   letzter Zustand von RDY_S
   pushw_ C
   pushw_ Y

   cbi    portb, RDY_D      ;RDY_D <- 0

   ldiw_  Y, Bars_Buf
   ldiw_  B, 0              ;Anzahl der Elemente: B <- 0

LOOP_NEU:
   sbis   pinb, NEW_S       ;NEW_S = H!?
   rjmp   LOOP_NEU
   sbis   pinb, RDY_S       ;RDY_S = H!?
   rjmp   LOOP_NEU

;---  NEUE DATEN LIEGEN VOR!  ---

   ldi    CH, 1             ;CH <- 1 (für altes RDY_S)

LOOP_PARALLEL:

   in     CL, pinc          ;CL  <- [1Bar]
   st     Y+, CL            ;(Y) <- CL; Y <- Y +1

   cbi    portb, START_D ;START_D <- 0

   sbis   portb, RDY_D      ;TOGGLE RDY_D!
   rjmp   RDY_ON
   rjmp   RDY_OFF

RDY_ON:
   sbi    portb, RDY_D
   rjmp   WAIT_RDY_S
```

```
RDY_OFF:
   cbi     portb, RDY_D
   rjmp    WAIT_RDY_S

WAIT_RDY_S:
   cpi     CH, 1                ;altes RDY_S = HIGH?
   breq    WAIT_RDY_0
   rjmp    WAIT_RDY_1

WAIT_RDY_0:
   ldi     CH,0                 ;CH <- RDY_S=0 (aktuell)
   sbic    pinb, RDY_S
   rjmp    WAIT_RDY_0
   rjmp    INC_BARS

WAIT_RDY_1:
   ldi     CH,1                 ;CH <- RDY_S=1 (aktuell)
   sbis    pinb, RDY_S
   rjmp    WAIT_RDY_1
   rjmp    INC_BARS


INC_BARS:

   ldiw_   A, 256
   addiw_  B, 1                 ;B <- B + 1
   cpw_    B, A                 ;B = A (256)?
   rjne    LOOP_PARALLEL        ;B = 0?

PARALLEL_ENDE:

   cbi     portb, START_D ;Reset: START_D <- 0

   popw_   Y
   popw_   C
   popw_   B
   popw_   A
   out     SREG, AL
   pop     AL

ret
```

# 8 Serielle Schnittstelle

## 8.1 Grundlagen

Die serielle Schnittstelle RS-232 stellt immer noch die einfachste Möglichkeit des Datentransfers zwischen PC und Mikrocontrollerschaltung dar. Burkhard Kainka beschreibt in seinem »Lernpaket Mikrocontroller« (Franzis Verlag, 2007) eine genial minimalistische Ausführung einer solchen Schnittstelle. Obwohl die *mega*-Typen von Atmel dafür eine eingebaute Hardware-Schnittstelle besitzen, wird hier dennoch eine Software-Version bevorzugt. Ein sonst üblicher Schnittstellenbaustein wie z. B. der *MAX232* ist nicht notwendig. Nur zwei Widerstände genügen. Neben dem geringen Bauteileaufwand ist es außerdem von Vorteil, dass für die Schnittstelle beliebige Pins am Controller ausgewählt werden können. Beim FFT-Baustein werden hierfür PB2 und PB3 verwendet, beim Analysebaustein kommen PA2 und PA3 zum Einsatz.

Die RS-232 verwendet negative Logik. Das bedeutet, dass eine logische Eins durch eine negative Spannung von ca. –12 V und eine logische Null durch eine positive Spannung von ca. +12 V dargestellt werden. Um den Eingang *RXD* am Mikrocontroller beim Datenempfang nicht zu zerstören, wird ein Schutzwiderstand von 100 kΩ zwischengeschaltet. Die internen Schutzdioden des Port-Eingangs und der Schutzwiderstand senken die Eingangsspannungen auf ungefähr 0 V/+5 V.

Eigentlich ist im Übertragungsstandard der RS-232 der Spannungsbereich zwischen -3 V und +3 V nicht definiert. Dennoch wird am Schnittstelleneingang auch in diesem Bereich entschieden, ob ein Low- oder High-Pegel besteht. Die Spannungsgrenze zwischen beiden Pegeln liegt bei ungefähr 1,2 V. Deshalb kann der Mikrocontroller bei seiner Betriebsspannung von 5 V Daten über den Ausgang *TXD* auch ohne Schnittstellenbaustein senden. Der Widerstand von 1 kΩ dient nur zum Schutz gegen Überspannungen.

Die niedrigeren Signalpegel wirken sich jedoch negativ auf die mögliche Leitungslänge und die Übertragungsrate aus. Um dennoch Längen bis zu 5 m und Übertragungsraten bis zu 57.600 Baud zu erreichen, wird ein Trick angewendet.

Heutige PCs besitzen nur noch selten einen RS-232-Anschluss. Stattdessen werden sogenannte *USB-2.0-seriell-Adapter* genutzt.

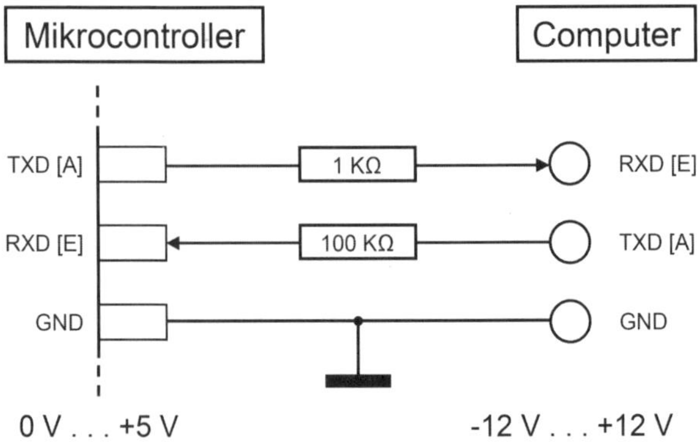


**Abb. 8.1:** Schaltbild der RS-232

Abb. 8.2 zeigt den Anschluss des Adapters direkt an der D-Sub-Einbaubuchse des Experimentier-Boards. So werden die Leitungslängen der RS-232 minimiert und damit wird eine möglichst hohe Baudrate erzielt.

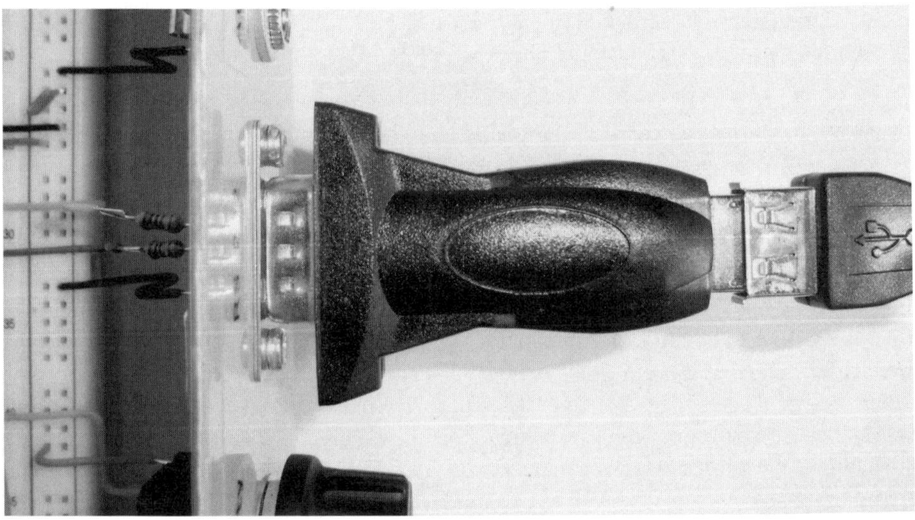

**Abb. 8.2:** USB-2.0-seriell-Adapter

Die in einem Test untersuchten Adapter waren unterschiedlich leistungsfähig. Bei einigen waren sogar Raten von bis zu 57.600 Baud möglich. Da die nächstkleinere Rate von 38.400 Baud von allen getesteten Adaptern erbracht wurde, wird sie hier als Standardeinstellung verwendet.

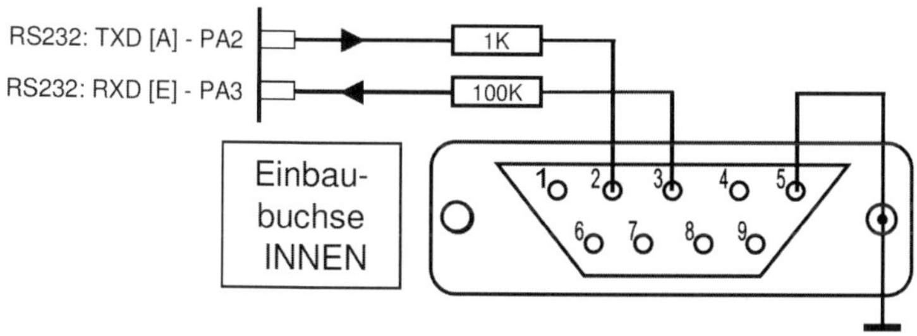


**Abb. 8.3:** RS-232 im Experimentiersystem

Das Empfangen von Daten am Pin *RXD* des Mikrocontrollers ist in diesem Buch nicht näher beschrieben. In Abb. 8.3 ist die Verbindung des Analysebausteins mit der D-Sub-Einbaubuchse des Experimentiersystems dargestellt. Hier ist der 100-kΩ-Widerstand für Ihre eventuellen Weiterentwicklungen bereits eingezeichnet.

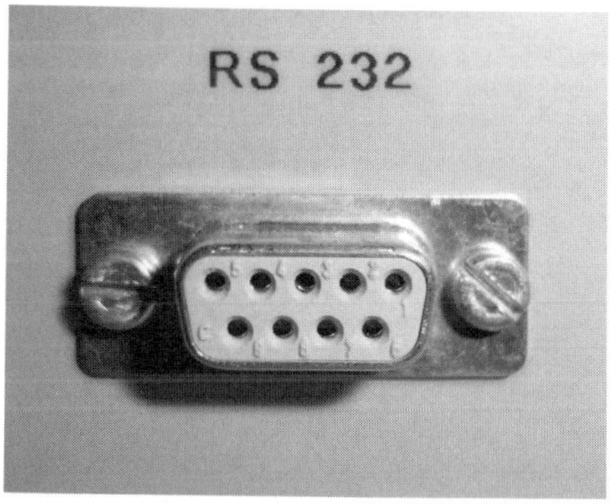


**Abb. 8.4:** D-Sub-Buchse von außen

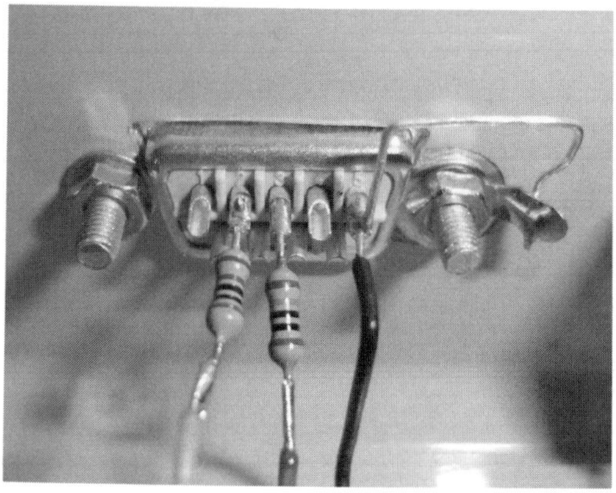

**Abb. 8.5:** D-Sub-Buchse von innen

Die Abb. 8.4 und Abb. 8.5 zeigen die Buchse des Experimentiersystems von außen und innen mit den eingelöteten Schutzwiderständen und der Erdung an der Frontplatte.

Damit unterschiedliche Geräte über die RS-232 miteinander kommunizieren können, müssen bestimmte Übertragungsstandards eingehalten werden. Am PC ist die Schnittstelleneinstellung *38400,N,8,1* vorzunehmen, um die Daten regelrecht empfangen zu können. Die erste Zahl der Einstellung bedeutet, dass die Übertragungsrate 38.400 Baud beträgt und damit 38.400 Bits pro Sekunde gesendet werden. Der Buchstabe »N« weist darauf hin, dass kein sogenanntes *Paritäts-Bit* verwendet wird. Es könnte genutzt werden, um Übertragungsfehler zu erkennen. Mit der Zahl »8« wird angegeben, dass der zu sendende Wert aus acht Daten-Bits besteht. Die letzte Zahl »1« legt die Anzahl der am Ende angehängten Stopp-Bits fest. Stets wird den Daten ein Start-Bit vorangestellt. Es dient dem Empfänger zur Synchronisierung.

In Abb. 8.6 werden die Signalpegel vom Pin *TXD* des Controllers im zeitlichen Verlauf dargestellt. Durch die negative Logik entspricht die logische Eins einer Spannung von 0 V und die logische Null einer Spannung von +5 V. Zu beachten ist, dass die Übertragung der Daten-Bits beim *Last Significant Bit* (*LSB*), also bei Bit 0 beginnt. In dem obigen Beispiel wird demnach die Zahl 0b01001011 = 75 gesendet.

Für die Übertragung von einem Daten-Byte müssen insgesamt 10 Bits gesendet werden. Die hierfür notwendige Zeit lässt sich wie folgt berechnen:

- für 38.400 Baud: 1 / 38.400 × 10 = 260 µs
- für 57.600 Baud: 1 / 57.600 × 10 = 173 µs

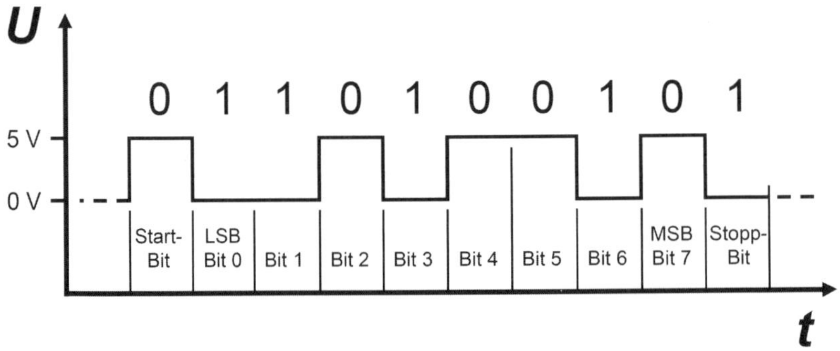


**Abb. 8.6:** Signalpegel der RS-232

## 8.2 Routine: WrCom_Fast

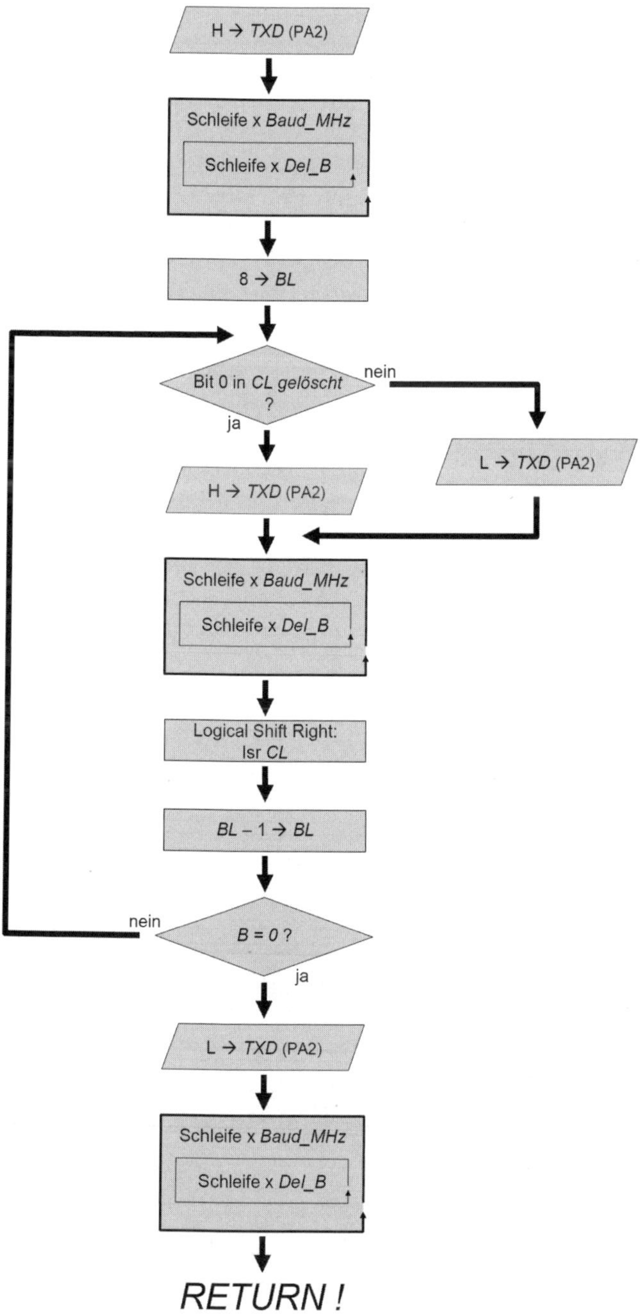


**Abb. 8.7:** PAP für WrCom_Fast

Um Daten an den PC zu senden, wird die Routine *WrCom_Fast* verwendet. Sie basiert auf dem Unterprogramm *WrCOM* aus dem o. g. Lernpaket und ist dort ursprünglich für einen Prozessortakt von 1,2 MHz vorgesehen. Da die Controller dieses Buchs mit 16 MHz viel schneller getaktet sind, ist es erforderlich, die ehemals einfachen Warteschleifen zu modifizieren. Stattdessen werden nun zwei in sich verschachtelte Schleifen verwendet. Diese sind in dem Programmablaufplan für *WrCom_Fast* durch eine besondere Symbolik dargestellt. In dem Plan lässt sich die Übertragung der zehn Bits sehr gut nachvollziehen. Zunächst wird das Start-Bit gesendet, indem der Ausgang *TXD* auf high gesetzt wird. Danach werden die acht Daten-Bits übermittelt, wobei die Bits durch den Befehl *lsr* (*Logical Shift Right*) bei jedem Durchgang nach rechts verschoben werden. Dann wird das *LSB* invertiert übertragen. Ist Bit 0 high, wird ein Low-Pegel gesendet und umgekehrt. Zum Abschluss folgt noch das Stopp-Bit, wobei *TXD* den Low-Zustand annimmt.

*WrCom_Fast* kann auf verschiedene Baud-Raten eingestellt werden. Hierzu muss nur die durch die Doppelschleifen bedingte zeitliche Verzögerung verändert werden. Bei den Konstantendefinitionen am Anfang des Basisprogramms werden *Baud_MHz* für die äußere und *Del_B* für die innere Warteschleife definiert. Dabei werden die Grobeinstellung mit der äußeren und die Feineinstellung mit der inneren Schleife durchgeführt.

```
;---  WrCOM_FAST  ---

 .equ      Baud_MHz  =  4      ;für 38400 BAUD
 .equ      Del_B     =  34

;.equ      Baud_MHz  =  3      ;für 57600 BAUD
;.equ      Del_B     =  29

;.equ      Baud_MHz  =  9      ;für 19200 BAUD
;.equ      Del_B     =  30
```

Die im Listing für beide Konstanten freigegebenen Werte entsprechen der Standardeinstellung von 38.400 Baud. Für andere Raten können die Konstantenwerte verwendet werden, die durch Semikolons deaktiviert sind. Wie diese Werte ermittelt werden konnten und wie weitere Baudraten einzustellen sind, wird in Kapitel 8.5 beschrieben.

Im Folgenden ist das Listing von *WrCom_Fast* abgebildet. Der zu sendende Wert muss mit der *globalen* Variable *CL* an die Routine übergeben werden.

```
WrCOM_FAST:                         ;Serielle Übertragung
                                    ;für hohe Baudraten

          push    AL                ;IN:   - CL
          in      AL, SREG          ;OUT:  - CL über RS-232
          pushw_  B
          push    DH

          sbi     porta, TXD        ;Senden (Übergabewert CL)

          ldi     DH, Baud_MHz      ;DH = Baud_MHz
```

```
LP_D4_B:
            ldi     BH, Del_B     ;BH = Del_B
    D4_B:   dec     BH
            brne    D4_B

            dec     DH
            brne    LP_D4_B

            ldi     BL,8
L2_B:       sbrc    CL,0
            rjmp    OFF_B
            rjmp    ON_B
ON_B:       sbi     porta, TXD
            rjmp    BitD_B
OFF_B:      cbi     porta, TXD
            rjmp    BitD_B
BitD_B:
            ldi     DH, Baud_MHz
LP_D5_B:
            ldi     BH, Del_B
    D5_B:   dec     BH
            brne    D5_B

            dec     DH
            brne    LP_D5_B

            lsr     CL
            dec     BL
            brne    L2_B
            cbi     porta, TXD

            ldi     DH, Baud_MHz
LP_D6_B:
            ldi     BH, Del_B
    D6_B:   dec     BH
            brne    D6_B

            dec     DH
            brne    LP_D6_B

            pop     DH
            popw_   B
            out     SREG, AL
            pop     AL
ret
```

Bei der Entwicklung neuer Programme kann es hilfreich sein, Kontrollwerte auszugeben, um den Programmiererfolg zu überprüfen und Fehler zu finden. Zum Empfang der Daten können verschiedene Terminal-Programme genutzt werden, z. B. das Terminal aus dem o. g. Lernpaket.

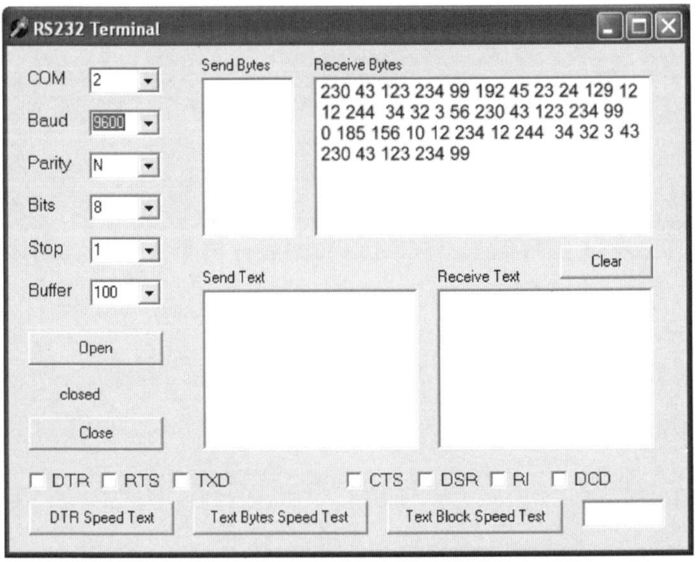


**Abb. 8.8:** TERMINAL_3 von Burkhard Kainka

Alternativ kann zum Zeitpunkt der Drucklegung im Internet beispielsweise ein kostenloses Terminal von Burkhard Kainka heruntergeladen werden: *http://www.b-kainka.de/Weblog/TERMINAL_3.zip*. Es befindet sich auch auf der beiliegenden CD-ROM im Ordner *Terminal*.

Bei der Übermittlung weniger Daten reichen 9.600 Baud völlig aus. Diese niedrige Baudrate hat außerdem den Vorteil, dass der Interrupt *TCNT1 Compare Match A* beim Senden nicht ausgeschaltet werden muss, da hier kleinere Verzögerungen noch nicht zu Übertragungsfehlern führen. Für den Sonderfall von 9.600 Baud ist im Basisprogramm eine eigene Senderoutine *WrCom_9600* hinterlegt. Die zu übermittelnden Werte sind mit der Variable *CL* an das Unterprogramm zu übergeben. In den Konstantendefinitionen sind die entsprechenden Einstellungen zu finden:

```
;---  WrCOM_9600 MHZ  ---

 .equ  Del_1        =  33
 .equ  Takt_MHz     =  16
```

## 8.3 Routine: Wait_Start

Vor dem Senden der Balkenwerte im Modus *Spectrum* wird das Start-Byte 255 übermittelt, um dem PC-Programm den Anfang einer neuen Spektrum-Analyse aufzuzeigen. Der PC benötigt nach der Erkennung des Start-Bytes etwas Zeit, bevor das Audiospektrum aufgenommen werden kann. Hierzu dient die Warteschleife der Routine *Wait_Start*.

```
WAIT_START:
   push   AL                ;Warteschleife nach Start-Byte
```

```
    in      AL, SREG           ;für bessere Übertragung
    push    CL                 ;zum PC

    ldi     CL,WAIT_232

LABEL_W_START:
    nop
    dec CL
  brne LABEL_W_START

    pop     CL
    out     SREG, AL
    pop     AL

ret
```

## 8.4 Routine: Ausgabe_Y

Das Unterprogramm *Ausgabe_Y* ist dafür zuständig, die Balkenwerte eines Audiospektrums über die RS-232 an den PC zu senden.

```
AUSGABE_Y:                     ;Schnelle serielle Ausgabe

    in      AH, SREG
    pushw_  B                  ;IN:  - Bars_Buf (Y)
    push    DL                 ;OUT: - CL
    pushw_  Y                  ;       (für WrCOM_FAST)

    ldiw_   Y, Bars_Buf        ;1Byte-Bars (0..254)

    ldiw    BH, BL, FFT_N/2 ;Anzahl der Elemente

 LABEL_ELEMENTE:

    ld      CL, Y+             ;CL <- (Y); Y <- Y+1
    rcall   WrCOM_FAST         ;Output (CL)

    subiw   BH, BL, 1
    rjne    LABEL_ELEMENTE

AUSGABE_Y_ENDE:

    popw_   Y
    pop     DL
    popw_   B
    out     SREG, AH

ret
```

## 8.5 Routine: Test_RS-232

Anstatt der Werte einer Spektrum-Analyse werden mit der Routine *Test_RS-232* nach der Übermittlung des Start-Bytes 255 alle Zahlenwerte aufsteigend von 0 bis 254 und dann nach einem weiteren Start-Byte alle Werte von 254 bis 0 absteigend gesendet. Die Testausgabe wird im Modus *Data* aktiviert, indem man das Potenziometer bis zum rechten Anschlag dreht. In der Routine werden die Unterprogramme *UP_254* und *DWN_254* aufgerufen. Diese generieren und senden die Zahlenfolgen.

```
TEST_RS-232:                    ;TEST ZUR RS-232-ÜBERTRAGUNG

   push   AH                    ;OUT: - CL (für WrCOM_FAST)
   in     AH, SREG
   push   CL

   sbi    portd, GRN_1

   ldi    CL, 255               ;1.Start-Byte "255" senden
   rcall  WrCOM_FAST
   rcall  WAIT_START            ;Warteschleife für Übertragung

   rcall  UP_254                ;0..254 hochzählen

   cbi    portd, GRN_1

   ldi    CL, 255               ;2.Start-Byte "255" senden
   rcall  WrCOM_FAST
   rcall  WAIT_START            ;Warteschleife für Übertragung

   rcall  DWN_254               ;254..0 runterzählen

TEST_232_ENDE:

   pop    CL
   out    SREG, AH
   pop    AH

ret

;-----------------------------------------------------------

UP_254:                         ;Testweise Ausgabe 0..254
                                ;mit WrCOM_FAST

   push   AH                    ;OUT: - CL
   in     AH, SREG              ;        (für WrCOM_FAST)
   push   CL
```

```
    push   CH                  ;CH = Zähler

    ldi    CH, 0
UP1:                           ;Ausgabe: "0,1, ..254"
    mov    CL, CH
    rcall  WrCOM_FAST          ;CL ausgeben!
    inc    CH                  ;CH <- CH +1
    cpi    CH, 255
  brne     UP1                 ;Wenn CH <> 255, wdh.

UP_254_ENDE:

    pop    CH
    pop    CL
    out    SREG, AH
    pop    AH

ret

;----------------------------------------------------------

DWN_254:                       ;Testweise Ausgabe 254..0
                               ;mit WrCOM_FAST

    push   AH                  ;OUT: - CL
    in     AH, SREG            ;       (für WrCOM_FAST)
    push   CL
    push   CH                  ;CH = Zähler

    ldi    CH, 255             ;Ausgabe: "254,253, ..0"
DWN1:
    dec    CH                  ;CH <- CH -1
    mov    CL, CH
    rcall  WrCOM_FAST
    cpi    CH, 0
  brne     DWN1

DWN_254_ENDE:

    pop    CH
    pop    CL
    out    SREG, AH
    pop    AH

ret
```

Die übertragenen Werte können am PC mit dem LabVIEW-Programm *AUDIO-SPECTRUM.vi* betrachtet werden. Seine Funktionsweise wird in Kapitel 10 beschrieben.

Durch die auf- und absteigenden Zahlen ergeben sich in der Anzeige zwei schnell wechselnde Dreiecksformen (Abb. 8.9). Eventuelle Unregelmäßigkeiten in den Formen weisen auf Störungen bei der seriellen Übertragung hin. Sie lassen sich optisch leicht ausfindig machen.

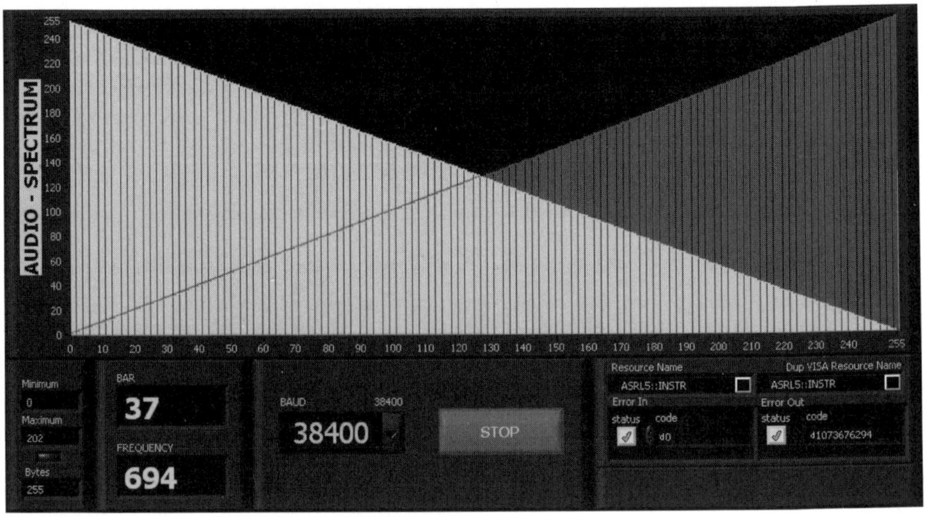


**Abb. 8.9:** Test der seriellen Schnittstelle

Die Routine *WrCom_Fast* benötigt zur Einstellung der Sendegeschwindigkeit die Konstanten *Baud_MHz* und *Del_B*. Mithilfe von *Test_RS-232* können diese für verschiedene Baud-Raten bestimmt und optimiert werden.

Zunächst ist im LabVIEW-Programm *AUDIO-SPECTRUM.vi* die gewünschte Rate auszuwählen. Danach wird *Baud_MHz* so lange verändert, bis sich halbwegs plausible Anzeigen ergeben. Zum Schluss wird die Feineinstellung durch Variieren von *Del_B* durchgeführt. Üblicherweise erfolgt eine exakte Übertragung für mehrere hintereinander folgende Werte von *Del_B*. Von diesen ist dann ein mittlerer Wert zu verwenden.

Die Leistung der erhältlichen *USB-2.0-seriell-Adapter* ist unterschiedlich. Meist erfolgt keine Angabe der maximalen Baudrate. Mithilfe des Testprogramms kann die Leistungsfähigkeit von neuen Adaptern geprüft und die Übertragungsgeschwindigkeit entsprechend angepasst werden.

# 9 Analyse

## 9.1 Grundlagen

In diesem Kapitel werden Techniken zur Analyse der Audiospektren beschrieben. Sie lassen sich ohne große mathematische Kenntnisse nachvollziehen, weil keine aufwendigen Berechnungen nötig sind. Zur Vereinfachung werden zunächst nur reine Sinussignale betrachtet. Die Erklärungen beziehen sich auf die mit dem Experimentiersystem gewonnenen Daten. Beachten Sie, dass das in Kapitel 2 vorgestellte Simulationsprogramm die Verhältnisse nicht exakt darstellt.

Anhand der Balkenformen in den Audiospektren können nähere Angaben zur Art des empfangenen Tonsignals gemacht werden. So wird z. B. ein reines Sinussignal durch einen aus wenigen Balken bestehenden »Berg« mit steilen Flanken wiedergegeben. Von der Frequenz hängt dabei ab, welches der beiden in Abb. 9.1 und Abb. 9.2 gezeigten Erscheinungsbilder auftritt:

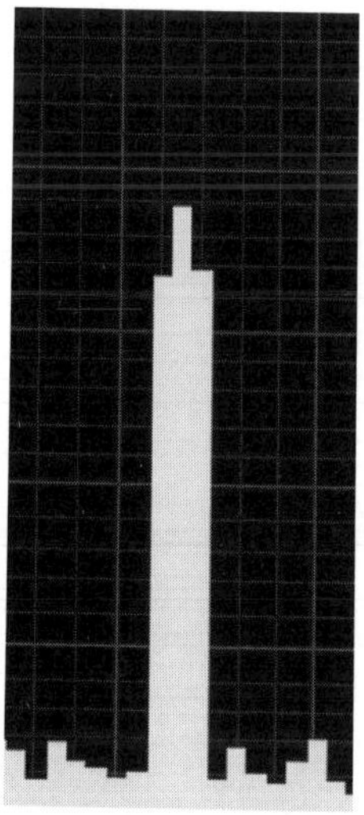

**Abb. 9.1:** Signal mit einem prominenten Balken

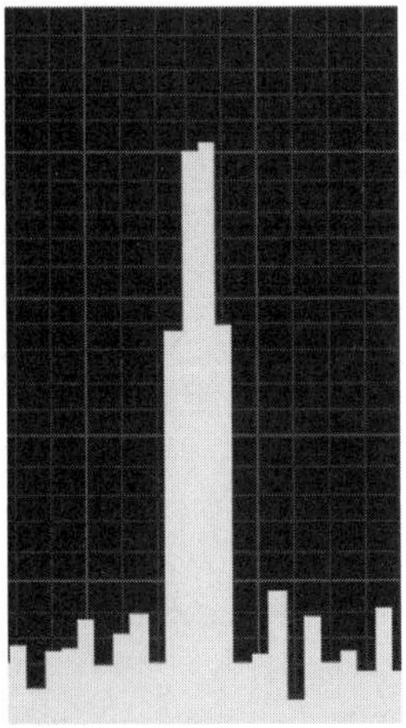

Abb. 9.2: Signal mit zwei prominenten Balken

Untersucht wird das Audiospektrum von 0 Hz bis 4.800 Hz. Wie im Projekt von ELM-CHAN beschrieben, wird das Spektrum in 256 gleich große Frequenzbereiche aufgeteilt. Die Breite der Bereiche ergibt sich dabei zu 4.800 Hz / 256 = 18,75 Hz.

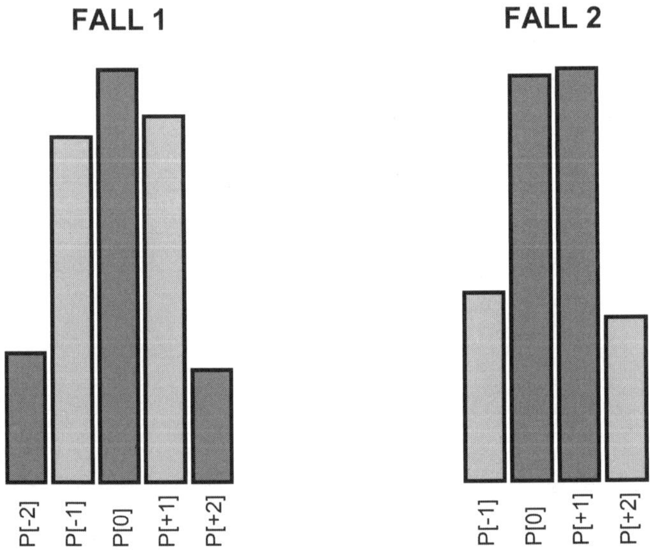


**Abb. 9.3:** Bezeichnungen der Balken

Ein Sinuston, dessen Frequenz im mittleren Bereich eines Balkens zu finden ist, führt zu der in Abb. 9.1 dargestellten Form. Liegt die Frequenz jedoch an der unteren oder oberen Grenze, werden der zugehörige und der benachbarte Balken ungefähr die gleiche Höhe aufweisen (Abb. 9.2). Das liegt daran, dass die Frequenzbereiche sich an ihren Grenzen leicht überlappen. Sie sind also nicht scharf voneinander abgegrenzt.

Um die o. g. Phänomene genauer beschreiben zu können, ist es notwendig, einige Bezeichnungen einzuführen. Diese werden auch in den Kommentaren der Listings verwendet. Als *Fall 1* werden Balkendiagramme mit nur einem prominenten Balken bezeichnet. Bei zwei ähnlich erhöhten Balken ist *Fall 2* eingetreten. Dabei heißt der aktuell zu untersuchende Balken stets *P[0]*. Er ist benachbart von den Balken *P[-1]* und *P[+1]*, die jeweils einen Frequenzbereich unter oder über dem von *P[0]* liegen. Der Balken *P[+2]* ist folglich zwei Balken nach *P[0]* zu finden. *P[-2]* ist nur für *Fall 1* relevant. Der Balken befindet sich zwei Balken vor *P[0]*. Es muss bestimmt werden, wie laut eine Einzelfrequenz im Spektrum mindestens sein muss, um für die weitere Analyse ausreichende Bedeutung zu haben. Die Festlegung der absoluten Mindestlautstärke entspricht einer ersten Bedingung.

Der Wert kann einfach manuell mit dem Potenziometer *Sensitivity* eingestellt werden:

P[0] ≥ Poti_ADC

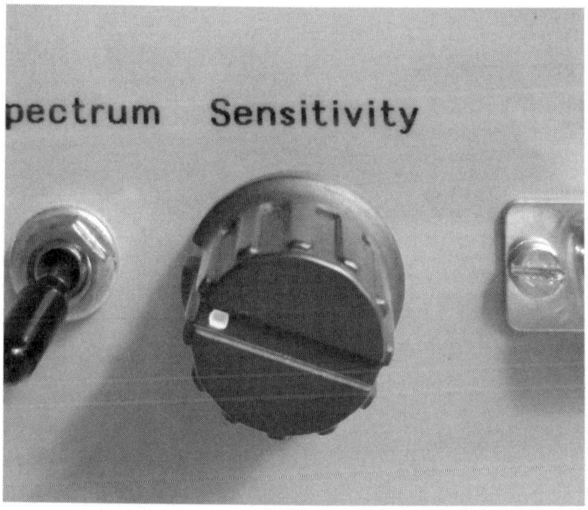


**Abb. 9.4:** Einstellung der Mindestlautstärke

Um festzustellen, ob ein bestimmtes Tonsignal aktuell besonders hervorsticht, genügt es aber nicht, nur die Amplitude seines Frequenzbereichs, also die Höhe des entsprechenden Balkens, zu messen.

Abb. 9.5 zeigt das Spektrum eines lauten Geräuschs, wie es z. B. bei der Berührung des Mikrofons oder beim Zuschlagen von Türen entstehen kann. Hier sind die Amplituden von vielen Balken sehr hoch, ohne dass einzelne Frequenzbereiche signifikant hervorstechen würden.

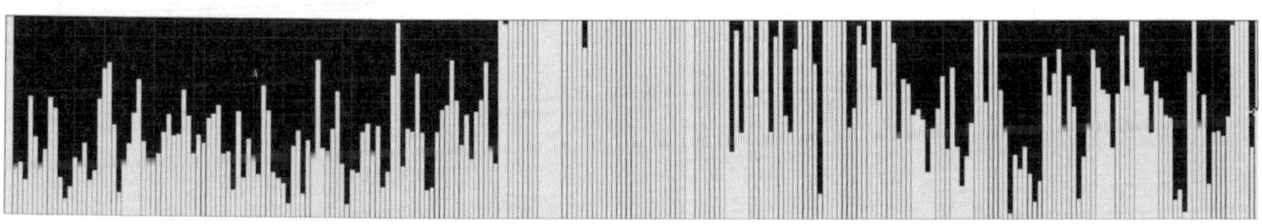

**Abb. 9.5:** Spektrum von lautem Geräusch

Neben der Balkenhöhe müssen also noch andere Faktoren zur Signalanalyse in Betracht gezogen werden. Deswegen sind die Balken links und rechts von *P[0]* zu untersuchen. Da sich für einen oder zwei prominente Balken unterschiedliche Verhältnisse bei den benachbarten Frequenzbereichen ergeben, werden *Fall 1* und *Fall 2* hier auch getrennt behandelt.

Um in *Fall 1* zu prüfen, ob der Balken eine besonders hohe Signifikanz aufweist, müssen folgende Bedingungen erfüllt werden:

P[-1] < P[0] *UND* P[+1] < [P0]

und

P[-2] < 62% (P[0]) *UND* P[+2] < 62% (P[0])

Mit der ersten Bedingung wird gefordert, dass die Amplituden der beiden direkt benachbarten Balken kleiner als *P[0]* sind. Die Balken *P[-2]* und *P[+2]* dürfen bei der zweiten Bedingung im Verhältnis zu *P[0]* eine bestimmte Höhe nicht überschreiten, da der Ton sonst nicht spezifisch genug detektiert werden kann. Sehr steile Flanken weisen auf eine besonders gute Tonerkennung hin. Der obige Wert des maximalen prozentualen Anteils von *P[-2]* und *P[+2]* an *P[0]* wurde durch Praxistests bestimmt.

Bei *Fall 2* wird der Frequenzbereich in der Überlappungszone von *P[0]* und *P[+1]* untersucht. Unter den folgenden Voraussetzungen treten hier Tonsignale besonders hervor:

| P[0] – P[+1] | < Level_F2 (mit: Level_F2 = 8)

und

P[-1] < 75% (P[max0\+1])

und

P[+2] < 75% (P[max0\+1])

Dabei ist die Konstante *Level_F2* in der ersten Bedingung ein explorativ ermittelter Grenzwert. Mit *P[max0\+1]* wird die größere der beiden Amplituden *P[0]* oder *P[+1]* bezeichnet. Die beiden Balken *P[0]* und *P[+1]* müssen also fast die gleiche Höhe aufweisen. Da hier nur vier Balken untersucht werden, darf in der zweiten Bedingung die Flankensteilheit für eine zuverlässige Tonerkennung auch entsprechend niedriger ausfallen. Den Balken *P[-1]* und *P[+2]* ist es somit erlaubt, bei ihrem maximalen prozentualen Anteil an *P[0]* höhere Werte anzunehmen als bei *Fall 1*.

Neben der Mindestlautstärke und der Form der benachbarten Balken ist auch die kleinstmögliche Anzahl zeitlich direkt hintereinander folgender Zyklen mit der gleichen Tonerkennung von großer Bedeutung.

Messungen ergaben, dass das Basisprogramm für einen vollständigen Auswertungszyklus der Hauptschleife ungefähr 55,6 ms benötigt. Die Mindestanzahl von Durchläufen wird durch die Konstante *Cycles* vorgegeben. Sie ist beim Basisprogramm standardmäßig auf vier Zyklen eingestellt. Damit ergibt sich eine minimale Signallänge von *Cycles* × 55,6 ms = 222,4 ms.

Kleinere Werte von *Cycles* lassen auch Erkennungen von Tonsignalen mit geringerer Homogenität der Frequenz zu. Dabei steigt aber auch die Gefahr von Fehlerkennungen, z. B. durch die oben beschriebenen lauten Geräusche. Werden hingegen höhere Werte für *Cycles* gewählt, können nur noch Signale mit geringsten Frequenzschwankungen erfasst werden. Das kann von Vorteil sein, wenn nur durch Signalgeneratoren erzeugte Töne aufgespürt werden sollen.

Die Ermittlung von Tonlängen darf nicht mithilfe unterschiedlicher Werte für die Konstante *Cycles* erfolgen. Tonlängenmessungen müssten z. B. in einem Programm zur Erkennung von Melodien durchgeführt werden. Die Zyklenzahl hat zwar einen Einfluss auf die Mindest-Tonlänge, ist aber vor allem für die o. g. Einstellung der geforderten Frequenzhomogenität zuständig. Die Erfassung einer Tonlänge sollte stattdessen durch die Messung der Anzahl von verifizierten Erkennungssequenzen des gleichen Balkens pro Zeit erfolgen. Hierbei sind Detektionen gemeint, die die obigen Bedingungen, also Mindestlautstärke, vorgeschriebene Balkenformen und minimale Zyklenzahl bereits erfüllt haben.

Es ist möglich, Erscheinungsbilder von Audiosignalen, wie sie in Abb. 9.1 und Abb. 9.2 gezeigt wurden, noch präziser zu analysieren. Mit den in Kapitel 9.4 beschriebenen Methoden kann bei der Frequenzbestimmung eine Genauigkeit von bis zu ±2,5 Hz erreicht werden.

Da sich in den Audiospektren bei den tieferen Frequenzen vermehrt Störungen bemerkbar machen, die z. B. durch PC-Lüfter, Netzbrummen und den sogenannten Gleichstromanteil zustande kommen, werden zunächst nur Frequenzen ab 300 Hz untersucht. Dieses Vorgehen wurde bereits in Kapitel 1.2 beschrieben und als *digitale Hochpassfilterung* bezeichnet.

## 9.2 Routine: Check_Tone_1

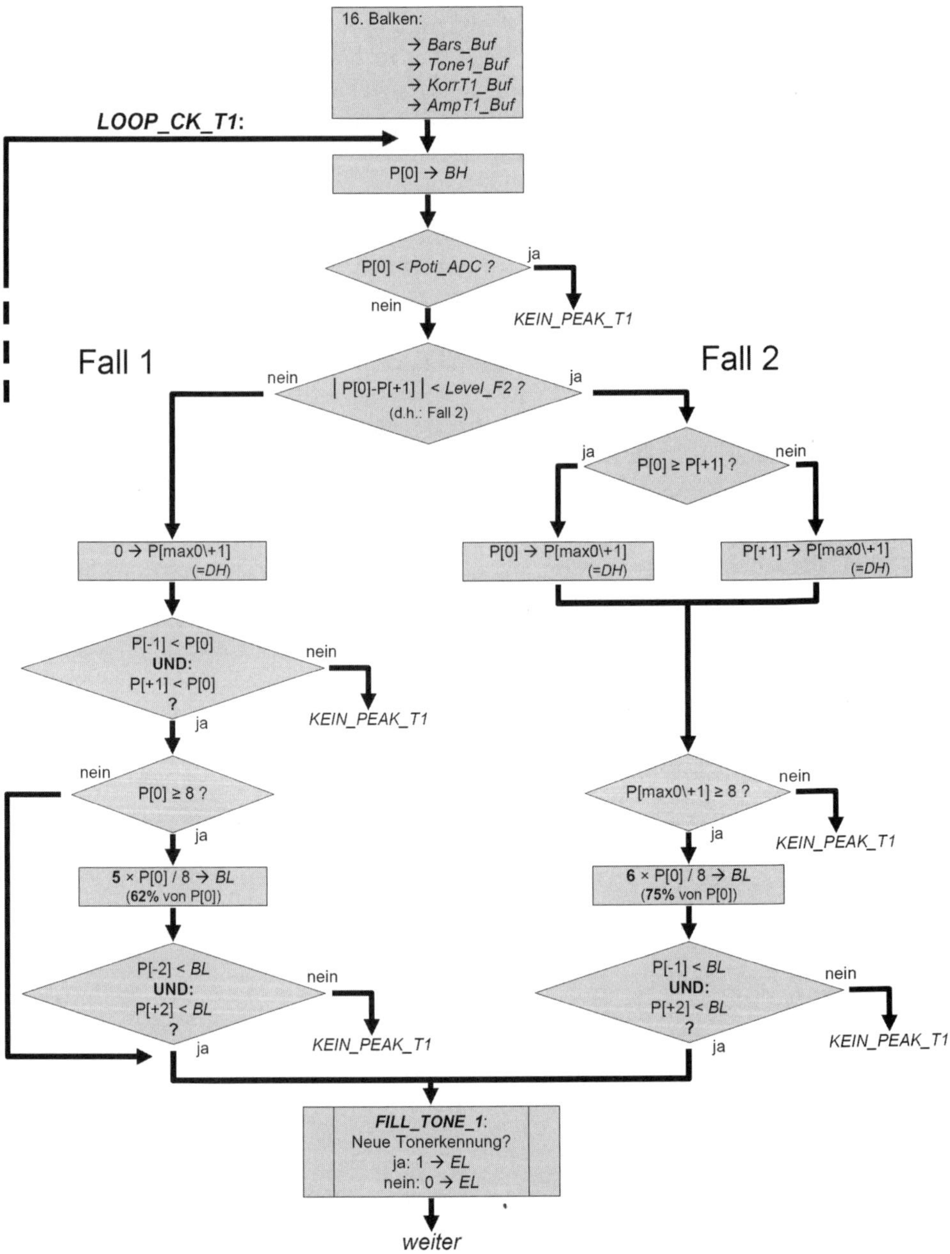


**Abb. 9.6:** PAP für Check_Tone_1 (1. Teil)

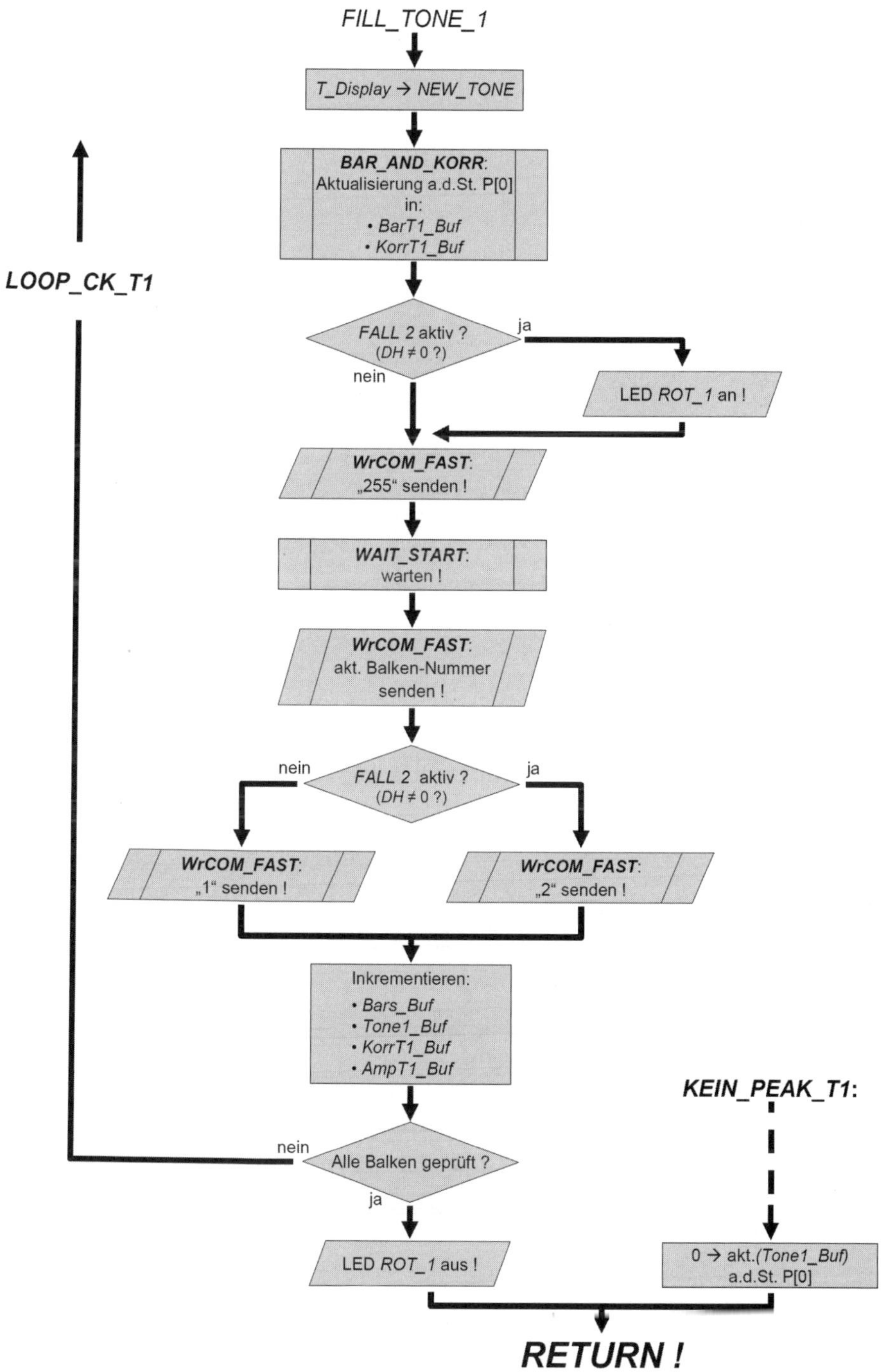


**Abb. 9.7:** PAP für Check_Tone_1 (2. Teil)

Die Routine *Check_Tone_1* ist das wichtigste Unterprogramm für die Frequenzanalyse. Die vom Analysebaustein empfangenen und in *Bars_Buf* gespeicherten Balkenwerte werden der Reihe nach untersucht. Dabei wird als untere Grenze erst bei Balken Nr. 16 begonnen. Das entspricht der o. g. digitalen Hochpassfilterung. Als Obergrenze wird der 253. Balken verwendet, da für *P[+1]* und *P[+2]* noch je ein Balken zur Verfügung stehen muss.

```
CHECK_TONE_1:

   push    AH                  ;IN:     - Bars_Buf (Y)
   in      AH, SREG            ;        - Poti_ADC
   pushw_  A
   pushw_  B
   pushw_  C                   ;OUT:    - Tone1_Buf (Z)
   pushw_  D                   ;        - CL (WrCOM..)
   pushw_  E                   ;        - New_Tone
   pushw_  Y
   pushw_  Z                   ;LOCAL:  - BH= P[0]
                               ;        - DH= P[max0\+1]
                               ;        - A = gemeinsamer
                               ;              Zähler
                               ;              für KorrT1_Buf
                               ;              und AmpT1_Buf

   ldiw_   Y, Bars_Buf + 16-2

                      ;UNTERGRENZE:
                      ;Y = 16.  Balken (entspr. 300,00 Hz)
                      ;(Gitarre: E4 = 329,63 Hz)

                      ;OBERGRENZE:
                      ;Y = 253. Balken (entspr. 4743,75 Hz)
                      ;GESAMT:
                      ;253- 16+1 = 238 Balken

   ldiw_   Z, Tone1_Buf + 16-2

   ldiw_   A, 16-2  ;Zähler für KorrT1_Buf und AmpT1_Buf
```

Ein Balkenwert wird nur dann weiter analysiert, wenn seine Amplitude groß genug ist. Deswegen wird er mit *Poti_ADC* verglichen. Es gibt zwei Variablen, die während der Abarbeitung der Routine ihren Wert nicht ändern. *BH* entspricht immer *P[0]* und *DH* immer *P[max0\+1]*.

```
LOOP_CK_T1:

   ldd     BH, Y+2             ;BH = P[0]

   clr     DH                  ;DH = P[max0\+1]
                               ;   = 0 bei FALL 1
                               ;   = höherer Wert P[0]
```

```
                              ;     od. P[+1] bei FALL 2
;---  AMP-Schwelle  ---

   cp      BH, Poti_ADC       ;AMP-Schwelle für P[0]
   brsh    TEST_FALL2         ;(Fall 1 UND Fall 2)
   rjmp    KEIN_PEAK_T1
```

In den nächsten Schritten wird entschieden, ob *Fall 2* vorliegt. Das ist gegeben, wenn *|P[0]-P[+1]| < Level_F2* erfüllt ist. Dabei erhält auch die Variable *DH = P[max0\+1]* ihren endgültigen Wert. Dieser ist nur dann gleich null, wenn *Fall 1* eingetreten ist. Die für diese und die noch folgenden Entscheidungen notwendigen Bedingungen wurden in Kapitel 9.1 bereits ausführlich erläutert.

```
TEST_FALL2:

;---  | P[0] - P[+1] | < Level_F2 ? (FALL 2)  ------------

   ldd     CL,Y+3             ;CL = P[+1]
   cp      BH,CL
   brlo    BH_kleiner_CL      ;P[0] < P[+1]?

;---  P[0] >= P[+1]  ---

   mov     DH, BH             ;DH <- P[0] (DH<-höherer Wert)
   mov     CH, BH             ;             ( = P[max0\+1]  )
   sub     CH, CL             ;CH <- P[0]-P[+1]
   cpi     CH, Level_F2
   brlo    FALL_2_START       ;CH < Level_F2?
   rjmp    FALL_1_START

;---  P[0] < P[+1]  ---

BH_kleiner_CL:

   mov     DH, CL             ;DH <- P[+1] (DH<-höherer Wert)
   mov     CH, CL             ;             (   = P[max0\+1] )
   sub     CH, BH             ;CH <- P[+1]-P[0]
   cpi     CH, Level_F2
   brlo    FALL_2_START       ;CH < Level_F2?
   rjmp    FALL_1_START
```

Bei *Fall 2* muss nun noch eine zweite Bedingung überprüft werden, bei der Balken mit einem prozentualen Anteil von *P[0]* verglichen werden. Um Rechenzeit zu sparen, wird die Prozentrechnung vereinfacht. Zunächst wird *P[0]* durch den Befehl *Logical Shift Right* (*lsr*) auf 12,5 % heruntergeteilt. Dieser Wert wird dann wieder bis zu dem gewünschten Prozent addiert.

```
FALL_2_START:                 ;|P[0] - P[+1] | < Level_F2!


;---  Errechnung n x 12,5% (=nxLSR) von P[0] -> BL  ---
;---  (Amp-Schwelle muss >= 8 sein !  ---

   mov     CL, DH             ;CL <- DH
```

```
    cpi     CL, 8           ;(DH=höherer Wert P[max0\+1])

    brsh    PROZENT_F2      ;Sicherheitsabfrage für 3xLSR
    rjmp    KEIN_PEAK_T1    ;Anders als bei FALL 1 wird
                            ;hier kein Peak detektiert!
PROZENT_F2:

    lsr     CL              ;50%
    lsr     CL              ;25%
    lsr     CL              ;12,5%

    clr     BL              ;BL = n x 12,5% von P[0]
    add     BL, CL          ;1x   (12,5)
    add     BL, CL          ;2x   (25,0)
    add     BL, CL          ;3x   (35,5)
    add     BL, CL          ;4x   (50,0)
    add     BL, CL          ;5x   (62,0) NIEDRIGERE SCHWELLE
    add     BL, CL          ;6x   (75,0) ALS BEI FALL 1!
;   add     BL, CL          ;7x   (87,5)
;   add     BL, CL          ;8x   (100%)

;---  P[-1] < n x 12,5% von P[max0\+1] ?  ---

    ldd     CL, Y+1         ;CL = P[-1]

    cp      CL, BL          ;P[-1] < n x 12,5% v. P[max0\+1]?
    brlo    P_PLUS_2
    rjmp    KEIN_PEAK_T1

;---  P[+2] < n x 12,5% von P[max0\+1] ?  ---

P_PLUS_2:

    ldd     CL, Y+4         ;CL = P[+2]

    cp      CL, BL          ;P[+2] < n x 12,5% v. P[max0\+1]?

    brlo    PEAK_ERKANNT_T1_F2
    rjmp    KEIN_PEAK_T1

PEAK_ERKANNT_T1_F2:

    rjmp    PEAK_ERKANNT_T1_F1
                            ;AB HIER KEINE UNTERSCHIEDE MEHR
                            ;ZWISCHEN FALL 1 UND FALL 2!!!
```

Auch bei *Fall 1* ist ein prozentualer Anteil von *P[0]* zu bestimmen. Der »krumme« Wert von 62 % mag erstaunen. Für eigene Experimente stehen aber auch andere, momentan durch Semikolons deaktivierte Prozente zur Verfügung. Diese Werte könnten auch noch feiner abgestuft werden. Um beispielsweise eine Auflösung von 6,25 % zu erhalten, müsste noch ein *lsr*-Befehl hinzugefügt werden.

```
FALL_1_START:

   clr    DH             ;DH = P[max0\+1]
                         ;   = 0 bei FALL 1
                         ;   = höherer Wert P[0] od.
                         ;     P[+1] bei FALL 2

   ldd    CL, Y+1        ;CL = P[-1]


   cp     CL, BH         ;P[-1] < P[0]!?
   brlo   FALL_1_WEITER_1
   rjmp   KEIN_PEAK_T1

FALL_1_WEITER_1:

   ldd    CL, Y+3        ;CL = P[+1]

   cp     CL, BH         ;P[+1] < P[0]!?
   brlo   FALL_1_WEITER_2
   rjmp   KEIN_PEAK_T1

;---  Errechnung n x 12,5% (=nxLSR) von P[0] -> BL  ---
;---  (Amp-Schwelle muss >= 8 sein !  ---

FALL_1_WEITER_2:

   mov    CL, BH         ;CL <- BH
   cpi    CL, 8
   brlo   PEAK_ERKANNT_T1_F1
                         ;Sicherheitsabfrage für 3xLSR

   lsr    CL             ;50%
   lsr    CL             ;25%
   lsr    CL             ;12,5%

   clr    BL             ;BL = n x 12,5% von P[0]
   add    BL, CL         ;1x   (12,5)
   add    BL, CL         ;2x   (25,0)
   add    BL, CL         ;3x   (35,5)
   add    BL, CL         ;4x   (50,0)
   add    BL, CL         ;5x   (62,0)
;  add    BL, CL         ;6x   (75,0)
;  add    BL, CL         ;7x   (87,5)
;  add    BL, CL         ;8x   (100%)

;---  P[-/+2] < n x 12,5% von P[0]  ---
```

```
ldd     CL, Y+0             ;CL = P[-2]

cp      CL,BL               ;P[-2] < n x 12,5% von P[0]!?
brsh    KEIN_PEAK_T1

ldd     CL, Y+4             ;CL = P[+2]

cp      CL, BL              ;P[+2] < n x 12,5% von P[0]!?
brsh    KEIN_PEAK_T1
```

Erfolgte bisher noch kein Abbruch durch einen Sprung zu *Kein_Peak_T1_F2*, wurde der aktuelle Balken *P[0]* in diesem einen Zyklus als besonders hervortretender Peak beurteilt. Die im Folgenden aufgerufene Routine *Fill_Tone_1* prüft, ob bei dem aktuellen Balken direkt hintereinander folgend die für die Tonerkennung notwendige Anzahl von prominenten Peaks (Cycles*)* aufgetreten ist und damit die geforderte Tonlänge erreicht wurde. Die Zyklenzahlen sind hierfür im Puffer *Tone1_Buf* gespeichert. Um festzulegen, dass nur aufeinander folgende Peak-Erkennungen zur Detektion eines Tons führen können, wird der dem Balken entsprechende Wert in *Tone1_Buf* auf null zurückgesetzt, wenn eines der Abbruchkriterien den Sprung nach *Kein_Peak_T1_F2* ausgelöst hat. Dem aufrufenden Programm wird mit dem Rückgabewert in der Variable *EL* mitgeteilt, ob es zu einer Tonerkennung gekommen ist (*EL* = 1) oder nicht (*EL* = 0).

```
PEAK_ERKANNT_T1_F1:

    rcall  FILL_TONE_1        ;Tone1_Buf aktualisieren
                              ;akt. Z wird übergeben
                              ;DH = P[max0\+1] wird übergeben
                              ;Neue Tonerkennung bei EL=1

    cpi    EL,1               ;EL <- True/False
    brne   ENDE_LOOP_CK_T1    ;Rückgabe, ob Ton lange genug
```

Ist die notwendige Zyklenzahl erreicht worden, sind alle Bedingungen für die neue Tonerkennung erfüllt. Zunächst erfolgt eine Aktualisierung der Anzeigedauer in der Variable *New_Tone.* Diese zeigt für die Dauer von *T_Display* × 125 ms unspezifisch an, ob mindestens eine Tonerkennung zustande gekommen ist.

Dann wird für die entsprechende Balkennummer in der Routine *Bar_and_Korr* der Korrekturwert bestimmt und im Puffer *KorrT1_Buf* abgelegt. Außerdem wird die Balken-Amplitude in *AmpT1_Buf* gespeichert.

Die LED *ROT_1* zeigt im Basisprogramm an, ob *Fall 2* eingetreten ist. Standardmäßig ist auch die Ausgabe aller erkannten Balken über die RS-232 aktiviert. Für jeden Balken wird zunächst ein Start-Byte 255 gesendet, danach folgt die Balkennummer und abschließend die Nummer des eingetretenen Falls (*1* oder *2*). Wird diese Ausgabe nicht gewünscht, muss das Semikolon vor » *;rjmp No_Outoput_F1_F2* « entfernt werden. Wenn die Ausgabe aktiviert ist, muss die Übertragung der Ergebnisse von der Routine

*Find_Tone* in der Hauptschleife durch die beiden Sprungbefehle *rjmp No_Output_Tone* unterbleiben. Das gilt natürlich auch im umgekehrten Fall.

```
;=== 1. TON ERKANNT ! ===================================

;--- Anzeigedauer ---

   ldi    EH, T_Display
   mov    New_Tone, EH        ;New_Tone <- TRUE!

   rcall  BAR_AND_KORR        ;Aktualisierung von:
                              ; -  BarT1_Buf
                              ; -  KorrT1_Buf



   cpi    DH,0                ;DH(=P[max0\+1]) = 0?
   breq   KEIN_ROT            ;(d. h. kein FALL 2)

   sbi    portd, ROT_1        ;ROT_1 bei FALL 2 an!

KEIN_ROT:
                              ;akt. Zähler in Tone1_Buf wird
                              ;in CHECK_TIME gelöscht!

;rjmp     NO_OUTPUT_F1_F2     ;BEI SPRUNG KEINE AUSGABE!!!

;---  AUSGABE AKTUELLER PEAK (mit n CYCLES)  -------------
;---  AUSGABE 1 \ 2  FÜR  FALL 1 \ FALL 2    -------------

   cli                        ;ITR für fehlerfreie
                              ;Ausgabe ausschalten!
   pushw_ C

   ldi    CL, 255             ;Start-Byte "255" senden
   rcall  WrCOM_FAST
   rcall  WAIT_START          ;Warteschleife für Übertragung

   movw   CL, YL              ;C <- Y
   subiw_ C, Bars_Buf-2       ;C <- aktueller Balken P[0]
   rcall  WrCOM_FAST          ;CL (=Balken-Nr.) ausgeben!

   ldi    CL, 1               ;CL <- 1
   cpi    DH, 0               ;DH(=P[max0\+1]) = 0?
   breq   OUT_FALL_1          ;(d. h. kein FALL 2)

OUT_FALL_2:
   ldi    CL, 2
```

```
OUT_FALL_1:
   rcall  WrCOM_FAST            ;1(Fall 1) \ 2(Fall 2)
                                ;ausgeben!
   popw_  C

   sei                          ;ITR für Analyse
                                ;wieder einschalten!

;-----------------------------------------------------------

NO_OUTPUT_F1_F2:

   rjmp   ENDE_LOOP_CK_T1

KEIN_PEAK_T1:
                                ;akt. Zähler in Tone1_Buf
                                ;löschen

   push   EH                    ;Clear PeakCounter in Z
   clr    EH                    ;an aktuellem P[0]
   std    Z+2, EH
   pop    EH

   rjmp   ENDE_LOOP_CK_T1

ENDE_LOOP_CK_T1:

   adiw   YL, 1                 ;Y <- Y + 1   (Bars_Buf)
   adiw   ZL, 1                 ;Z <- Z + 1   (Tone1_Buf)
   addiw_ A,  1                 ;A <- A + 1   (KorrT1_Buf
                                ;             & AmpT1_Buf)

   ldiw_  D, Bars_Buf+254-2 ;D <- höchster Balken + 1
   cpw_   Y, D
   brsh   CK_TONE_1_ENDE
   rjmp   LOOP_CK_T1


CK_TONE_1_ENDE:

   cbi    portd, ROT_1          ;ROT_1 aus!

   popw_  Z
   popw_  Y
   popw_  E
   popw_  D
```

```
    popw_  C
    popw_  B
    popw_  A
    out    SREG, AH
    pop    AH

ret
```

## 9.3 Routine: Fill_Tone_1

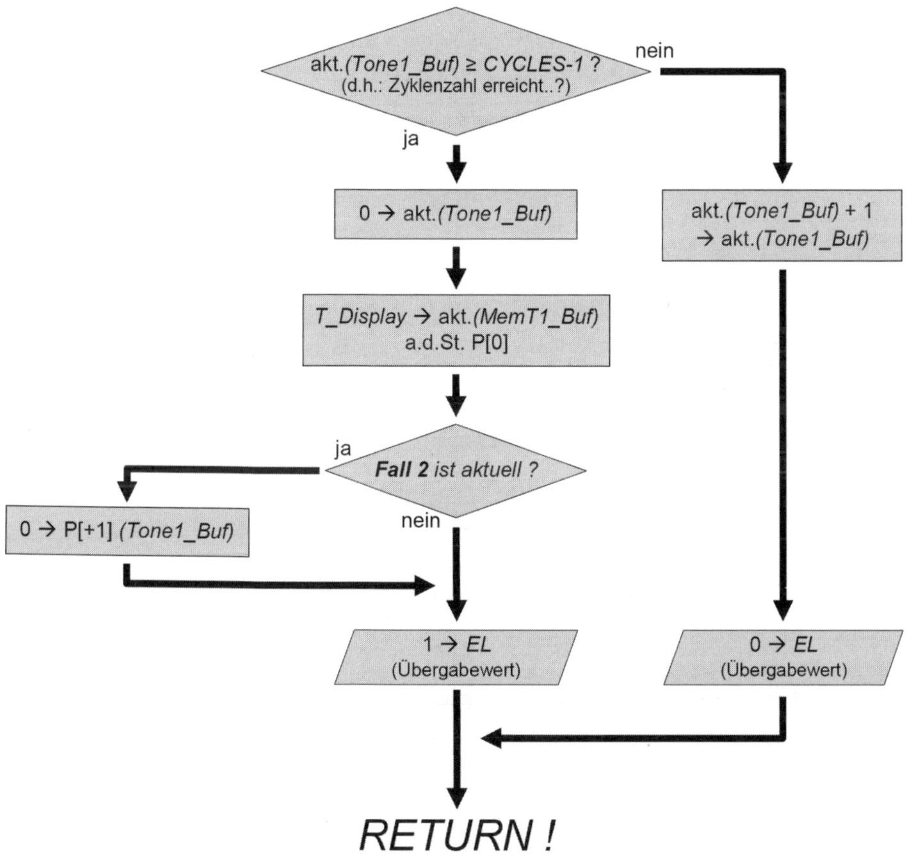


**Abb. 9.8:** PAP für Fill_Tone_1

Die Routine *Fill_Tone_1* wird von *Check_Tone_1* aufgerufen, um zu prüfen, ob die Zyklenzahl im Puffer *Tone1_Buf* an der Stelle des aktuellen Balkens *P[0]* erreicht ist und damit eine vollständige Tonerkennung zustande kommt. Ist das der Fall, wird an *P[0]* im Puffer *MemT1_Buf* die Anzeigedauer *T_Display* gespeichert, *Tone1_Buf* wird an *P[0]* zurückgesetzt, und die Variable *EL* erhält den Wert 1 als Zeichen einer erfolgreichen Erkennung. Außerdem wird bei *Fall 2* die Zyklenzahl an *P[+1]* in *Tone1_Buf* gelöscht, damit es bei Tonfrequenzen in der Überlappungszone zwischen zwei Balken nicht kurz danach zu einer weiteren Tonerkennung an *P[+1]* kommen kann.

Wurde beim Aufruf von *Fill_Tone_1* kein neuer Ton ermittelt, wird der zugehörige Wert in *Tone1_Buf* für das nächste Mal inkrementiert, und die Variable *EL* gibt den Wert Null an das übergeordnete Programm zurück.

Beachten Sie, dass die in *MemT1_Buf* hinterlegten Anzeigedauern nur durch die Interrupt-Routine *Check_Time* zurückgesetzt werden können.

```
FILL_TONE_1:                      ;Kontrolle der Zyklenzahl
                                  ;in MemT1_Buf

    push    AH                    ;IN:     - akt. Z (Tone1_Buf)
    in      AH, SREG              ;        - DH = P[max0\+1]
    pushw_  B                     ;OUT:    - EL Erkennung:
    push    EH                    ;          1(true)/0(false)
    pushw_  Y                     ;LOCAL: - Y für MemT1_Buf

;---  Zyklenzahl erreicht ?  ---

    ldd     EH, Z+2               ;EH <- akt. Zyklenzahl an P[0]
    cpi     EH, CYCLES-1
    brlo    INC_TONE_1

;---  TON 1 FERTIG  ---

    clr     EH
    std     Z+2, EH               ;akt. Zähler löschen
                                  ;in Tone1_Buf!

;---  hier MemT1_Buf a.d.St Z+2 auf T_Display setzen!  ---

    movw    BL, ZL                ;B <- Z
    subiw_  B, Tone1_Buf-2        ;B <- aktuelle
                                  ;     Balken-NUMMER P[0]
    ldiw_   Y, MemT1_Buf          ;Y <- MemT1_Buf
    addw_   Y, B                  ;Y <- Y + B      (MemT1_Buf)
    ldi     EL, T_Display         ;bar(MemT1_Buf) <- T_Display
    st      Y, EL                 ;(a.d.St. P[0])

;---  CLR P[+1] bei Fall 2!  ---
```

```
    cpi     DH,0                ;P[max0\+1] > 0?
    breq    SET_EL              ;=> P[+1] <- 0!
    clr     EH
    std     Z+3, EH

SET_EL:
    ldi     EL, 1               ;Erkennung 1. Ton = TRUE

    rjmp    ENDE_FILL_TONE_1

INC_TONE_1:                     ;akt. Zähler in Tone1_Buf
                                ;inkrementieren!

    inc     EH                  ;EH <- EH +1
    std     Z+2, EH             ;(Z+2) <- EH
    ldi     EL, 0               ;Erkennung 1.Ton = FALSE

ENDE_FILL_TONE_1:

    popw_   Y
    pop     EH
    popw_   B
    out     SREG, AH
    pop     AH

ret
```

# 9.4 Aufteilung in Segmente

## 9.4.1 Prinzip der Segmentierung

Jeder Balken und damit jeder Frequenzbereich hat eine errechnete Breite von 18,75 Hz. Damit ergibt sich zunächst eine Genauigkeit von ± 9,375 Hz, die für viele Anwendungen schon ausreicht. Mithilfe des folgenden Verfahrens lassen sich aber noch viel bessere Ergebnisse erzielen.

In Abb. 9.9 ist der Frequenzbereich für den 52. Balken dargestellt. Er entspricht rechnerisch einer Frequenz von 975,0 Hz (= 52 × 18,75 Hz).

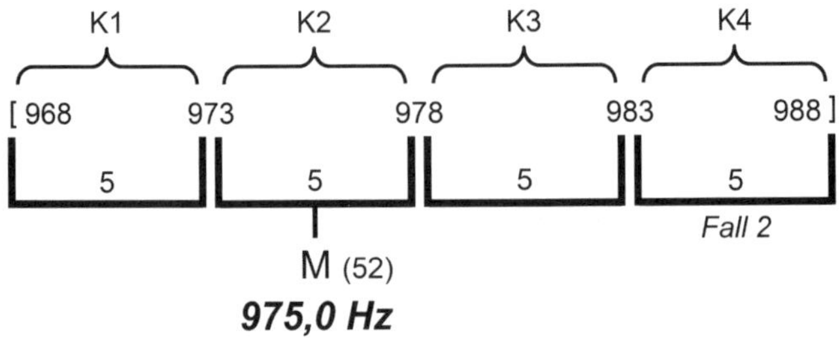


**Abb. 9.9:** Segmente von Balken Nr. 52

Der Frequenzbereich ist in vier gleich große Segmente aufgeteilt, die hier mit *K1* bis *K4* bezeichnet sind. Die ersten drei Segmente sind *Fall 1* zugeordnet. Der letzte Teil gehört zu *Fall 2*. Die beiden mit einer eckigen Klammer markierten Zahlen an den Rändern zeigen die Grenzfrequenzen, an denen die Balkenerkennung gerade noch auslöst. Die oben errechnete Frequenz von 975,0 Hz liegt in der Mitte *M* der Segmente von *Fall 1*, nicht aber in der Mitte des gesamten Frequenzbereichs. Die Grenzfrequenz von 983 Hz zwischen *Fall 1* und *Fall 2* wurde gemessen. Die inneren Frequenzwerte von *Fall 1*, also 973 Hz und 978 Hz, wurden rechnerisch bestimmt.

Diese Aufteilung ist bei allen Frequenzbereichen möglich. Hierbei kann es geringe Abweichungen von ±1 Hz bei der Breite eines Segments geben.

Ohne weitere Berechnungen ist ersichtlich, dass *Fall 2* bereits einen sehr schmalen Frequenzbereich mit einer Genauigkeit von ±2,5 Hz detektiert. Das könnte man z. B. für die Entwicklung einer Schallfernbedienung nutzen, bei der man nur Tonsignale sendet, die in den Segmenten von *Fall 2* erkannt werden.

### 9.4.2 Routine: Bar_and_Korr

Mithilfe der Routine *Bar_and_Korr* wird bei einer neuen Tonerkennung in *Check_Tone_1* anhand der bereits erfolgten Fallunterscheidung und der Werte von *P[-1]*, *P[0]* und *P[+1]* die Einteilung des neuen Tons in eines der vier Segmente durchgeführt. Da hiermit Korrekturen an der sich aus der Balkennummer ergebenden Frequenz möglich sind, werden die Segmente mit den Korrekturwerten *K1* bis *K4* bezeichnet.

In dem Puffer *KorrT1_Buf* erfolgt danach die Speicherung des ermittelten Korrekturwerts an der für das aktuelle *P[0]* entsprechenden Stelle. Zusätzlich wird die Lautstärke des neuen Tons in dem Puffer *AmpT1_Buf* an der Position von *P[0]* abgelegt. Diese Amplitude ist bei *Fall 1* der Wert von *P[0]* und bei *Fall 2* der von *P[max0\+1]*, also die größere der beiden Zahlen in *P[0]* oder *P[+1]*.

Im Folgenden wird beschrieben, wie der Korrekturwert mithilfe von Bedingungen ermittelt werden kann. Beachten Sie bitte auch das daran anschließende Listing von *Bar_and_Korr*.

### Korrektur 4

$P[\text{max0}\backslash{+1}] \neq 0$ (mit: $DH = P[\text{max0}\backslash{+1}]$)

Zunächst wird mit der Variable *DH = P[max0\+1]* geprüft, ob *Fall 2* und damit auch *K4* eingetreten ist. Hierfür muss *DH* ungleich null sein.

### Korrektur 3

*Bedingung 1:*

$P[0] < \text{Level\_K\_3}$ (mit: $\text{Level\_K\_3} = 40$)

oder

$P[+1] \geq P[0] - \text{Level\_K\_3}$

*Bedingung 2:*

$P[+1] \geq \text{Level\_li\_re}$ (mit: $\text{Level\_li\_re} = 6$)

und

$P[+1] - \text{Level\_li\_re} \geq P[-1]$

Im nächsten Schritt wird der Eintritt von *K3* geprüft. In der ersten Bedingung muss *P[+1]* im Verhältnis zu *P[0]*, das in Fall 1 größer als *[P+1]* ist, eine gewisse Mindesthöhe aufweisen. Es handelt sich hier nicht um ein ausschließendes »*ODER*«. Das heißt, dass auch beide Unterbedingungen erfüllt sein können. Die erste Unterbedingung ist eine Sicherheitsabfrage, um negative Zahlenwerte bei der zweiten zu vermeiden.

In der zweiten Bedingung wird untersucht, ob *P[+1]* deutlich größer als *P[-1]* ist.

### Korrektur 2

*Bedingung 1:*

$P[0] \geq \text{Level\_K\_2}$ (mit: $\text{Level\_K\_2} = 15$)

und

$P[0] - \text{Level\_K\_2} \geq P[+1]$

und

$P[0] - \text{Level\_K\_2} \geq P[-1]$

Falls *P[+1]* die Bedingungen für *K3* nicht erfüllt hat, besteht noch die Möglichkeit, dass sich *P[+1]* und *P[-1]* in ihrer Größe kaum voneinander unterscheiden und beide im Verhältnis zu *P[0]* ziemlich groß sind. Damit wären die Bedingungen für *K2* erfüllt.

### Korrektur 1

*Bedingung 1:*

$P[0] < \text{Level\_K\_1}$ (mit $\text{Level\_K\_1} = 15$)

oder

P[-1] ≥ P[0] – Level_K_1

*Bedingung 2:*

P[-1] ≥ Level_li_re (mit Level_li_re = 6)

und

P[-1] – Level_li_re ≥ P[+1]

Wenn auch *Korrektur 2* nicht zustande gekommen ist, müssten die Voraussetzungen für *K1* bereits zwangsläufig erfüllt sein. Wie bei *K3* sind die beiden Unterbedingungen der ersten Bedingung mit einem nicht ausschließenden »*ODER*« verknüpft. Auch hier handelt es sich bei der ersten Unterbedingung um eine Sicherheitsabfrage. *K1* tritt ein, wenn *P[-1]* eine Mindestgröße im Verhältnis zu *P[0]* nicht unterschreitet und deutlich größer als *P[+1]* ist.

### Korrektur 5

*Keine Korrektur möglich.*

Bei allen bisher durchgeführten Tests wurde stets einer der vier Korrekturwerte ermittelt. Dennoch ist *K5* zur Sicherheit implementiert. Dieser Korrekturwert könnte z. B. bei Modifikationen an den voreingestellten Schwellwerten auftreten und damit zur Fehleranalyse dienlich sein.

Listing von *Bar_and_Korr*:

```
BAR_AND_KORR:                   ;GLOBAL - Y  (Bars_Buf)
                                ;       - A  (Zähler für akt.
                                ;             Position)
                                ;IN     - BH (P[0]
                                ;       - DH (P[max0\+1])
                                ;OUT:   - AmpT1_Buf (Z)
                                ;       - KorrT1_Buf (Z)
    push   CL
    in     CL, SREG
    pushw_ C                    ;Hilfsvariablen: CH,CL
    pushw_ Z                    ;Z im Stack sichern!

;---  Letzte Amplitude von Balken speichern!  ---

;Löschung von AmpT1_Buf (=0) erfolgt im
;ITR <CHECK_TIME>

    ldiw_  Z, AmpT1_Buf         ;Z auf aktuelle Position
    addw_  Z, A                 ;im AmpT1_Buf

    cpi    DH, 0                ;DH(=P[max0\+1]) = 0?
    brne   SAVE_AMP_P1
```

```
SAVE_AMP_P0:                    ;für Fall 1 (DH = 0)

   std    Z+2, BH               ;(AmpT1_Buf) <- P[0]
   rjmp   ENDE_SAVE_AMP


SAVE_AMP_P1:                    ;für Fall 2 (DH <> 0)

   std    Z+2, DH               ;(AmpT1_Buf) <- P[max0\+1]

ENDE_SAVE_AMP:

;---  Korrekturwert speichern!  ---

;Löschung von KorrT1_Buf (=0) erfolgt im
;ITR <CHECK_TIME>
;Hilfsvariablen: CH, CL

   ldiw_  Z, KorrT1_Buf         ;Z auf aktuelle Position
   addw_  Z, A                  ;im KorrT1_Buf

   cpi    DH, 0                 ;DH(=P[max0\+1]) = 0?
   brne   KORREKTUR_4           ;dh. KEIN Fall 2!

KORREKTUR_3:
;               P[0] < Level_K_3
;         ODER:
;               P[+1] >= P[0]-Level_K_3
;
;         UND:
;               P[+1] >= Level_li_re
;         UND:
;               P[+1] - Level_li_re >= P[-1]

   cpi    BH, Level_K_3         ;P[0] >= Level_K_3?
   brlo   WEITER_KORR_3

   mov    CH, BH                ;CH <- P[0] - Level_K_3
   subi   CH, Level_K_3
   ldd    CL, Y+3               ;CL <- P[+1]
   cp     CL, CH                ;P[+1] >= CH?
   brlo   KORREKTUR_2

WEITER_KORR_3:
   cpi    CL, Level_li_re       ;P[+1] >= Level_li_re?
   brlo   KORREKTUR_2
```

```
   subi   CL, Level_li_re  ;CL <- P[+1]- Level_li_re
   ldd    CH, Y+1          ;CH <- P[-1]
   cp     CL, CH           ;CL >= P[-1]?
   brlo   KORREKTUR_2

;---  Bedingung für Korrektur = 3 erfüllt  ---

   ldi    CL, 3            ;(KorrT1Buf a. d. St. P[0]) <- 3

   std    Z+2, CL
   rjmp   ENDE_KORREKTUR

KORREKTUR_2:
;               P[0] >= Level_K_2
;         UND:
;               P[0]-Level_K_2 >= P[+1]
;         UND:
;               P[0]-Level_K_2 >= P[-1]

   cpi    BH, Level_K_2    ;P[0] >= Level_K_2?
   brlo   KORREKTUR_1

   mov    CH, BH           ;CH <- P[0] - Level_K_2
   subi   CH, Level_K_2

   ldd    CL, Y+3          ;CL <- P[+1]
   cp     CH, CL           ;CH >= P[+1]?
   brlo   KORREKTUR_1

   ldd    CL, Y+1          ;CL <- P[-1]
   cp     CH, CL           ;CH >= P[-1]?
   brlo   KORREKTUR_1

;---  Bedingung für Korrektur = 2 erfüllt  ---


   ldi    CL, 2            ;(KorrT1Buf a. d. St. P[0]) <- 2
   std    Z+2, CL
   rjmp   ENDE_KORREKTUR


KORREKTUR_1:
;               P[0] < Level_K_1
;         ODER:
;               P[-1] >= P[0]-Level_K_1
;
```

```
;        UND:
;                P[-1] >= Level_li_re
;        UND:
;                P[-1] - Level_li_re >= P[+1]

    cpi     BH, Level_K_1       ;P[0] >= Level_K_1?
    brlo    WEITER_KORR_1

    mov     CH, BH              ;CH <- P[0] - Level_K_1
    subi    CH, Level_K_1
    ldd     CL, Y+1             ;CL <- P[-1]
    cp      CL, CH              ;P[-1] >= CH?
    brlo    KORREKTUR_5

WEITER_KORR_1:
    cpi     CL, Level_li_re     ;P[-1] >= Level_li_re?
    brlo    KORREKTUR_5

    subi    CL, Level_li_re     ;CL <- P[-1]- Level_li_re
    ldd     CH, Y+3             ;CH <- P[+1]
    cp      CL, CH              ;CL >= P[+1]?
    brlo    KORREKTUR_5

;---  Bedingung für Korrektur = 1 erfüllt  ---

    ldi     CL, 1               ;(KorrT1Buf a. d. St. P[0]) <- 1
    std     Z+2, CL
    rjmp    ENDE_KORREKTUR

KORREKTUR_4:

    ldi     CL, 4               ;NUR FÜR FALL 2!
    std     Z+2, CL             ;(KorrT1_Buf) <- 4
    rjmp    ENDE_KORREKTUR


KORREKTUR_5:                    ;d. h. KEINE Korrektur
                                ;möglich

;---  Bedingung für Korrektur = 5 erfüllt  ---

    ldi     CL, 5               ;(KorrT1Buf a. d. St. P[0]) <- 5
    std     Z+2, CL

ENDE_KORREKTUR:

    popw_   Z
```

```
    popw_  C
    out    SREG, CL
    pop    CL

ret
```

### 9.4.3 Drift in den Spektrum-Analysen

Bei genauer Überprüfung der Audiospektren mithilfe der oben beschriebenen Segmentierungstechnik wurde deutlich, dass die Balken im Verlauf von den niedrigen zu den hohen Frequenzen einen geringen, gleichmäßig ansteigenden Messfehler aufweisen. Bei der ursprünglichen Forderung von einer Genauigkeit von ±9,75 Hz fällt dieser Fehler nicht weiter ins Gewicht. Zur präziseren Frequenzbestimmung muss er jedoch ausgeglichen werden.

Hierzu wird die Diskrepanz der gemessenen und der berechneten Frequenzen an der Stelle *M* bei den Balken Nr. 18 und Nr. 250 untersucht.

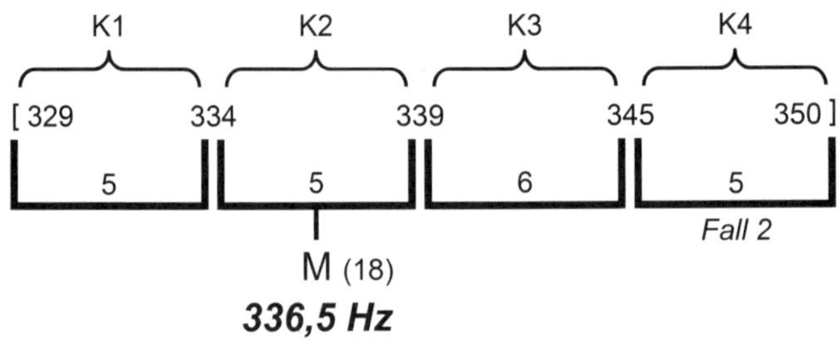


**Abb. 9.10:** Segmente von Balken Nr. 18

Da der gemessene Frequenzbereich in vier gleich große Segmente aufgeteilt werden soll, muss *M* von der Mitte des ca. 20 Hz umfassenden Gesamtbereichs um eine halbe Segmentbreite, also um 2,5 Hz nach links verschoben sein. Die Breite des gemessenen Frequenzbereichs ist etwas größer als der errechnete Wert von 18,75 Hz. Das kann mit den oben beschriebenen Überlappungszonen aneinandergrenzender Balken erklärt werden.

Bei Balken Nr. 18 wird die Frequenz an *M* mithilfe des mittleren Messwerts zwischen *K2* und *K3* errechnet.

*Gemessener Wert:*

339 Hz – 2,5 Hz = 336,5 Hz (Balken 18).

Es soll angenommen werden, dass der errechnete Balkenwert von 337,5 Hz (= 18 × 18,75 Hz) auch an der Stelle *M* zu finden ist. Damit beträgt die Differenz zwischen gemessenem und errechnetem Wert beim 18. Balken -1 Hz (Abb. 9.10).

*Errechneter Wert:*

18 × 18,75 Hz = 337,5 Hz

*Differenz:*

Δ = 336,5 Hz – 337,5 Hz = –1 Hz

Unterschiede zwischen gemessenem und errechnetem Wert für *M* gibt es auch bei Balken Nr. 250.

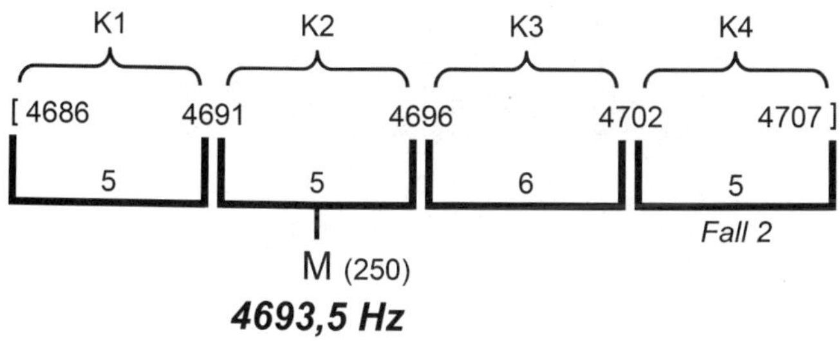


**Abb. 9.11:** Segmente von Balken Nr. 250

In Abb. 9.11 wurde bei *M* eine Frequenz von 4.693,5 Hz gemessen. Diese weicht von dem errechneten Wert (4.687,5 Hz) um +6 Hz ab.

*Gemessener Wert:*

4.696 Hz – 2,5 Hz = 4.693,5 Hz (Balken 250)

*Errechneter Wert:*

250 × 18,75 Hz = 4.687,5 Hz

*Differenz:*

Δ = 4.693,5 Hz – 4.687,5 Hz = +6 Hz

Gesucht wird nun eine Formel, die die tatsächliche Mitte des gesamten Frequenzbereichs unter Berücksichtigung der Drift errechnen kann. Hierfür müssen zu den Korrekturwerten jeweils noch 2,5 Hz hinzugerechnet werden.

Damit ergeben sich folgende Wertepaare:

*Für Balken Nr. 18:* X = 18; Y = +1,5

*Für Balken Nr. 250:* X = 250; Y = +8,5

Die gesuchte Formel lässt sich mit der sogenannten *Zweipunktegleichung* berechnen. Alternativ kann der *Regression Solver.vi* sehr einfach genutzt werden, der unter den Beispielprogrammen von LabVIEW zu finden ist (Abb. 9.12).

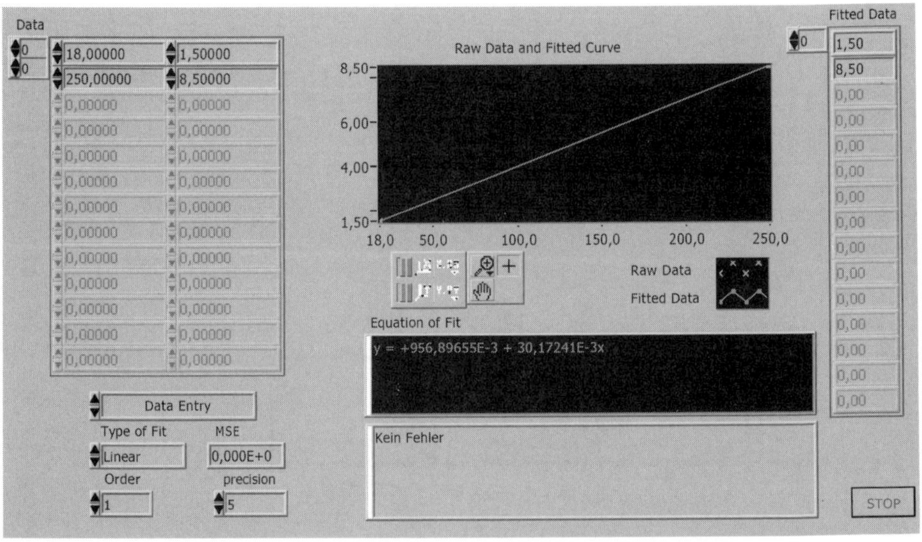


**Abb. 9.12:** Regression Solver.vi

Die hiermit durchgeführte *lineare Regression* liefert nach entsprechender Rundung:

$F_{Korr} = F_{Bar} + 0{,}9569 + bar \times 0{,}0302$

$F_{Korr}$: Frequenz mit korrigierter Drift

$F_{Bar}$: Frequenz des aktuellen Balkens

bar: aktuelle Balkennummer

Mithilfe des Programms *Spectrum TABLE.vi* (Abb. 9.13) wurden Tabelle 9.1 und Tabelle 9.2 erstellt. In ihnen sind die Frequenzbereiche ohne und mit Korrektur dargestellt. Sobald man den *Stop-Button* drückt, wird eine Textdatei generiert, die mit Excel aufgerufen werden kann. Im Formelknoten innerhalb des Blockdiagramms (Abb. 9.14) ist zu erkennen, dass die 2,5 Hz wieder abgezogen werden, um die Frequenzen an Punkt *M* vergleichen zu können.

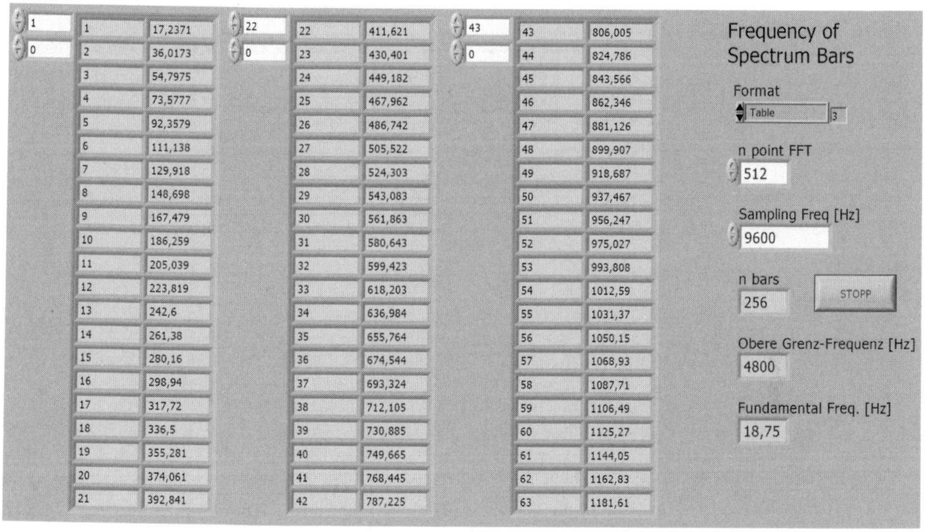


**Abb. 9.13:** Spectrum Table.vi (Front)

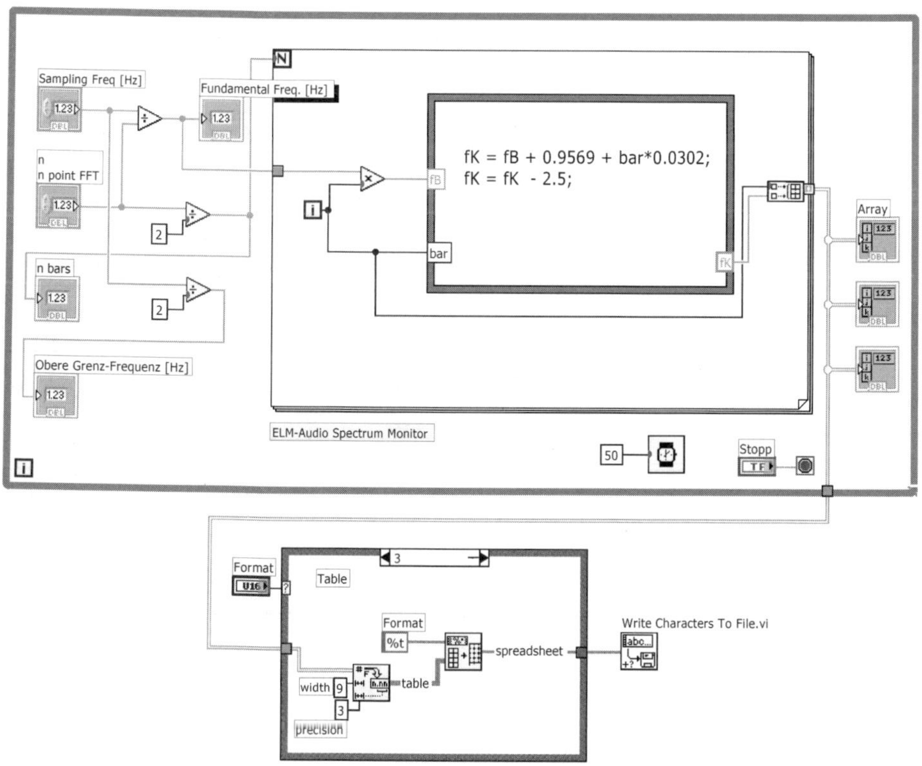


**Abb. 9.14:** Spectrum Table.vi (Block)

**Tabelle 9.1:** Frequenzen an M *ohne* Korrektur

| Balken | Hz | Balken | Hz | Balken | Hz | Balken | Hz | Balken | Hz |
|---|---|---|---|---|---|---|---|---|---|
| 1 | 18,75 | 52 | 975,00 | 103 | 1931,25 | 154 | 2887,50 | 205 | 3843,75 |
| 2 | 37,50 | 53 | 993,75 | 104 | 1950,00 | 155 | 2906,25 | 206 | 3862,50 |
| 3 | 56,25 | 54 | 1012,50 | 105 | 1968,75 | 156 | 2925,00 | 207 | 3881,25 |
| 4 | 75,00 | 55 | 1031,25 | 106 | 1987,50 | 157 | 2943,75 | 208 | 3900,00 |
| 5 | 93,75 | 56 | 1050,00 | 107 | 2006,25 | 158 | 2962,50 | 209 | 3918,75 |
| 6 | 112,50 | 57 | 1068,75 | 108 | 2025,00 | 159 | 2981,25 | 210 | 3937,50 |
| 7 | 131,25 | 58 | 1087,50 | 109 | 2043,75 | 160 | 3000,00 | 211 | 3956,25 |
| 8 | 150,00 | 59 | 1106,25 | 110 | 2062,50 | 161 | 3018,75 | 212 | 3975,00 |
| 9 | 168,75 | 60 | 1125,00 | 111 | 2081,25 | 162 | 3037,50 | 213 | 3993,75 |
| 10 | 187,50 | 61 | 1143,75 | 112 | 2100,00 | 163 | 3056,25 | 214 | 4012,50 |
| 11 | 206,25 | 62 | 1162,50 | 113 | 2118,75 | 164 | 3075,00 | 215 | 4031,25 |
| 12 | 225,00 | 63 | 1181,25 | 114 | 2137,50 | 165 | 3093,75 | 216 | 4050,00 |
| 13 | 243,75 | 64 | 1200,00 | 115 | 2156,25 | 166 | 3112,50 | 217 | 4068,75 |
| 14 | 262,50 | 65 | 1218,75 | 116 | 2175,00 | 167 | 3131,25 | 218 | 4087,50 |
| 15 | 281,25 | 66 | 1237,50 | 117 | 2193,75 | 168 | 3150,00 | 219 | 4106,25 |
| 16 | 300,00 | 67 | 1256,25 | 118 | 2212,50 | 169 | 3168,75 | 220 | 4125,00 |
| 17 | 318,75 | 68 | 1275,00 | 119 | 2231,25 | 170 | 3187,50 | 221 | 4143,75 |
| 18 | 337,50 | 69 | 1293,75 | 120 | 2250,00 | 171 | 3206,25 | 222 | 4162,50 |
| 19 | 356,25 | 70 | 1312,50 | 121 | 2268,75 | 172 | 3225,00 | 223 | 4181,25 |
| 20 | 375,00 | 71 | 1331,25 | 122 | 2287,50 | 173 | 3243,75 | 224 | 4200,00 |
| 21 | 393,75 | 72 | 1350,00 | 123 | 2306,25 | 174 | 3262,50 | 225 | 4218,75 |
| 22 | 412,50 | 73 | 1368,75 | 124 | 2325,00 | 175 | 3281,25 | 226 | 4237,50 |
| 23 | 431,25 | 74 | 1387,50 | 125 | 2343,75 | 176 | 3300,00 | 227 | 4256,25 |
| 24 | 450,00 | 75 | 1406,25 | 126 | 2362,50 | 177 | 3318,75 | 228 | 4275,00 |
| 25 | 468,75 | 76 | 1425,00 | 127 | 2381,25 | 178 | 3337,50 | 229 | 4293,75 |
| 26 | 487,50 | 77 | 1443,75 | 128 | 2400,00 | 179 | 3356,25 | 230 | 4312,50 |
| 27 | 506,25 | 78 | 1462,50 | 129 | 2418,75 | 180 | 3375,00 | 231 | 4331,25 |
| 28 | 525,00 | 79 | 1481,25 | 130 | 2437,50 | 181 | 3393,75 | 232 | 4350,00 |
| 29 | 543,75 | 80 | 1500,00 | 131 | 2456,25 | 182 | 3412,50 | 233 | 4368,75 |
| 30 | 562,50 | 81 | 1518,75 | 132 | 2475,00 | 183 | 3431,25 | 234 | 4387,50 |
| 31 | 581,25 | 82 | 1537,50 | 133 | 2493,75 | 184 | 3450,00 | 235 | 4406,25 |
| 32 | 600,00 | 83 | 1556,25 | 134 | 2512,50 | 185 | 3468,75 | 236 | 4425,00 |
| 33 | 618,75 | 84 | 1575,00 | 135 | 2531,25 | 186 | 3487,50 | 237 | 4443,75 |
| 34 | 637,50 | 85 | 1593,75 | 136 | 2550,00 | 187 | 3506,25 | 238 | 4462,50 |
| 35 | 656,25 | 86 | 1612,50 | 137 | 2568,75 | 188 | 3525,00 | 239 | 4481,25 |
| 36 | 675,00 | 87 | 1631,25 | 138 | 2587,50 | 189 | 3543,75 | 240 | 4500,00 |
| 37 | 693,75 | 88 | 1650,00 | 139 | 2606,25 | 190 | 3562,50 | 241 | 4518,75 |
| 38 | 712,50 | 89 | 1668,75 | 140 | 2625,00 | 191 | 3581,25 | 242 | 4537,50 |
| 39 | 731,25 | 90 | 1687,50 | 141 | 2643,75 | 192 | 3600,00 | 243 | 4556,25 |
| 40 | 750,00 | 91 | 1706,25 | 142 | 2662,50 | 193 | 3618,75 | 244 | 4575,00 |
| 41 | 768,75 | 92 | 1725,00 | 143 | 2681,25 | 194 | 3637,50 | 245 | 4593,75 |
| 42 | 787,50 | 93 | 1743,75 | 144 | 2700,00 | 195 | 3656,25 | 246 | 4612,50 |
| 43 | 806,25 | 94 | 1762,50 | 145 | 2718,75 | 196 | 3675,00 | 247 | 4631,25 |
| 44 | 825,00 | 95 | 1781,25 | 146 | 2737,50 | 197 | 3693,75 | 248 | 4650,00 |
| 45 | 843,75 | 96 | 1800,00 | 147 | 2756,25 | 198 | 3712,50 | 249 | 4668,75 |
| 46 | 862,50 | 97 | 1818,75 | 148 | 2775,00 | 199 | 3731,25 | 250 | 4687,50 |
| 47 | 881,25 | 98 | 1837,50 | 149 | 2793,75 | 200 | 3750,00 | 251 | 4706,25 |
| 48 | 900,00 | 99 | 1856,25 | 150 | 2812,50 | 201 | 3768,75 | 252 | 4725,00 |
| 49 | 918,75 | 100 | 1875,00 | 151 | 2831,25 | 202 | 3787,50 | 253 | 4743,75 |
| 50 | 937,50 | 101 | 1893,75 | 152 | 2850,00 | 203 | 3806,25 | 254 | 4762,50 |
| 51 | 956,25 | 102 | 1912,50 | 153 | 2868,75 | 204 | 3825,00 | 255 | 4781,25 |

**Tabelle 9.2:** Frequenzen an M *mit* Korrektur

| Balken | Hz | Balken | Hz | Balken | Hz | Balken | Hz | Balken | Hz |
|---|---|---|---|---|---|---|---|---|---|
| 1 | 17,24 | 52 | 975,03 | 103 | 1932,82 | 154 | 2890,61 | 205 | 3848,40 |
| 2 | 36,02 | 53 | 993,81 | 104 | 1951,60 | 155 | 2909,39 | 206 | 3867,18 |
| 3 | 54,80 | 54 | 1012,59 | 105 | 1970,38 | 156 | 2928,17 | 207 | 3885,96 |
| 4 | 73,58 | 55 | 1031,37 | 106 | 1989,16 | 157 | 2946,95 | 208 | 3904,74 |
| 5 | 92,36 | 56 | 1050,15 | 107 | 2007,94 | 158 | 2965,73 | 209 | 3923,52 |
| 6 | 111,14 | 57 | 1068,93 | 108 | 2026,72 | 159 | 2984,51 | 210 | 3942,30 |
| 7 | 129,92 | 58 | 1087,71 | 109 | 2045,50 | 160 | 3003,29 | 211 | 3961,08 |
| 8 | 148,70 | 59 | 1106,49 | 110 | 2064,28 | 161 | 3022,07 | 212 | 3979,86 |
| 9 | 167,48 | 60 | 1125,27 | 111 | 2083,06 | 162 | 3040,85 | 213 | 3998,64 |
| 10 | 186,26 | 61 | 1144,05 | 112 | 2101,84 | 163 | 3059,63 | 214 | 4017,42 |
| 11 | 205,04 | 62 | 1162,83 | 113 | 2120,62 | 164 | 3078,41 | 215 | 4036,20 |
| 12 | 223,82 | 63 | 1181,61 | 114 | 2139,40 | 165 | 3097,19 | 216 | 4054,98 |
| 13 | 242,60 | 64 | 1200,39 | 115 | 2158,18 | 166 | 3115,97 | 217 | 4073,76 |
| 14 | 261,38 | 65 | 1219,17 | 116 | 2176,96 | 167 | 3134,75 | 218 | 4092,54 |
| 15 | 280,16 | 66 | 1237,95 | 117 | 2195,74 | 168 | 3153,53 | 219 | 4111,32 |
| 16 | 298,94 | 67 | 1256,73 | 118 | 2214,52 | 169 | 3172,31 | 220 | 4130,10 |
| 17 | 317,72 | 68 | 1275,51 | 119 | 2233,30 | 170 | 3191,09 | 221 | 4148,88 |
| 18 | 336,50 | 69 | 1294,29 | 120 | 2252,08 | 171 | 3209,87 | 222 | 4167,66 |
| 19 | 355,28 | 70 | 1313,07 | 121 | 2270,86 | 172 | 3228,65 | 223 | 4186,44 |
| 20 | 374,06 | 71 | 1331,85 | 122 | 2289,64 | 173 | 3247,43 | 224 | 4205,22 |
| 21 | 392,84 | 72 | 1350,63 | 123 | 2308,42 | 174 | 3266,21 | 225 | 4224,00 |
| 22 | 411,62 | 73 | 1369,41 | 124 | 2327,20 | 175 | 3284,99 | 226 | 4242,78 |
| 23 | 430,40 | 74 | 1388,19 | 125 | 2345,98 | 176 | 3303,77 | 227 | 4261,56 |
| 24 | 449,18 | 75 | 1406,97 | 126 | 2364,76 | 177 | 3322,55 | 228 | 4280,34 |
| 25 | 467,96 | 76 | 1425,75 | 127 | 2383,54 | 178 | 3341,33 | 229 | 4299,12 |
| 26 | 486,74 | 77 | 1444,53 | 128 | 2402,32 | 179 | 3360,11 | 230 | 4317,90 |
| 27 | 505,52 | 78 | 1463,31 | 129 | 2421,10 | 180 | 3378,89 | 231 | 4336,68 |
| 28 | 524,30 | 79 | 1482,09 | 130 | 2439,88 | 181 | 3397,67 | 232 | 4355,46 |
| 29 | 543,08 | 80 | 1500,87 | 131 | 2458,66 | 182 | 3416,45 | 233 | 4374,24 |
| 30 | 561,86 | 81 | 1519,65 | 132 | 2477,44 | 183 | 3435,23 | 234 | 4393,02 |
| 31 | 580,64 | 82 | 1538,43 | 133 | 2496,22 | 184 | 3454,01 | 235 | 4411,80 |
| 32 | 599,42 | 83 | 1557,21 | 134 | 2515,00 | 185 | 3472,79 | 236 | 4430,58 |
| 33 | 618,20 | 84 | 1575,99 | 135 | 2533,78 | 186 | 3491,57 | 237 | 4449,36 |
| 34 | 636,98 | 85 | 1594,77 | 136 | 2552,56 | 187 | 3510,35 | 238 | 4468,14 |
| 35 | 655,76 | 86 | 1613,55 | 137 | 2571,34 | 188 | 3529,13 | 239 | 4486,93 |
| 36 | 674,54 | 87 | 1632,33 | 138 | 2590,12 | 189 | 3547,92 | 240 | 4505,71 |
| 37 | 693,32 | 88 | 1651,11 | 139 | 2608,91 | 190 | 3566,70 | 241 | 4524,49 |
| 38 | 712,10 | 89 | 1669,90 | 140 | 2627,69 | 191 | 3585,48 | 242 | 4543,27 |
| 39 | 730,89 | 90 | 1688,68 | 141 | 2646,47 | 192 | 3604,26 | 243 | 4562,05 |
| 40 | 749,67 | 91 | 1707,46 | 142 | 2665,25 | 193 | 3623,04 | 244 | 4580,83 |
| 41 | 768,45 | 92 | 1726,24 | 143 | 2684,03 | 194 | 3641,82 | 245 | 4599,61 |
| 42 | 787,23 | 93 | 1745,02 | 144 | 2702,81 | 195 | 3660,60 | 246 | 4618,39 |
| 43 | 806,01 | 94 | 1763,80 | 145 | 2721,59 | 196 | 3679,38 | 247 | 4637,17 |
| 44 | 824,79 | 95 | 1782,58 | 146 | 2740,37 | 197 | 3698,16 | 248 | 4655,95 |
| 45 | 843,57 | 96 | 1801,36 | 147 | 2759,15 | 198 | 3716,94 | 249 | 4674,73 |
| 46 | 862,35 | 97 | 1820,14 | 148 | 2777,93 | 199 | 3735,72 | 250 | 4693,51 |
| 47 | 881,13 | 98 | 1838,92 | 149 | 2796,71 | 200 | 3754,50 | 251 | 4712,29 |
| 48 | 899,91 | 99 | 1857,70 | 150 | 2815,49 | 201 | 3773,28 | 252 | 4731,07 |
| 49 | 918,69 | 100 | 1876,48 | 151 | 2834,27 | 202 | 3792,06 | 253 | 4749,85 |
| 50 | 937,47 | 101 | 1895,26 | 152 | 2853,05 | 203 | 3810,84 | 254 | 4768,63 |
| 51 | 956,25 | 102 | 1914,04 | 153 | 2871,83 | 204 | 3829,62 | 255 | 4787,41 |

### 9.4.4 Errechnen der Segmentmitten

Mithilfe der Korrekturwerte und der bekannten gemessenen Frequenz an der Stelle *M* (Abb. 9.9) ist es möglich, die Mitten der Segmente zu errechnen. Geht man von der durchschnittlichen Breite von 5 Hz pro Segment aus, kann die Frequenz an einem Balken im günstigsten Falle auf ±2,5 Hz bestimmt werden.

Mitte der Segmente K1 bis K4:

K1: $F_{Korr} = F_{Korr} - 5{,}0\ Hz - 2{,}5\ Hz$

K2: $F_{Korr} = F_{Korr} - 2{,}5\ Hz$

K3: $F_{Korr} = F_{Korr} + 2{,}5\ Hz$

K4: $F_{Korr} = F_{Korr} + 5{,}0\ Hz + 2{,}5\ Hz$

### 9.4.5 KORR-TERMINAL.vi

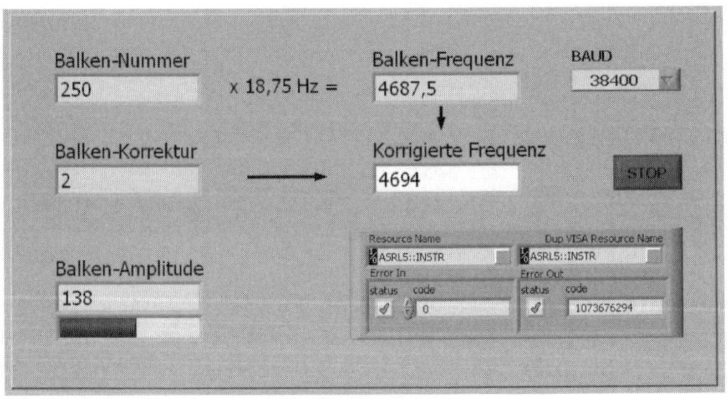


**Abb. 9.15:** KORR-TERMINAL.vi (Front)

Die LabVIEW-Anwendung *KORR-TERMINAL.vi* dient dazu, die Ergebnisse der vom Basisprogramm untersuchten Frequenzbereiche weiter auszuwerten und anzuzeigen (Abb. 9.15). Hierfür braucht es jeweils drei Werte, die von der Assembler-Routine *Find_Tone* gesendet werden. Der erste Wert *(Nr_Bar)* gibt die Nummer des zu untersuchenden Balkens zurück. Die zweite Zahl *(Korr_Bar)* ist der vom Assembler-Programm *Bar_and_Korr* ermittelte Korrekturwert für den zu prüfenden Frequenzbereich. Die derzeitige Amplitude der gesuchten Frequenz ist in der dritten zu sendenden Variablen *(Amp_Bar)* gespeichert. Der Korrekturwert und die Amplitude sind gleich null, wenn der untersuchte Balken nicht prominent war.

Zunächst sendet der Analysebaustein das Start-Byte 255, damit der PC am Anfang des Datenpakets »einrasten« kann. Danach folgen die drei oben genannten Variablenwerte. Aus *Nr_Bar* wird erst die unkorrigierte Frequenz an Punkt *M* bestimmt. Zusammen mit *Korr_Bar* wird in der *Case*-Struktur die Frequenzkorrektur durchgeführt. Für jede der fünf Möglichkeiten steht ein *Case* bereit. In der Abb. 9.16 ist der fallabhängig modifizierte Formelknoten innerhalb des Blockdiagramms (Abb. 9.17) zu erkennen. Zuerst wird die oben beschriebene Driftkorrektur durchgeführt. Im Anschluss wird hier bei Fall

*K2* eine halbe Segmentbreite abgezogen, um zu der Mittenfrequenz von *K2* zu gelangen. Diese entspricht der Frequenz von *M*.

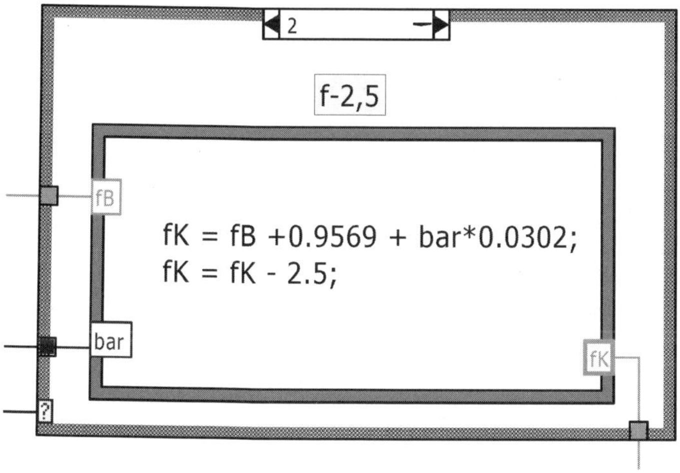


**Abb. 9.16:** Formelknoten in KORR-TERMINAL.vi

In der Anzeige *korrigierte Frequenz* erfolgt eine Auf- oder Abrundung auf ganze Zahlen. Kommastellen werden nicht dargestellt, um nur die Genauigkeit anzugeben, die das System auch tatsächlich leistet. Die Amplitude des untersuchten Frequenzbereichs wird als Zahlenwert und als blaue Balkengrafik ausgegeben. Die Assembler-Routine *Find_Tone* gibt für die Variable *Korr_Bar* den Wert Null zurück, wenn die gesuchte Frequenz nicht gefunden werden konnte. In diesem Fall werden in der Hauptschleife des Basisprogramms Nullen für alle drei Variablen gesendet.

Die in LabVIEW erstellten Analyseprogramme des Buchs lassen sich am besten bei laufender Datenübertragung schließen. Andernfalls ist es möglich, dass sich das Programm erst nach einigen Versuchen ausschalten lässt, weil die serielle Schnittstelle das nur nach dem *Time-out* von 10 s zulässt.

Alle Programme sollten übrigens auch stets mithilfe der *Stop-Buttons* beendet werden. Damit wird nämlich der Befehl *Visa schließen* ausgelöst, der die serielle Schnittstelle wieder für andere Anwendungen freigibt. Werden die Programme hingegen mit den Befehlen aus der Menüleiste beendet, bleibt die Schnittstelle so lange gesperrt, bis alle Fenster von LabVIEW geschlossen sind.

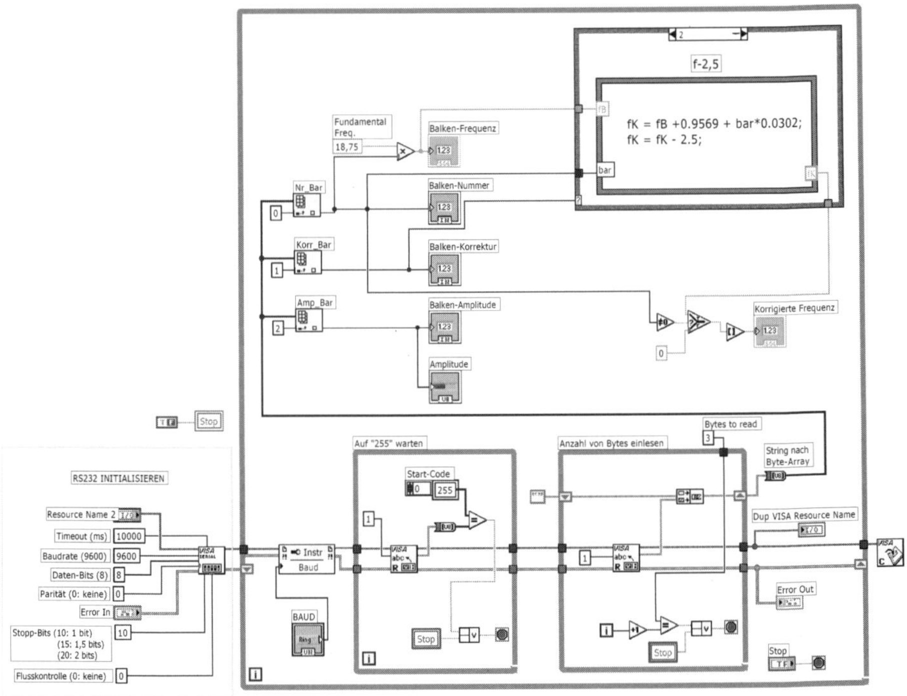


**Abb. 9.17:** KORR-TERMINAL.vi (Block)

Alle VIs lassen sich übrigens auch über die Tastenkombination STRG – . beenden.

## 9.4.6 Routine: Find_Tone

Die Routine *Find_Tone* erleichtert das Auslesen der Puffer *KorrT1_Buf* und *AmpT1_Buf* an der gewünschten Stelle des Frequenzbereichs. Dabei werden die Variablen *Korr_Bar* und *Amp_Bar* aktualisiert. Im vorigen Kapitel wurde gezeigt, wie der Korrekturwert in *Korr_Bar* zu verwenden ist.

```
FIND_TONE:                      ;Löschung von Korr_Bar und
                                ;Amp_Bar nur im ITR CHECK_TIME


   push   AL                    ;GLOBAL:  -  Nr_Bar
   in     AL, SREG              ;
                                ;OUT:     -  Korr_Bar
   pushw_ C                     ;          -  Amp_Bar
   pushw_ Y


   ldi    CH, 0
   mov    CL, Nr_Bar
```

```
    ldiw_  Y, KorrT1_Buf
    addw_  Y, C             ;Y auf Balkennummer
    ld     Korr_Bar, Y      ;Korr_Bar <- (Y)

    ldiw_  Y, AmpT1_Buf
    addw_  Y, C             ;Y auf Balken-Amplitude
    ld     Amp_Bar, Y       ;Amp_Bar <- (Y)

ENDE_FIND_TONE:

    popw_  Y
    popw_  C

    out    SREG, AL
    pop    AL

ret
```

### 9.4.7 Find_Tone für eigene Programme nutzen

Mit der Routine *Find_Tone* können Sie auf einfache Weise eigene Projekte entwickeln. Laden Sie nur die Nummer des gesuchten Balkens, die Sie am besten der Tabelle 9.2 entnehmen, in die Variable *Nr_Bar* und starten Sie dann die Routine.

```
    ldi    CL, 23           ;Nr_Bar <- 23
    mov    Nr_Bar, CL       ;(entspr. 430,40 Hz)

    rcall  FIND_TONE
```

*Find_Tone* kann bei einem Durchlauf der Hauptschleife auch mehrmals mit unterschiedlichen Balkennummern aufgerufen werden. Dabei werden die Ergebnisse der letzten Durchläufe für die Zeit *T_Display* × 125 ms in den Puffern bereitgehalten.

Für eigene Tests kann das LabVIEW-Programm *KORR-TERMINAL.vi* nützlich sein, da hiermit die Funktionen der Analyseprogramme gut überprüft werden können. Verlassen Sie sich im Zweifelsfall aber lieber auf Ihre eigenen Messungen als auf die Werte der Tabelle 9.2.

# 10 Die FFT-Anzeige in LabVIEW

Mit dem Anzeigeprogramm *AUDIO-SPECTRUM.vi* können die Spektren betrachtet werden oder man kann die serielle Sendequalität überprüfen (Abb. 10.1).

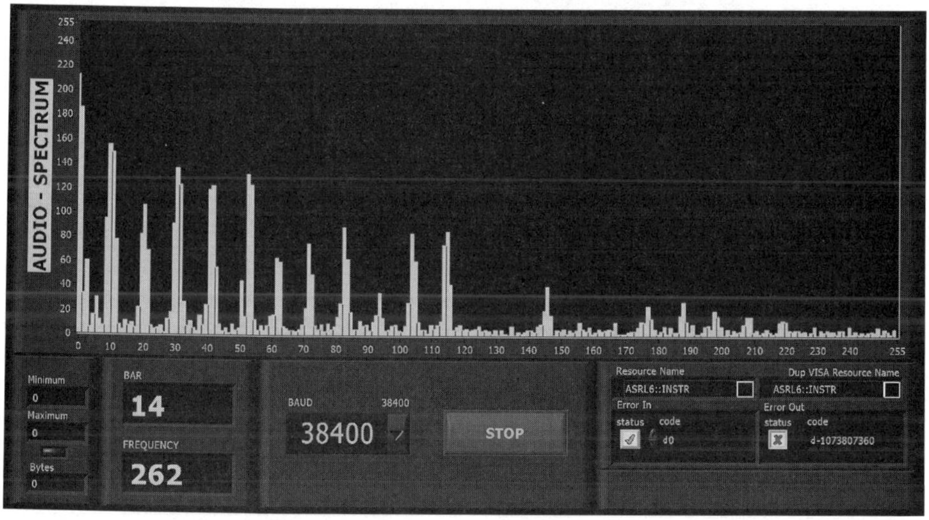


**Abb. 10.1:** AUDIO-SPECTRUM.vi (Front)

Die standardmäßig auf 38.400 Baud eingestellte Übertragungsgeschwindigkeit kann entsprechend angepasst werden. Außerdem ist es möglich, den für die serielle Übertragung zuständigen *COM*-Port durch einen Klick auf den in der Abb. 10.2 mit einem Pfeil markierten Button auszuwählen. Dann öffnet sich ein Menü mit den verfügbaren Ports.

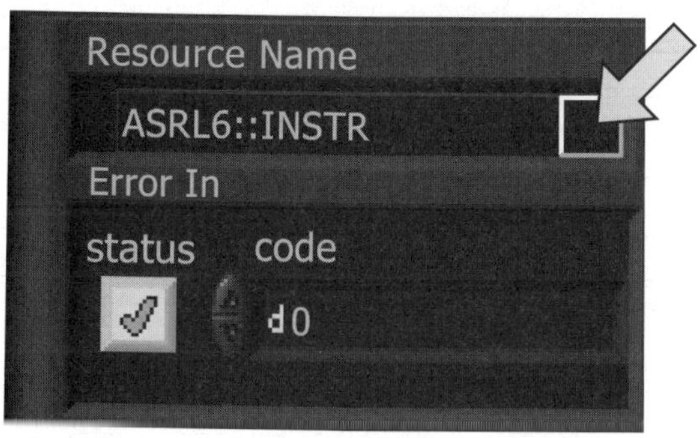


**Abb. 10.2:** Einstellung des COM Ports

Wenn nach dem Aufruf des Programms keine Balken angezeigt werden, obwohl das Experimentiersystem Daten überträgt, ist vermutlich der falsche *COM*-Port eingestellt.

Sie erkennen das an einer Fehlermeldung und einem roten Kreuz in der Anzeige *Error Out* (Abb. 10.3).

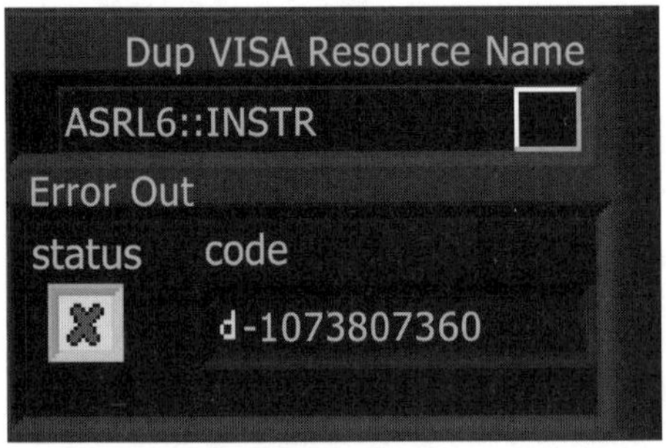


**Abb. 10.3:** COM-Port falsch gewählt

In diesem Fall ist das Programm zunächst mit dem *Stop-Button* zu beenden. Danach wird der richtige *COM*-Port ausgewählt. Sichern Sie dann die neuen Einstellungen durch einen Klick auf *Speichern* in dem in der Menüleiste befindlichen Menü *Datei*. Beim erneuten Start sollte die Datenübertragung sofort funktionieren.

Die zwei kleinen Zahlenfelder *Minimum* und *Maximum* zeigen stets den aktuell kleinsten und größten Balkenwert. Die rote LED leuchtet auf, wenn *Maximum* den Wert 255 anzeigt. Da diese Zahl ausschließlich als Start-Byte verwendet wird, ist dann von einem Programmier- oder Übertragungsfehler auszugehen. Die dritte kleine Anzeige *Bytes* gibt die Zahl von Werten zurück, die das Programm nach dem Start-Byte eingelesen hat. In den großen Zahlenfeldern *Bar* und *Frequency* werden die Nummer und der Wert des momentan lautesten Frequenzbereichs dargestellt. Diese Prüfung wird aber erst ab dem 15. Balken und damit ab 281 Hz durchgeführt, da die unerwünschten Störgeräusche im unteren Frequenzbereich meist am lautesten sind und die Anzeige für die eigentlich interessanten Frequenzen dadurch nicht zur Verfügung stehen würde. Zu beachten ist auch das Vorgehen beim Beenden des Programms, wie es in Kapitel 9.4.5 für das Programm *KORR-TERMINAL.vi* beschrieben wurde.

In Abb. 10.6 ist das Blockdiagramm dargestellt. Alle auf der CD-ROM befindlichen LabVIEW-Programme sind so eingestellt, dass sie nach dem Aufruf sofort starten. Um zu den Blockdiagrammen zu gelangen, ist die Tastenkombination [Strg] (oder [Ctrl]) und [e] zu drücken. Beim ersten Versuch wird nach einem Passwort gefragt (Abb. 10.4). Es lautet bei allen Programmen »fft«.

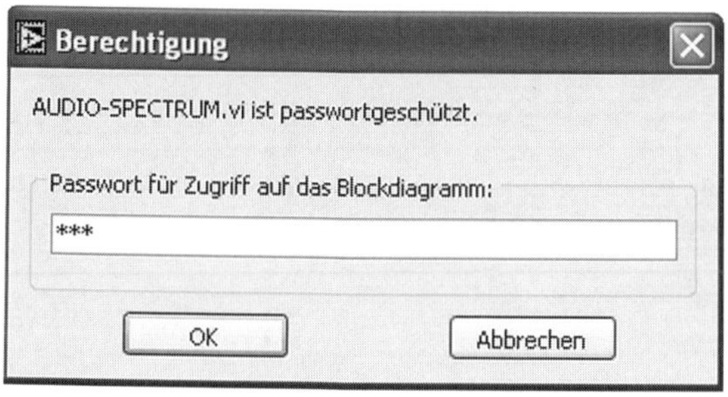


**Abb. 10.4:** Passwortschutz »fft«

Der Passwortschutz wurde aktiviert, um versehentliche Änderungen zu verhindern, die sich beim Experimentieren leicht zutragen können.

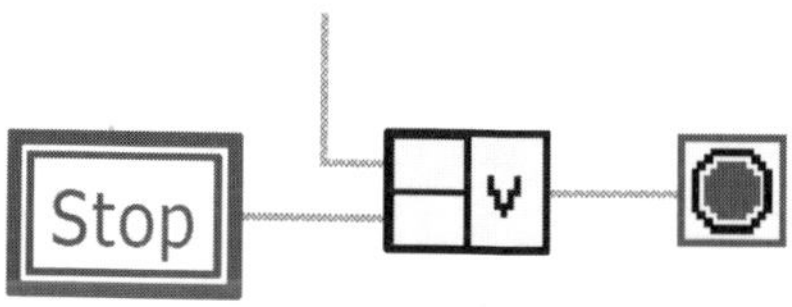


**Abb. 10.5:** Stop-Button als lokale Variable

Damit das Programm aus allen Schleifen heraus mit nur einem Klick abgebrochen werden kann, wird der *Stop-Button* als *lokale Variable* deklariert.

Im Rahmen *RS-232 initialisieren* wird die Grundkonfiguration für die serielle Schnittstelle festgelegt. Das *Time-out* wurde auf 10 Sekunden voreingestellt. Das bedeutet, dass das Programm die serielle Übertragung beendet, wenn in der Zeit bis zum Ende des *Time-outs* keine Daten empfangen werden. Gegebenenfalls ist dieser Wert für eigene Projekte anzupassen. In dem Eigenschaftsknoten innerhalb der Hauptschleife kann die Baudrate im laufenden Betrieb geändert werden.

Die *While*-Schleife *Auf »255« warten* wird so lange durchlaufen, bis das Start-Byte empfangen wird. Die Assembler-Routine *Wait_Start* (Kapitel 8.3) verschafft LabVIEW die notwendige Zeit, um zur nächsten Schleife *Anzahl von Bytes einlesen* zu gelangen. Hier werden dann die 255 Balkenwerte eingelesen und im Anschluss entsprechend ausgegeben.

Die LabVIEW-Programme wurden mit mehreren Rechnern erfolgreich getestet. Sie laufen selbst auf einem kleinen Netbook, das nur mit einem mit 800 MHz getakteten 1-Kern-Prozessor ausgestattet ist (Windows XP).

Bei Verwendung einer Studentenversion ist ggf. noch die *USART Runtime Engine* herunterzuladen (siehe Kapitel 3.6).

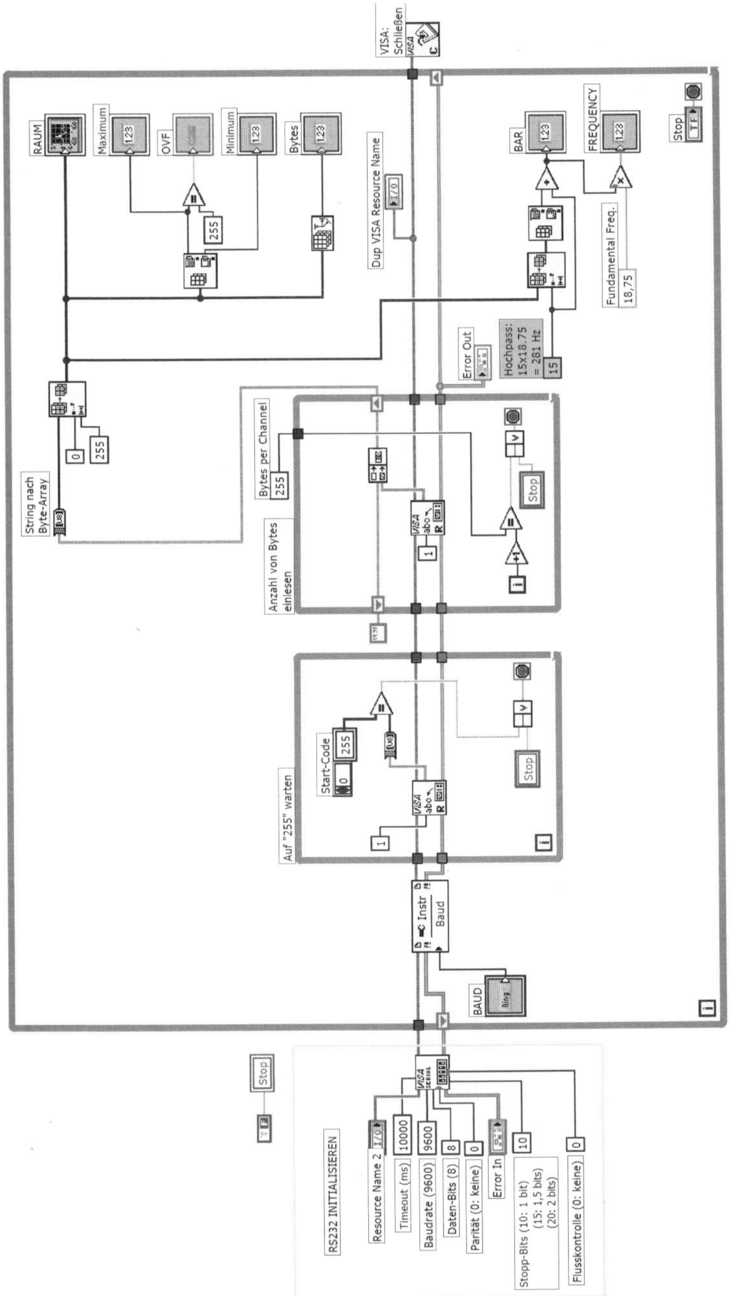


**Abb. 10.6:** AUDIO SPECTRUM.vi (Block)

# 11 Anwendungsbeispiele

## 11.1 Versuche mit dem Basisprogramm

### 11.1.1 Das Hochladen der ersten Programme

Nun ist es endlich so weit, das Experimentieren kann beginnen. Auf der beiliegenden CD-ROM sind die benötigten Assemblercodes und LabVIEW-Anwendungen in den Ordnern *Assembler* und *LabVIEW* zu finden. Die elektronische Schaltung ist für das sogenannte *In-System-Programming* (*ISP*) vorbereitet. Das bedeutet, dass die Mikrocontroller für den Programmiervorgang nicht aus den Steckplatinen herausgenommen werden müssen. Das spart viel Zeit und schont vor allem die Pins der wertvollen ICs. Für die Projekte des Buchs wurde der *ISP*-Programmer *mySmartUSB MK2* verwendet, der über einen Wannenstecker mit den Pins PB5 bis PB7 und dem Reset-Pin verbunden werden kann (Abb. 11.1).

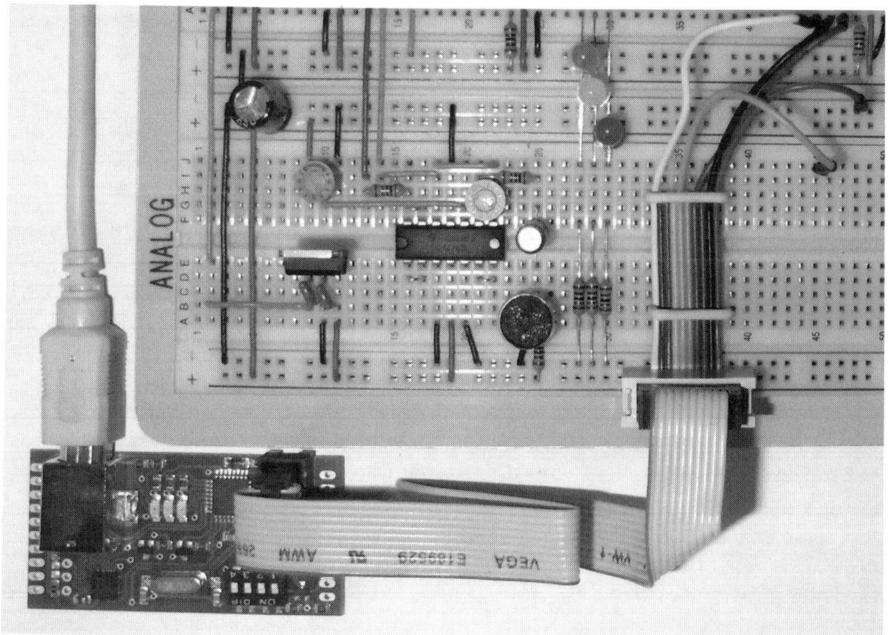


**Abb. 11.1:** ISP-Programmer mySmartUSB MK2

Bei einigen Modulen ist der Reset-Pin beim Programmieren manuell auf Masse zu legen. Dafür ist der Schalter *Reset/Action* vorgesehen. Auch bei dem hier verwendeten Adapter ist dieses Vorgehen vorteilhaft (Abb. 11.2).

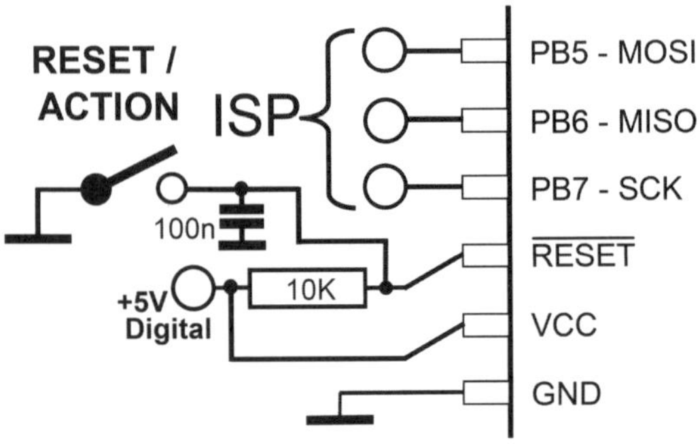


**Abb. 11.2:** ISP beim Analysebaustein

Im ersten Schritt wird der FFT-Baustein programmiert. Da das nur ein einziges Mal geschehen muss, ist hierfür im Experimentiersystem kein Schalter vorgesehen. Die Programmierung lässt sich einfach durchführen, indem der FFT-Baustein vorerst in die Position des Analysebausteins gesteckt und dort konfiguriert wird. Zunächst ist der Assembler-Code *SOURCE.aps* zu laden, und erst danach sollten die Einstellungen für das *Fuse High Byte* und das *Fuse Low Byte* vorgenommen werden. Im *Low Byte* ist die Zahl 0xE0 und im *High Byte* der Wert 0xC9 zu speichern. Hierbei ist Vorsicht geboten, da der FFT-Baustein auf eine externe Taktquelle eingestellt wird. Nach der Programmierung der Fuses kann der Controller deshalb nur noch mit dem Takt des Analysebausteins betrieben und auch programmiert werden. Danach ist der Baustein betriebsbereit und kann auf seinen endgültigen Platz auf der Platine positioniert werden.

Bevor der Analysebaustein eingesteckt und das erste Mal programmiert wird, ist es zum Schutz beider Controller empfehlenswert, die Spannungsversorgung zu trennen. Sie sollte erst kurz vor dem Aufladen des Codes wieder eingeschaltet werden. Da beide Bausteine an mehreren Pins direkt miteinander verbunden sind, könnte es bei falscher Vorkonfiguration des Analysebausteins zu schädlichen Kurzschlüssen kommen. Nun kann das Programm *BASIS.aps* geladen werden. Gemäß den Angaben aus Kapitel 6.4.1 ist in das *Fuse Low Byte* die Zahl 0xF7 und in das *Fuse High Byte* der Wert 0xC9 zu schreiben.

Nachdem der Schalter *Reset/Action* in den Betriebsmodus geschaltet wurde, sollte die grüne LED (*LED_Execute)* sehr schnell flackern. Das deutet darauf hin, dass das System störungsfrei funktioniert. Bei jedem Aufblitzen dieser LED wird ein Audiospektrum erstellt und über die parallele Schnittstelle an den Analysebaustein gesendet. Der FFT-Baustein kann nur dann mit der Generierung des nächsten Spektrums beginnen, wenn er hierzu vom Zielbaustein aufgefordert wird. Damit ist das fortwährende Blinken auch ein Hinweis auf den regelrechten Betrieb des Ziels.

Normalerweise sind die beiden LEDs des Quellbausteins *LED_Max* und *LED_Min* ausgeschaltet. Nur durch sehr laute Geräusche und z. B. durch Klopfen an das Mikrofon sollten sie fast gleichzeitig kurz aufleuchten. Das zeigt an, dass am Operationsverstärker Arbeitspunkt und Verstärkung richtig eingestellt wurden (Abb. 11.3). Außerdem ist das ein Zeichen für die korrekte Spannungsteilung mit dem Trimmer *Externe* $U_{REF}$.

Für den Fall, dass die beiden LEDs sich anders verhalten, als oben beschrieben, müssen Anpassungen erfolgen. Wenn die LEDs sich schon bei leisen Geräuschen einschalten oder selbst bei sehr lauten Schallereignissen noch nicht leuchten, muss geprüft werden, ob die Spannung von 3,28 V am Trimmer *Externe* $U_{REF}$ *im laufenden Betrieb* tatsächlich anliegt (Abb. 5.1). Dieser Wert entspricht den maximal zulässigen Spannungsspitzen (Kapitel 4.1.1).

Danach ist eventuell noch die analoge Verstärkung mit dem 500-kΩ-Trimmer so anzupassen, dass die beiden LEDs nur bei sehr lauten Geräuschpegeln leuchten. Geschieht das schon bei leiseren Signalen, besteht die Gefahr von Übersteuerungen.

Wenn sich dabei immer nur eine der beiden LEDs einschaltet, ist der Arbeitspunkt nicht korrekt gewählt. Er lässt sich mit dem 100-kΩ-Trimmer regulieren. Seine Voreinstellung beträgt 1,80 V. Hierfür sollte ein lauter Dauerton erzeugt werden. Das kann z. B. mit dem Programm *SND-GENERATOR.llb* erfolgen. Es wird in Kapitel 11.1.5 erläutert. Der richtige Arbeitspunkt ist gefunden, wenn bei langsam lauter werdendem Signal etwa zur gleichen Zeit sowohl *LED_Max* als auch *LED_Min* aufleuchten.

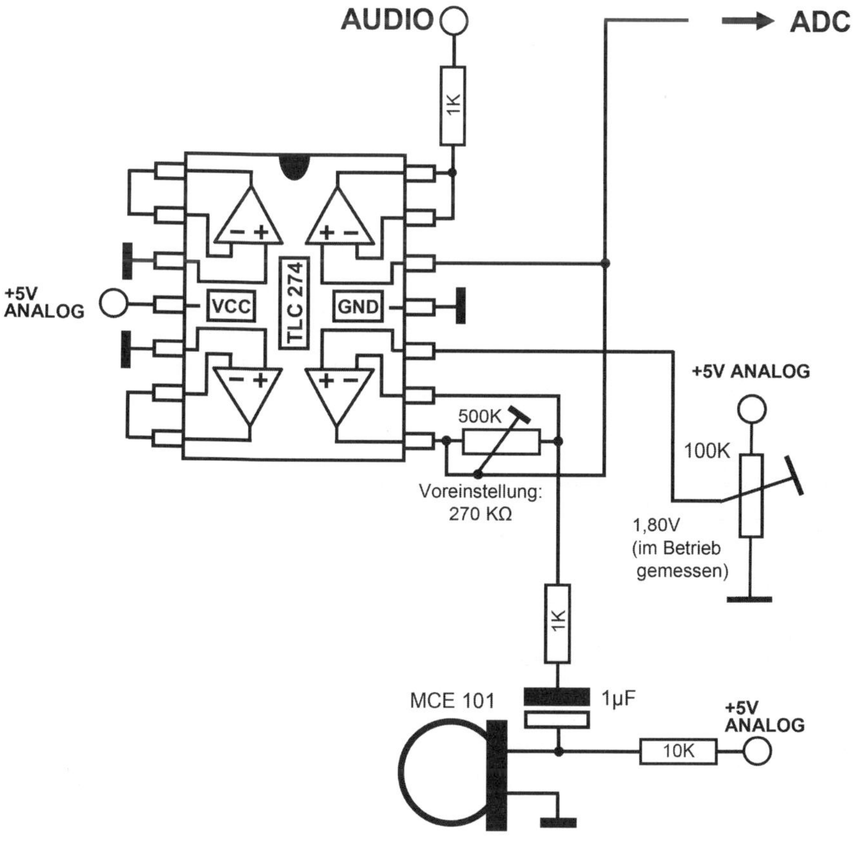


**Abb. 11.3:** Analoge Verstärkung

Wer kein Oszilloskop zur Verfügung hat, kann die Qualität der empfangenen Audiosignale auch gut mithilfe des Kristallohrhörers beurteilen. Alternativ bietet sich hierzu die Oszilloskopfunktion des Simulators an. Auch eines der in Kapitel 2.3 beschriebenen Soundkarten-Oszilloskope ist geeignet. Um den Analogausgang des Experimentiersystems mit dem Eingang der Soundkarte Ihres PC zu verbinden, wird das in Kapitel 4.1.1 beschriebene Vorgehen empfohlen.

### 11.1.2 Test der seriellen Übertragung

Bisher wurden die Funktionen innerhalb des Experimentiersystems getestet. Nun sollte auch die Qualität der seriellen Übertragung zum PC geprüft werden. Hierfür ist der *USB-2.0-seriell-Adapter* direkt an die D-Sub Buchse zu stecken und über ein USB-Kabel mit dem PC zu verbinden (Abb. 8.2).

Starten Sie nun die in Kapitel 10 beschriebene LabVIEW-Anwendung *AUDIO-SPECTRUM.vi.* Das Potenziometer *Sensitivity* ist bis zum rechten Anschlag zu drehen und der Schalter *Spectrum/Data* auf *Data* zu stellen. Wenn alles richtig funktioniert, sind jetzt zwei schnell wechselnde auf- und absteigende Dreiecksformen ohne Störungen zu erkennen (Abb. 8.9). Sie werden durch die Assembler-Routine *Test_RS-232* generiert (Kapitel 8.5). Eventuell muss noch der *COM*-Port angepasst werden. Das ist in Kapitel 10 erklärt.

Die Darstellung der Dreiecksformen kann auch gut dazu genutzt werden, verschiedene äußere Einflüsse auf die Übertragungsqualität zu untersuchen. Die Übermittlung wird z. B. schlechter, wenn an der D-Sub-Einbaubuchse der *USB-2.0-seriell-Adapter* nicht direkt, sondern über ein serielles Kabel angeschlossen wird. Dabei sinkt die Qualität mit zunehmender Kabellänge deutlich. Es treten immer mehr Unregelmäßigkeiten in den Dreiecksformen auf.

Zur Überprüfung der Abschirmung kann ein Mobiltelefon verwendet werden, das der Leitung langsam angenähert wird. Das muss aber mit Vorsicht geschehen, um die Mikrocontroller nicht zu zerstören.

Da *USB-2.0-seriell-Adapter* unterschiedliche Leistungsmerkmale aufweisen können, muss gegebenenfalls noch eine Anpassung der Baudrate vorgenommen werden. Nähere Angaben hierzu finden sie in Kapitel 8.

### 11.1.3 Darstellung der Audiospektren

Wenn Sie die Schalterstellung *Spectrum* wählen, werden die Balken mit *AUDIO-SPECTRUM.vi* in Echtzeit auf dem PC sichtbar. Sprache, Töne und Geräusche ergeben stets charakteristische Balkenformen. Das Audiospektrum in Abb. 11.4 zeigt z. B. Sprache.

**Abb. 11.4:** Sprache im Audiospektrum

Welche Anwendung Sie in Zukunft auch zu programmieren beabsichtigen, ist zunächst ein Blick auf die zu analysierenden Audiospektren empfehlenswert, um erste Lösungsansätze entwickeln zu können. Deswegen ist es auch in allen Beispielprogrammen möglich, den Modus *Spectrum* einzustellen.

### 11.1.4 Der Alias-Effekt

Der *Alias-Effekt* kann mithilfe eines langsam in der Tonhöhe ansteigenden Sinussignals visualisiert werden. Dieses Signal findet sich auf der CD-ROM im Order *Sound* unter dem Namen *SWEEP.mp3.*

Sobald das Signal die obere Frequenzgrenze von 4,8 kHz überschreitet, scheint es im Spektrum wieder zu tieferen Frequenzen zurückzulaufen (Abb. 11.5). Hierfür darf natürlich kein Tiefpass eingebaut sein. Der Alias-Effekt ist für die in diesem Buch beschriebenen Anwendungsbeispiele kaum von Bedeutung. Die meisten Töne in unserer Umgebung haben ihre größte Lautstärke unterhalb von 4,8 kHz. Der Effekt lässt sich mit dem Simulationsprogramm nicht darstellen.

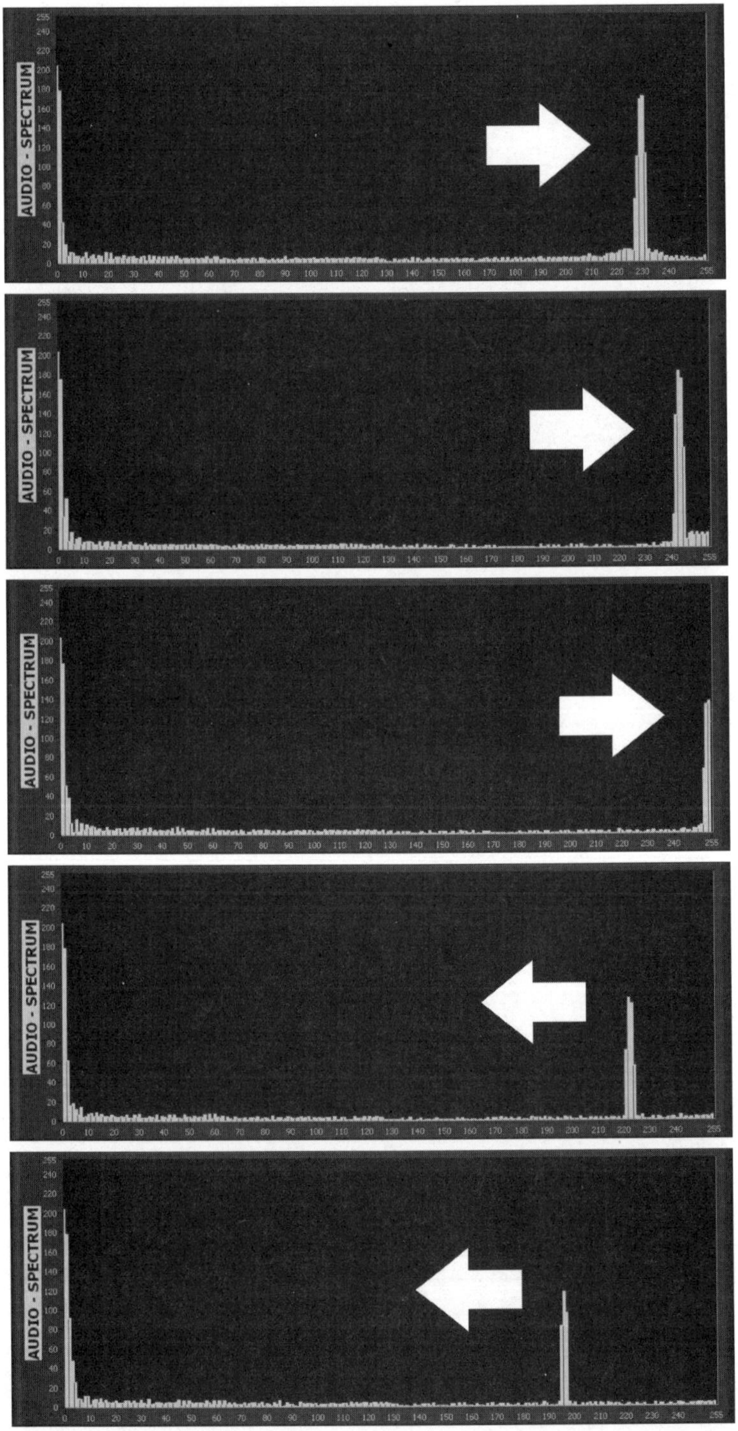


**Abb. 11.5:** Alias-Effekt

### 11.1.5 Tongenerator: SND-GENERATOR.llb

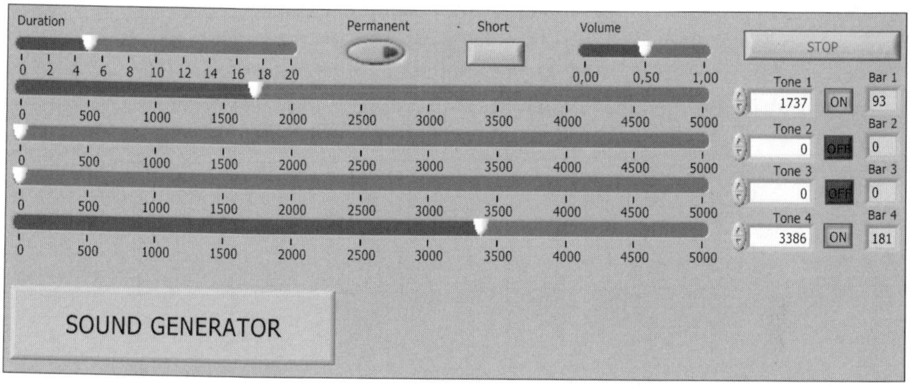


**Abb. 11.6:** SND-GENERATOR.llb (Front)

Auf der CD-ROM befindet sich im Ordner *LabVIEW* ein einfacher Tongenerator *SND-GENERATOR.llb*, der speziell für die Experimente dieses Buchs entwickelt wurde. Bis zu vier Sinustöne lassen sich gleichzeitig ausgeben. Die Frequenzwahl erfolgt entweder durch Betätigung der Schieberegler oder durch Eingabe der Zahlenwerte in den Feldern *Tone 1* bis *Tone 4*. Die Signale werden erst ausgegeben, wenn der jeweilige Button auf *ON* gestellt wurde. Dann erscheint dahinter auch die Nummer des Balkens im Audiospektrum, der für diese Frequenz zuständig ist. Da keine Frequenzkorrektur durchgeführt wird, kann die Nummer gegebenenfalls um einen Balken abweichen.

Mit dem Schieberegler *Volume* kann die Lautstärke angepasst werden. Bei höheren Werten treten jedoch eventuell Signalverzerrungen auf. Deswegen sollte die Lautstärke überwiegend mit den Einstellungen der Soundkarte gesteuert werden.

Die Tonausgabe erfolgt in schnell aufeinanderfolgenden Intervallen, deren Länge über den Regler *Duration* eingestellt werden kann. Dazu muss man entweder den Taster *Short* gedrückt halten oder den Druckschalter *Permanent* betätigen.

Da auf einem PC mehrere LabVIEW-Anwendungen gleichzeitig laufen können, lässt sich neben dem Tongenerator praktischerweise auch eines der Anzeigeprogramme starten.

Es ist wichtig zu beachten, dass der Amplitudenfrequenzgang von kleinen PC-Lautsprechern alles andere als linear ist. Das bedeutet, dass Frequenzanteile mit gleich großer Amplitude unterschiedlich laut ausgegeben werden. Je kleiner und minderwertiger die Lautsprecher sind, desto mehr werden insbesondere tiefe Töne ganz geschluckt und hohe Frequenzen unnatürlich verstärkt.

Bei Lautsprechern schlechter Qualität kann es außerdem zur Bildung von Resonanzfrequenzen kommen. Im schlimmsten Fall schwingt sich das ganze Laptop-Gehäuse bei einer bestimmten Frequenz so auf, dass das ursprüngliche Signal in lautem Scheppern untergeht. In meinen Versuchen ließen sich Klangverfärbungen durch den externen Anschluss von qualitativ höherwertigen Aktivboxen deutlich vermindern.

Im Blockdiagramm des Generators (Abb. 11.7) wird zunächst die Soundkarte konfiguriert. In der dann folgenden Endlosschleife werden die Übergabeparameter an das Sub-VI *Play 4 Sounds* entsprechend der Eingaben im Frontpanel fortlaufend aktualisiert. Dieses Unterprogramm basiert auf dem *Dialer*, der mit der *NI-Suchmaschine für Beispiele* in manchen LabVIEW-Versionen zu finden ist.

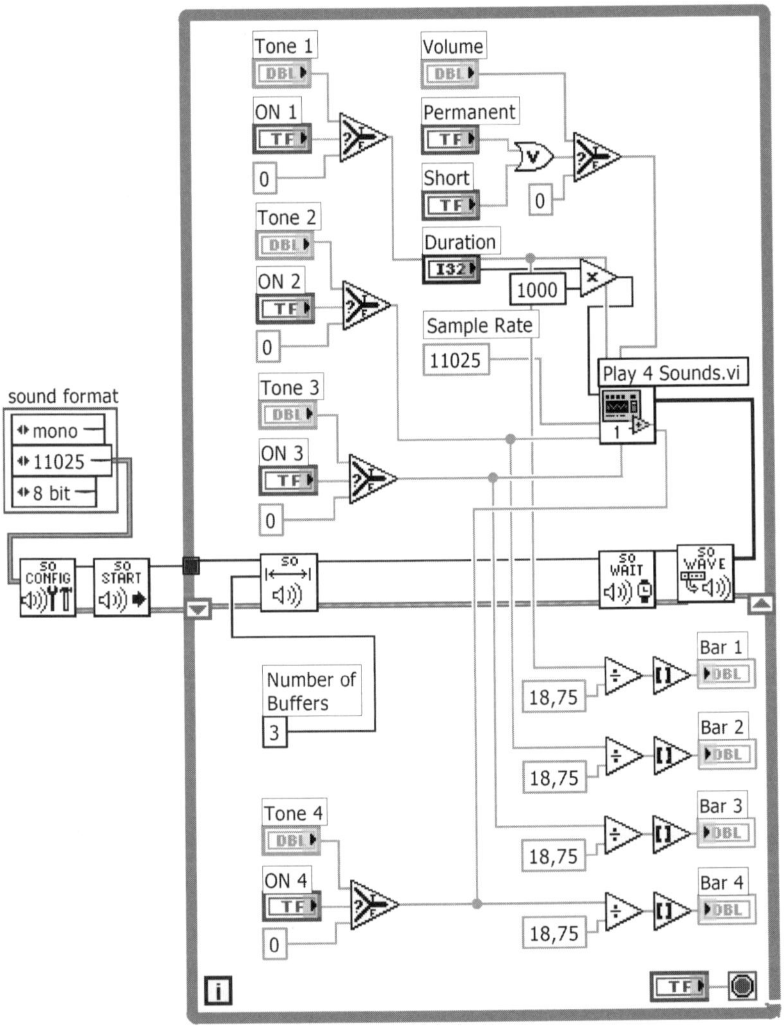


**Abb. 11.7:** SND-GENERATOR.llb (Block)

**Wichtiger Hinweis:**
Bei der Installation der mit LabVIEW für dieses Buch entwickelten Tongeneratoren auf einigen älteren PCs ist aufgefallen, dass die eingestellten Tonfrequenzen um bis zu 20 Hz von den tatsächlich erzeugten Signalen abwichen. Da die Differenzen bei den getesteten PCs für den gesamten relevanten Frequenzbereich konstant blieben, können die Sound-Generatoren einfach modifiziert werden, indem die eingestellten Frequenzen stets mit dem gleichen Wert korrigiert werden.
Zur Erzeugung exakter Referenzfrequenzen eignet sich z. B. der auf der CD-ROM im Ordner *Oszi-Signal* befindliche Signalgenerator *generator.exe*.

### 11.1.6 Ausgabe der erkannten Töne

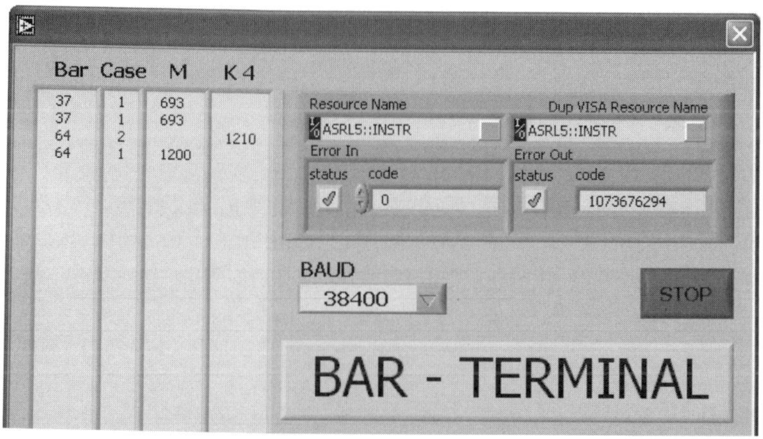


**Abb. 11.8:** Bar-TERMINAL (Front)

Das Basisprogramm ermittelt im Modus *Data* alle prominenten Balken und entscheidet dabei, ob *Fall 1* oder *Fall 2* vorliegt. Diese Werte werden dann über die RS-232 mit *WrCom_Fast* ausgegeben.

Mit der Anwendung *BAR-TERMINAL.vi* können die Daten auf dem PC visualisiert werden. In der Spalte *Bar* wird die Balkennummer ausgegeben. In der nächsten Spalte *Case* folgt die Unterscheidung zwischen den beiden Fällen. Spalte *M* gibt die korrigierte Frequenz an der Stelle *M* an, falls *Fall 1* eingetreten ist. Bei *Fall 2* wird die korrigierte Frequenz für *K4* in der letzten Spalte angezeigt. Die hier verwendeten Bezeichnungen wurden in Kapitel 9.4 ausführlich erläutert.

Das Blockdiagramm des *BAR-TERMINAL.vi* (Abb. 11.9) weist Ähnlichkeiten zu der in Kapitel 10 beschriebenen *FFT-Anzeige* auf. Vor dem Eintritt in die Endlosschleife wird die serielle Schnittstelle konfiguriert. Wie bei allen Anzeigeprogrammen wird zunächst auf das Start-Byte 255 gewartet, um danach die notwendige Anzahl von Daten einzulesen. In fallabhängigen Formelknoten erfolgen die Frequenzkorrekturen. Mithilfe von Schieberegistern werden die angezeigten Spalten stets aktualisiert.

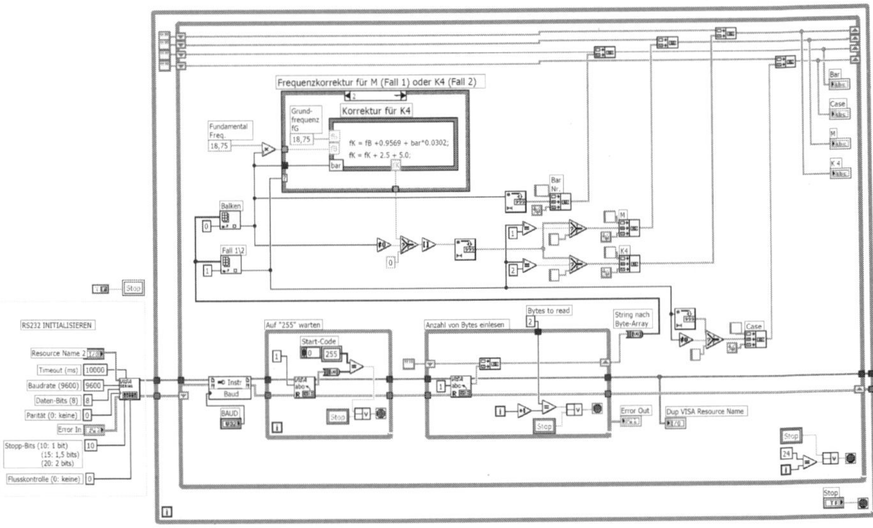


**Abb. 11.9:** Bar-Terminal (BLOCK)

Starten Sie nun den Tongenerator und das *BAR-TERMINAL.vi*. Beobachten Sie die Anzeigen bei einem oder mehreren aktivierten Tonsignalen. Die Richtigkeit der Analysen lässt sich mit den in Tabelle 9.2 angegebenen Balkennummern und Frequenzen kontrollieren. Wie im Folgenden noch gezeigt wird, kann das Terminal gut bei der Programmentwicklung dienlich sein.

## 11.2 Schaltung ohne Analysebaustein

Wenn es bei einem Projekt ausreichen sollte, nur die Audiospektren zu verwenden, die über die RS-232 gesendet werden, könnte auf den Analysebaustein ganz verzichtet werden. In diesem Fall müsste der FFT-Baustein anders konfiguriert werden.

Gemäß Kapitel 5.5.1 ist das *Fuse Low Byte* auf 0xF7 einzustellen, um den Mikrocontroller autark takten zu können. Der 16-MHz-Quarz und die beiden 22-pF-Kondensatoren sind so einzusetzen wie beim Analysebaustein. Der Pin PB0 (*Wr232*) muss mit der Masseleitung verbunden werden, um den Modus *Spectrum* dauerhaft zu aktivieren. An Pin PB2 (*TXD*) erfolgt die serielle Datenausgabe. Die geänderten Anschlussbelegungen sind in Abb. 11.10 dargestellt.

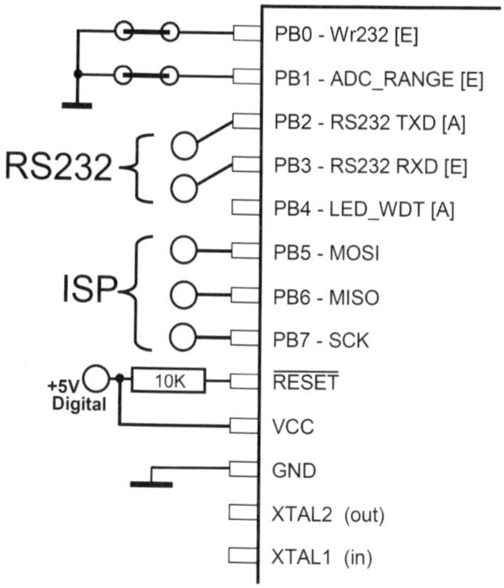


**Abb. 11.10:** Autarker Betrieb des FFT-Bausteins

Beachten Sie, dass die serielle Datenübertragung viel langsamer als der parallele Transfer ist. Hinzu kommt, dass die serielle Ausgabe nur funktioniert, wenn die Interrupts währenddessen deaktiviert werden. Damit sind die Generierung und die Fortleitung von Audiospektren ohne Analysebaustein ungefähr halb so schnell.

## 11.3 Erkennung des Kammertons A

### 11.3.1 Vorbereitung

Mit dem folgenden einfachen Projekt werden Töne mit 440 Hz erkannt. Diese Frequenz entspricht dem sogenannten *Kammerton A*. Anhand dieses Beispiels wird die Nutzung aller bisher vorgestellten Analysewerkzeuge erläutert. Zunächst ist das Basisprogramm auf den Analysebaustein zu laden.

### 11.3.2 Tonsignal erzeugen

Mithilfe von *SND-GENERATOR.vi* oder einem anderen Signalgenerator wird ein Sinuston von 440 Hz erzeugt. Alternativ kann auch das Freizeichen des Telefons verwendet werden. Hierbei ist aber zu beachten, dass Funktelefone zusätzliche Signale aussenden, die bei der Aufnahme mit dem Mikrofon bei unzureichender Abschirmung zu Störungen führen.

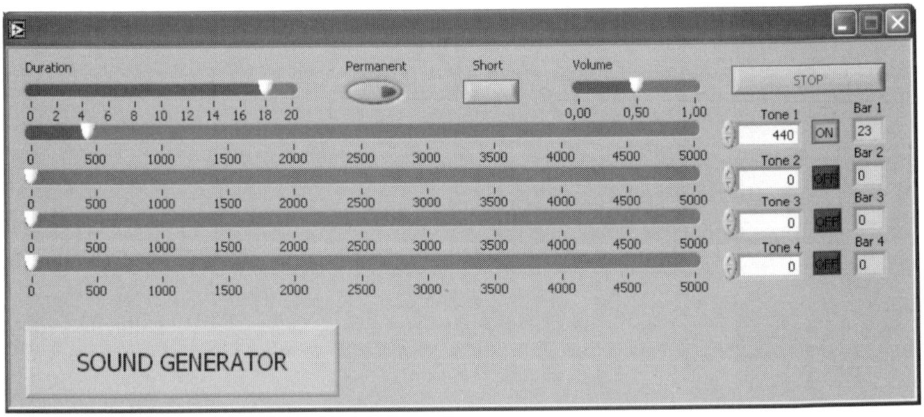


**Abb. 11.11:** Erzeugung von 440 Hz (Sinus)

## 11.3.3 Analyse mit Simulator

Mit der Oszilloskop- und der Spektrum-Analysefunktion des Simulators können Sie sich einfach und ohne Elektronik ein erstes Bild von Ihrem zu analysierenden Signal machen. Hierfür ist es auch möglich, das Experimentiersystem über die Schaltung aus Abb. 4.6 mit der PC-Soundkarte zu verbinden.

Starten Sie nun den Simulator und wählen Sie in den Audioeigenschaften je nach Bedarf entweder den Mikrofoneingang oder den Stereo-Mixer aus. Jetzt sollte im oberen Fenster des Simulators wie in Abb. 11.12 ein gelber Balken mit steilen Flanken an Position 23 zu sehen sein. In der unteren Anzeige ist das Sinussignal dargestellt. Optimieren Sie die Anzeigen nun mithilfe der beiden Schieberegler *Bar* und *Osci*. Stellen Sie den gelben Cursor mit der Maus oder mit den Positionstasten, die sich links unten auf dem Frontpanel befinden, auf den prominenten Balken. Sollte dieser nicht die Nummer 23 haben, muss der Simulator kalibriert werden.

Im Blockdiagramm des Simulators lässt sich mit der links unten befindlichen Konstante *MOD Samples* (Abb. 11.13) die Feineinstellung der Anzeige justieren. Senken oder erhöhen Sie diesen Wert geringfügig, bis Signale bekannter Frequenzen zur Anzeige der richtigen Peaks führen. Die Änderungen des Simulatorprogramms lassen sich erst nach Eingabe des Passworts »fft« abspeichern.

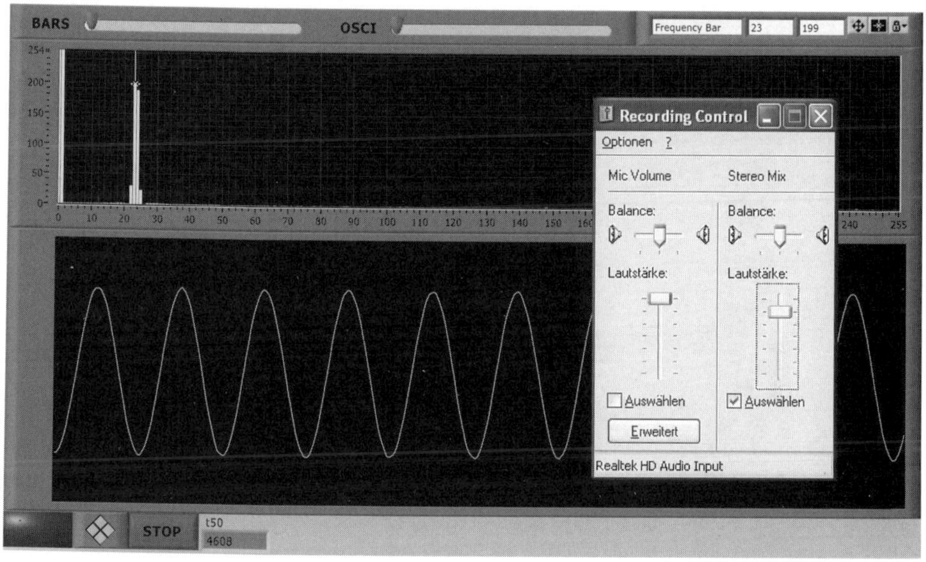


**Abb. 11.12:** 440 Hz am Simulator

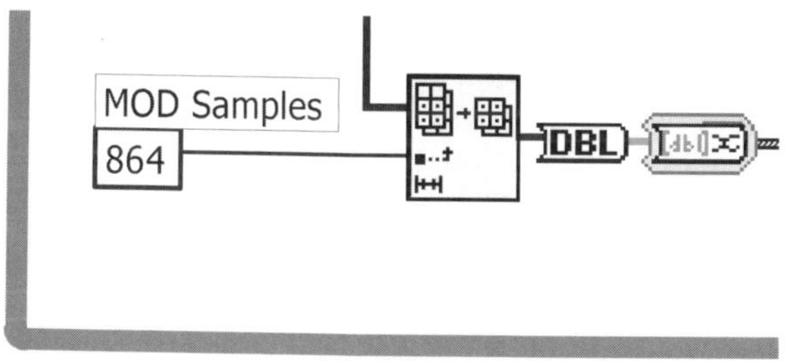


**Abb. 11.13:** Kalibration des Simulators

## 11.3.4 Analyse mit FFT-Anzeige

Im nächsten Schritt sollte geprüft werden, inwieweit das Resultat des Simulators mit den Spektrum-Analysen des FFT-Bausteins übereinstimmt. Hierzu wird *AUDIO-SPECTRUM.vi* geöffnet und am Experimentiersystem der Modus *Spectrum* aktiviert. Der 440-Hz-Ton soll weiterhin eingeschaltet bleiben.

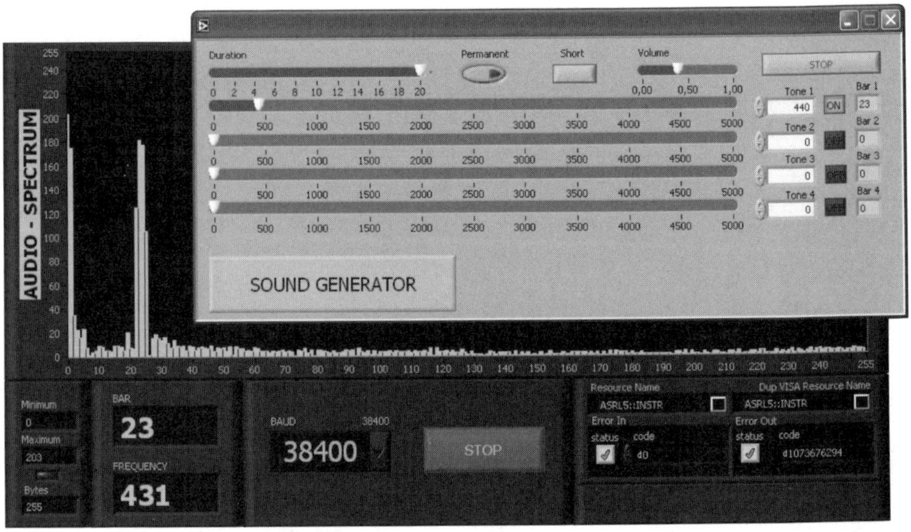


**Abb. 11.14:** 440 Hz mit FFT-Anzeige

Auch in den vom FFT-Baustein generierten Spektren ist der hohe Peak mit den steilen Flanken zu erkennen (Abb. 11.14). Der größte Balken trägt laut der Anzeige *Bar* die Nummer 23. Ihm entspricht die unkorrigierte Frequenz von 431 Hz. Weiterhin ist im Diagramm zu erkennen, dass keine Obertöne entstanden sind und auch sonst keine relevanten Signalstörungen vorliegen.

Betrachten Sie nun die Spektrum-Analysen bei Veränderungen des Audiosignals. Erhöhen Sie hierzu die Lautstärke mit dem Soundgenerator oder mit der Soundkarte. Variieren Sie die Tonfrequenz. So erhalten Sie ein gutes Gefühl für die Fähigkeiten Ihres Experimentiersystems.

## 11.3.5 Analyse mit BAR-TERMINAL.vi

Für die folgenden Untersuchungen ist die Schalterstellung *Data* zu wählen und das Bar-Terminal zu starten. Dieses universelle Anzeigeprogramm zeigt fortlaufend alle vom Basisprogramm ermittelten prominenten Balken und gibt, je nachdem, welcher Fall vorliegt, entsprechend korrigierte Frequenzwerte aus (vgl. Kapitel 11.1.6).

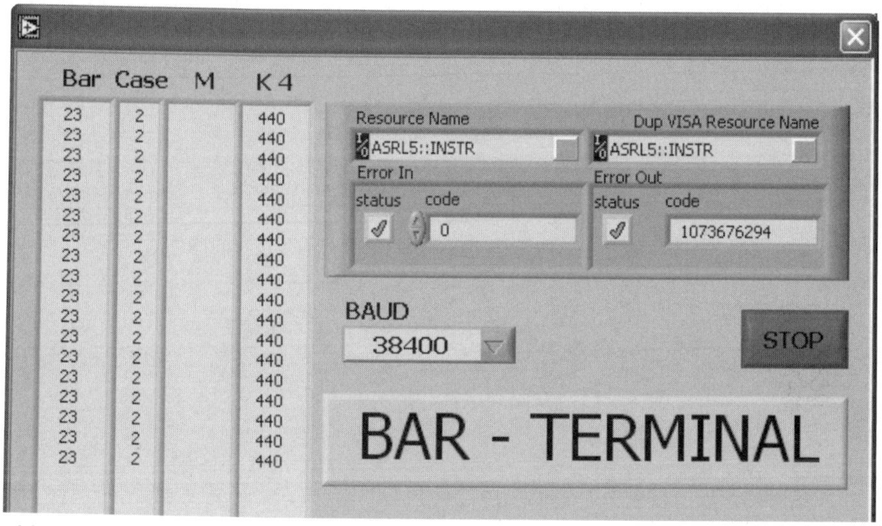


**Abb. 11.15:** 440 Hz mit *BAR-TERMINAL.vi*

In Abb. 11.15 ist ersichtlich, dass am Balken Nummer 23 bei 440 Hz *Fall 2* vorliegt. Da ausschließlich der 23. Balken ausgegeben wird, lässt sich folgern, dass das Audiosignal verzerrungsfrei und ausreichend laut ist. Außerdem scheint die Empfindlichkeit mit dem Potenziometer *Sensitivity* angemessen eingestellt zu sein. Durch kleine Veränderungen der Tonfrequenz am Signalgenerator kann der Grenzbereich zwischen *Fall 1* und *Fall 2* genauer untersucht werden. Das Bar-Terminal errechnet für *Fall 2* eine korrigierte Frequenz von 440 Hz (*K4*).

## 11.3.6 Analyse mit KORR-TERMINAL.vi

Zur genaueren Frequenzmessung kann das Programm *KORR-TERMINAL.vi* (siehe Kapitel 9.4.5) verwendet werden. Im Basisprogramm für den Analysebaustein sind die in Kapitel 6.4.13 aufgeführten Sprungbefehle zu ändern, um nur die durch das Unterprogramm *Bar_and_Korr* ermittelten Korrektur- und Amplitudenwerte für den zu prüfenden Balken auszugeben. Alternativ kann auch die Datei *BASIS_BAR23.aps* geladen werden. Hier wurden die Sprungbefehle bereits angepasst.

Welcher Balken näher zu untersuchen ist, wird im Hauptprogramm mit der Variable *CL* an die Routine *Find_Tone* übergeben (vgl. Kapitel 9.4.6). Wenn der Balken keine ausreichende Prominenz aufweist, werden nur Nullen an den PC gesendet.

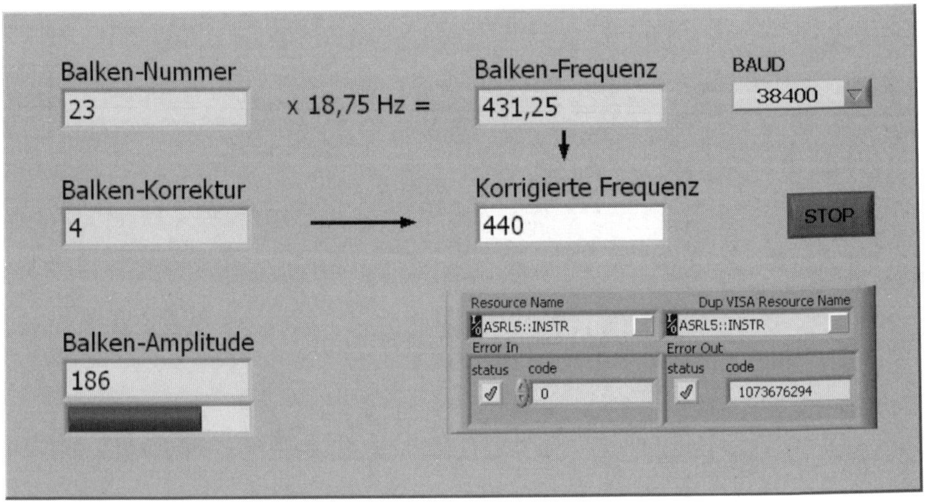


**Abb. 11.16:** 440 Hz mit KORR-TERMINAL.vi

Der folgende Auszug aus der Hauptschleife zeigt, wie die Korrekturwerte abgefragt und ausgegeben werden können. Außerdem sind die beiden deaktivierten Sprungbefehle dargestellt.

```
. . .

  ldi    CL, 23
  mov    Nr_Bar, CL

  rcall  FIND_TONE

;---  Ausgabe der ermittelten Werte  ---

  tst    Korr_Bar          ;wenn Korr_Bar <> 0, dann:
  brne   OUTPUT_TONE

; rjmp   NO_OUTPUT_TONE    ;BEI SPRUNG KEINE AUSGABE!!!

  cli                      ;ITR für fehlerfreie
                           ;Ausgabe ausschalten!

  ldi    CL, 255           ;Start-Byte "255" senden
  rcall  WrCOM_FAST
  rcall  WAIT_START        ;Warteschleife für Übertragung

  clr    CL                ;CL <- 0
  rcall  WrCOM_FAST        ;(ursprgl. Balken)

  clr    CL                ;CL <- 0
```

```
   rcall  WrCOM_FAST        ;(KorrT1_Buf)

   clr    CL                ;CL <- 0
   rcall  WrCOM_FAST        ;(AmpT1_Buf)

   sei                      ;ITR wieder einschalten!

   rjmp   DETECT_NO_TONE    ;kein Ton erkannt!
OUTPUT_TONE:
   sbi    portd, GRN_2      ;LED GRN_2 bei Tonerkennung

;  rjmp   NO_OUTPUT_TONE    ;BEI SPRUNG KEINE AUSGABE!!!
   cli                      ;ITR für fehlerfreie
                            ;Ausgabe ausschalten!

   ldi    CL, 255           ;Start-Byte "255" senden
   rcall  WrCOM_FAST
   rcall  WAIT_START        ;Warteschleife für Übertragung

   mov    CL, Nr_Bar        ;ursprgl. Übergabewert
   rcall  WrCOM_FAST

   mov    CL, Korr_Bar      ;Korrekturwert des Balkens
   rcall  WrCOM_FAST        ;(KorrT1_Buf)

   mov    CL, Amp_Bar       ;Amplitude des Balkens
   rcall  WrCOM_FAST        ;(AmpT1_Buf)

   sei                      ;ITR wieder einschalten!
NO_OUTPUT_TONE:
. . .
```

Um die hier unerwünschten Ausgaben für das Programm *BAR-TERMINAL.vi* auszuschalten, ist der unten aufgeführte Sprungbefehl in der Routine *Check_Tone_1* zu aktivieren.

```
. . .

   rjmp   NO_OUTPUT_F1_F2   ;BEI SPRUNG KEINE AUSGABE!!!

;---  AUSGABE AKTUELLER PEAK (mit n CYCLES)  -------------
;---  AUSGABE 1 \ 2  FÜR  FALL 1 \ FALL 2    -------------

   cli                      ;ITR für fehlerfreie
                            ;Ausgabe ausschalten!
   pushw_ C

. . .
```

In Abb. 11.17 sind die messtechnisch ermittelten Grenzfrequenzen für die Segmente des 23. Balkens dargestellt. Die mit *KORR-TERMINAL.vi* errechneten Frequenzen für *K1* bis *K4* entsprechen in etwa den mittleren Werten eines jeden Segments.

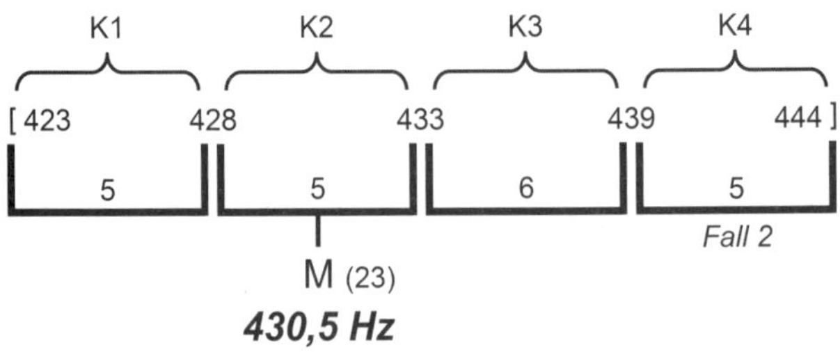


**Abb. 11.17:** Segmente von Balken Nr. 23

## 11.3.7 Spezielle Ausgabeprogramme

Für die noch folgenden Anwendungsbeispiele wurden weitere Anzeigeprogramme entwickelt. Ihre Blockdiagramme weisen stets Ähnlichkeiten zu den bisher dargestellten Programmen auf, da sie auf dem gleichen Prinzip des Datenempfangs über die RS-232 basieren. Der Analysebaustein sendet immer erst das Start-Byte 255 und danach eine vordefinierte Anzahl von Daten-Bytes. Mit etwas Übung können Sie schon bald auf Grundlage der bestehenden LabVIEW-Programme eigene Analyse- und Anzeige-Tools entwickeln.

# 11.4 DTMF-Decoder

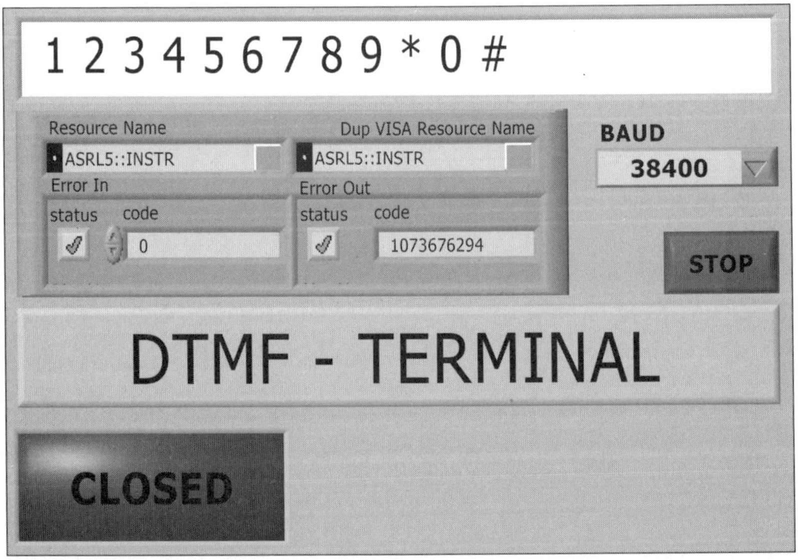


**Abb. 11.18:** DTMF-TERMINAL.vi (Front)

### 11.4.1 Grundlagen zu DTMF

Die analoge Übertragung von Telefonnummern wird seit nunmehr 50 Jahren mithilfe der Methode des sogenannten *Dual-tone multi-frequency* (*DTMF*) durchgeführt. Bei dem auch als *Mehrfrequenzwahlverfahren* (*MFV*) bekannten System wurde für jede Taste ein spezifisches Wählsignal definiert, das aus zwei sich überlagernden Sinustönen besteht. Diese befinden sich im hörbaren Bereich. Damit die durch die Telefonnetze übertragene Sprache oder Musik möglichst nicht zu Fehlerkennungen führt, wurden die Töne so gewählt, dass Dissonanzen entstehen, die sonst sehr selten vorkommen. Das erklärt auch die »krummen« Frequenzwerte, die in Tabelle 11.1 dargestellt sind.

**Tabelle 11.1:** DTMF-Frequenzen (original)

| | *1.209 Hz* | *1.336 Hz* | *1.477 Hz* |
|---|---|---|---|
| 697 Hz | 1 | 2 | 3 |
| 770 Hz | 4 | 5 | 6 |
| 852 Hz | 7 | 8 | 9 |
| 941 Hz | * (10) | 0 (11) | # (12) |

Es ist zu erkennen, dass für jede Spalte ein hoher und für jede Zeile ein tiefer Ton zuständig ist. Die Kombination beider Signale codiert dann die Taste. Außerdem wurde die Mindesttonlänge auf 40 ms festgelegt. Die Pause zwischen zwei Signalen darf 10 ms nicht unterschreiten.

Bei modernen Kommunikationssystemen erfolgt die Übertragung von Telefonnummern mittlerweile digital. Dennoch werden zusätzlich meist auch die *DTMF*-Codes gesendet, um abwärts kompatibel zu älteren Geräten zu bleiben. Damit ist es auch möglich, Fernsteuerungen über das Telefonnetz aufzubauen. Ein einfaches *DTMF-Codeschloss* wird in Kapitel 11.5 vorgestellt.

### 11.4.2 DTMF-Dialer

Mit der *NI-Suchmaschine für Beispiele* kann in LabVIEW ein Sendegerät zur Erzeugung von Wählsignalen geöffnet werden. Dieser *Dialer* wurde ein wenig erweitert, damit die Tonlänge (*Duration*) variiert werden kann (Abb. 11.19). Die Lautstärke (*Volume*) sollte möglichst niedrig eingestellt bleiben, da bei höheren Werten Signalverzerrungen auftreten. Zur gleichzeitigen Erzeugung beider Töne wird das Unterprogramm *Play 4 Sounds.vi* genutzt. Es wurde bereits bei dem Tongenerator in Kapitel 11.1.5 verwendet. Da hier nur zwei Töne gleichzeitig ausgegeben werden sollen, liegt an den anderen beiden Eingängen des Sub-VI der Wert Null an (Abb. 11.20). Die Tonlänge kann mit dem Schieberegler *Duration* bei einer Sample-Rate von 11.025 Hz wie folgt berechnet werden:

t = *Duration* × 1.000 × 1 / 11.025 Hz

Bei der Voreinstellung Duration = 5 ertönt das Signal damit für ca. 450 ms. Mehrere LabVIEW-Programme können gleichzeitig auf einem PC betrieben werden. Starten Sie z. B. zunächst den Dialer und anschließend das FFT-Anzeigeprogramm. Mit der Tastenkombination [Alt] und [Tab] kann stets gewählt werden, welches laufende Programm ganz oben auf dem Bildschirm angezeigt werden soll. Um gleichzeitig sowohl den Dialer als auch das FFT-Anzeigeprogramm am Monitor betrachten zu können, muss nun die Taste [Alt] gedrückt gehalten werden. Dabei wird der Dialer durch mehrmaliges Betätigen der Taste [Tab] sichtbar (vgl. Abb. 11.22).

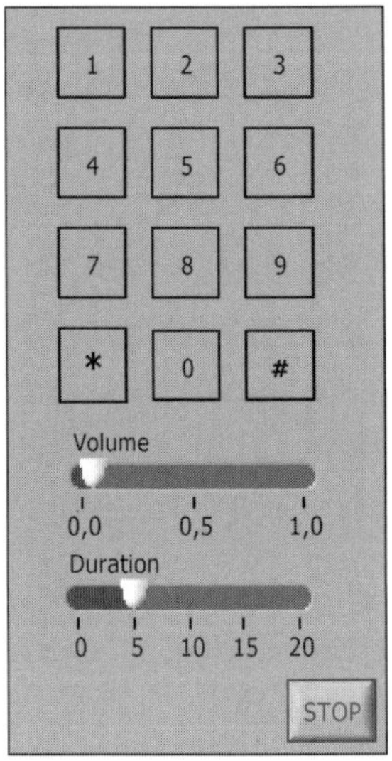


**Abb. 11.19:** DTMF-DIALER.llb (Front)

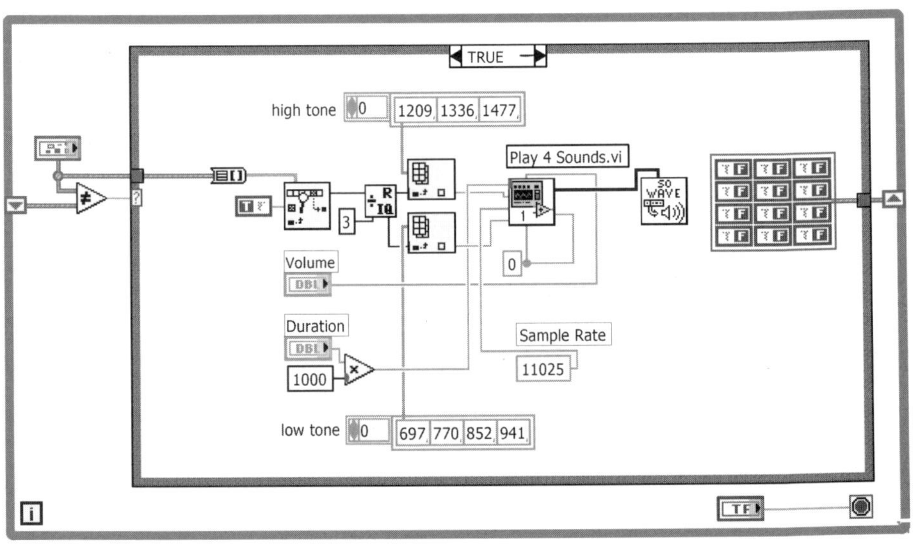


**Abb. 11.20:** DTMF-DIALER.llb (Block)

### 11.4.3 Analyse der DTMF-Codes

Bei der Untersuchung unbekannter Tonsignale ist es stets empfehlenswert, sich diese zunächst mit dem FFT-Anzeigeprogramm anzusehen. Hierfür muss am Experimentiersystem der Modus *Spectrum* gewählt werden. Abb. 11.21 zeigt den *DTMF*-Code für die Taste [1]. Die hohe Flankensteilheit der beiden prominenten Peaks weist auf Sinustöne hin. Die lauteste Frequenz liegt an Balken Nr. 37 und wird mit 694 Hz angegeben. Diese entspricht der Frequenz der ersten *DTMF*-Zeile.

In Abb. 11.22 wurde der Regler *Volume* auf Maximum gestellt. Es liegt eine massive, akustisch deutlich wahrnehmbare Signalverzerrung vor. Mit dem Gehör sind reine Sinustöne und Störungen meist gut erkennbar. Die lauteste Frequenz liegt hier immer noch an Balken Nr. 37.

Nach der ersten Begutachtung mit dem FFT-Anzeigeprogramm sollte für die weiterführende Analyse das Programm *BAR-TERMINAL.vi* gestartet werden. Das Basisprogramm ist auf den Analysebaustein zu laden. Hier muss der Modus *Data* aktiviert sein.

Mit dem *BAR-TERMINAL.vi* werden alle prominenten Balken ab Nr. 16 ausgegeben, die bei einem Aufruf der Routine *Check_Tone_1* detektiert wurden. Dieser erfolgt einmal pro Durchlauf der Hauptschleife. Abb. 11.23 zeigt die Ausgaben von drei Durchläufen. Empfangen wird hier der *DTMF*-Code für Taste [1].

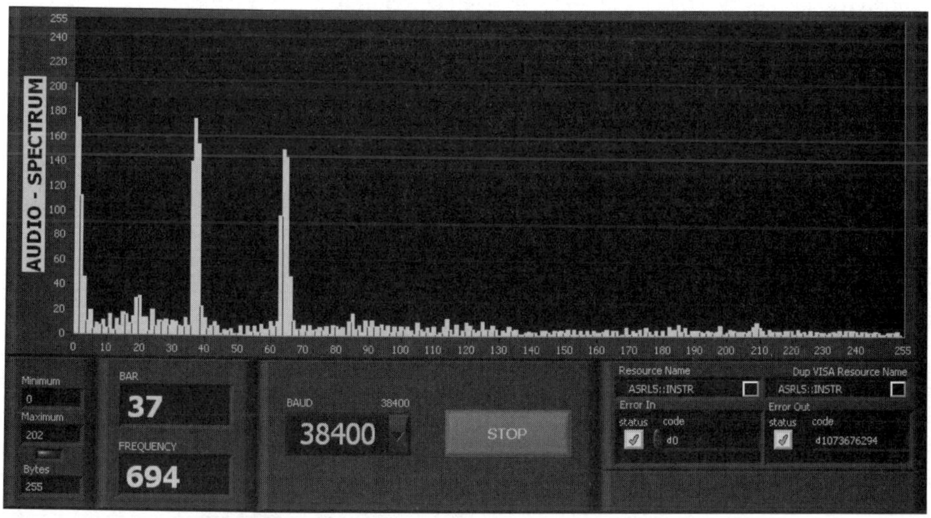


**Abb. 11.21:** DTMF-Balken für Taste [1]

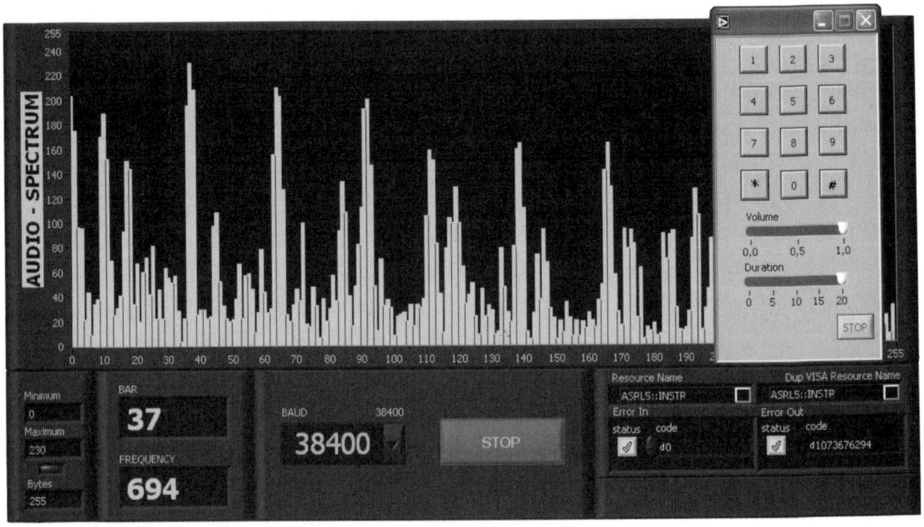


**Abb. 11.22:** DTMF-Balken für Taste [1] (übersteuert)

Beim ersten Aufruf wurde nur Balken 37 (*Fall 1*) erkannt. Beim zweiten sind es Balken 37 (Fall 1) und Balken 64 (Fall 2). Bei der dritten Erkennungssequenz wird nur Balken 64 detektiert. Hier ist jedoch Fall 1 eingetreten. Das lässt darauf schließen, dass die empfangene Frequenz im Grenzbereich zwischen *K3* und *K4* liegt. Dieses Beispiel zeigt auch die Bedeutung von Puffer *MemT1_Buf*. Hier werden die Balkenerkennungen für die mit *T_Display* bestimmte Zeit vorgehalten. Mit dieser Zwischenspeicherung wird es möglich, Tonerkennungen, die in engem zeitlichen Zusammenhang stehen, gleichzeitig auszuwerten. Ist *T_Display* groß genug gewählt, könnten die Ergebnisse aller drei hier gezeigten Aufrufe von *Check_Tone_1* zugleich analysiert werden.

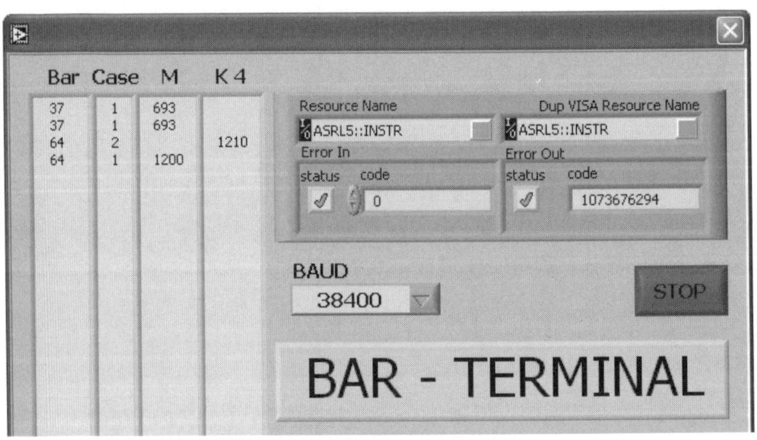


**Abb. 11.23:** DTMF-Frequenzen für Taste [1]

Mithilfe von *BAR-TERMINAL.vi* wurden für die *DTMF*-Codes die Balkennummern und die ihnen entsprechenden Frequenzen ermittelt (Tabelle 11.2). In der letzten Zeile sind Zahlen in Klammern zu finden. Ihre Bedeutung wird weiter unten erläutert.

Beim Abspielen der Codes von Zeile 2 wurde bei Versuchen gelegentlich auch Balken Nr. 45 prominent. Abb. 11.24 zeigt dieses Phänomen bei dem Wählsignal für Taste [4]. Das ist problematisch, da Balken 45 eigentlich Zeile 3 codiert.

**Tabelle 11.2:** DTMF-Frequenzen mit BAR-TERMINAL.vi

| | *1.200/1.210 Hz*<br>*B. 64 Fall 1/2* | *1.332 Hz*<br>*B. 71 Fall 1* | *1.482 Hz*<br>*B. 79 Fall 1* |
|---|---|---|---|
| 693 Hz<br>B. 37 Fall 1 | 1 | 2 | 3 |
| 768 Hz<br>B. 41 Fall 1 | 4 | 5 | 6 |
| 844/854 Hz<br>B. 45 Fall 1/2 | 7 | 8 | 9 |
| 937 Hz<br>B. 50 Fall 1 | * (10) | 0 (11) | # (12) |

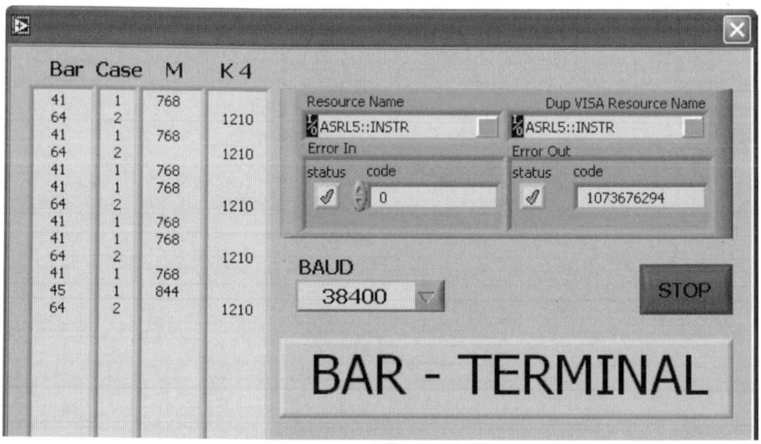


**Abb. 11.24:** DTMF-Frequenzen für Taste [4]

Um Fehlerkennungen zu verhindern, behilft man sich bei den folgenden Decoder-Programmen mit einem kleinen Trick: Die Tastensignale der zweiten Zeile werden einfach zuletzt geprüft.

## 11.4.4 Listing von DTMF_DECODE.aps

Mit dem Wissen aus den vorangegangenen Analysen kann der Decoder nun entwickelt werden. Als Grundlage dient das Basisprogramm.

Zunächst wird *T_Display* auf die minimale Anzeigedauer von 1 × 125 ms reduziert. Da die Frequenzen der Zeilen und Spalten von den Tasten gemeinsam genutzt werden, könnten sonst bei schnellen Tastenfolgen in *MemT1Buf* noch alte Codes hinterlegt sein, die zu fehlerhaften Erkennungen führen würden.

```
.equ  T_Display  =  1       ;Anzeigedauer (X * 125 ms)
```

Zwei neue Variablen werden benötigt. *Key* wird in jedem Schleifendurchlauf von *Main* vor der Analyse gelöscht. Die Variable trägt nach der Erkennungssequenz den Zahlenwert der Taste. Wenn keine Taste detektiert wurde, ist *Key* weiterhin gleich null. Die in Klammern stehenden Zahlen in Tabelle 11.2 sind die den Tasten [*], [0] und [#] entsprechenden Werte für *Key*.

Die Variable *Pause* wird benötigt, um die Analyse nach einer Erkennung vorübergehend zu unterbrechen. Sie wird erst wieder fortgesetzt, wenn für eine vordefinierte Zeit kein Code detektiert wurde. Damit soll neben der oben beschriebenen Fehlerkennung durch alte Werte in *MemT1_Buf* auch verhindert werden, dass ein langes *DTMF*-Signal als mehrere Einzelbetätigungen derselben Taste interpretiert wird.

```
;---  Variable für DTMF  ---

 .def Key      =    r8      ;Enthält den Wert der Taste
 .def Pause    =    r9      ;Notwendige Pause nach
                            ;Tastenerkennung
```

Einige LED-Anzeigen, die im Basisprogramm aktiv sind, werden ausgeschaltet. Die Ausgabe der Balken und der Fallnummer wird in *Check_Tone_1* deaktiviert. Hierfür ist vor der unten stehenden Sprunganweisung das Semikolon zu löschen.

```
. . .

KEIN_ROT:
                            ;akt. Zähler in Tone1_Buf wird
                            ;in CHECK_TIME gelöscht!

   rjmp   NO_OUTPUT_F1_F2   ;BEI SPRUNG KEINE AUSGABE!!!

;---  AUSGABE AKTUELLER PEAK (mit n CYCLES)  -------------
;---  AUSGABE 1 \ 2  FÜR  FALL 1 \ FALL 2    -------------

. . .
```

Die Decodierung erfolgt ausschließlich in der Hauptschleife nach dem Label *Analyse_Start*. Die Auswertung der Variable *New_Tone* wurde entfernt.

```
ANALYSE_START:

   sei                      ;ITR für normalen
                            ;Betrieb einschalten
   rcall  CHECK_TONE_1
```

```
; >>CHECK_TIME<< wird über ITR alle 125 ms aufgerufen
```

Zunächst werden die höheren Frequenzen abgefragt, die für die Spalten in Tabelle 11.2 benötigt werden. Bei Frequenzerkennung erfolgt die Speicherung der Balkennummer in *CH*.

```
;=== Spaltentest ===

TEST_COLUMN:

   clr    CH
   clr    KEY
   cbi    portd, GRN_1        ;LED GRN_1 blinkt bei
                              ;Tastenerkennung

COLUMN_1:
   ldi    CL, 64              ;Nr_Bar <- 64
   mov    Nr_Bar, CL
   rcall  FIND_TONE
   tst    Korr_Bar            ;wenn Korr_Bar<>0, dann:
   breq   COLUMN_2
   mov    CH, Nr_Bar
   rjmp   ROW_1

COLUMN_2:
   ldi    CL, 71              ;Nr_Bar <- 71
   mov    Nr_Bar, CL
   rcall  FIND_TONE
   tst    Korr_Bar            ;wenn Korr_Bar<>0, dann:
   breq   COLUMN_3
   mov    CH, Nr_Bar
   rjmp   ROW_1

COLUMN_3:
   ldi    CL, 79              ;Nr_Bar <- 79
   mov    Nr_Bar, CL
   rcall  FIND_TONE
   tst    Korr_Bar            ;wenn Korr_Bar=0, dann:
   brne   SET_COL_3
   rjmp   NO_KEY              ;Keine Taste gefunden!
 SET_COL_3:
   mov    CH, Nr_Bar
   rjmp   ROW_1

. . .
```

Der Zeilentest zur Suche nach der tieferen Frequenz wird nur durchgeführt, wenn eine Spalte ermittelt werden konnte. Dabei wird die Zeile 2 zuletzt geprüft. Mithilfe der in *CH* gespeicherten Balkennummer kann nun der Variable *Key* der entsprechende Zahlenwert der Taste zugewiesen werden.

```
;--- Zeile 1 ?  ---

ROW_1:

   ldi     CL, 37              ;Nr_Bar <- 37
   mov     Nr_Bar, CL
   rcall   FIND_TONE
   tst     Korr_Bar            ;wenn Korr_Bar<>0, dann:
   breq    ROW_3

 KEY_1:
   cpi     CH, 64
   brne    KEY_2
   ldi     CL, 1
   mov     Key, CL
   rjmp    KEY_FOUND

. . .

 KEY_3:
   cpi     CH, 79
   breq    SET_KEY_3
   rjmp    NO_KEY
 SET_KEY_3:
   ldi     CL, 3
   mov     Key, CL
   rjmp    KEY_FOUND

;--- Zeile 3 ?  ---

ROW_3:
   ldi     CL, 45              ;Nr_Bar <- 45
   mov     Nr_Bar, CL
   rcall   FIND_TONE
   tst     Korr_Bar            ;wenn Korr_Bar<>0, dann:
   breq    ROW_4

. . .

;--- Zeile 4 ?  ---

. . .
```

```
;--- Zeile 2 ?  ---

ROW_2:

    ldi     CL, 41              ;Nr_Bar <- 41
    mov     Nr_Bar, CL
    rcall   FIND_TONE
    tst     Korr_Bar            ;wenn Korr_Bar<>0, dann:
    breq    NO_KEY

. . .

 KEY_6:
    cpi     CH, 79
    breq    SET_KEY_6
    rjmp    NO_KEY
 SET_KEY_6:
    ldi     CL, 6
    mov     Key, CL
    rjmp    KEY_FOUND
```

Der neue Tastenwert wird nur an den PC gesendet, wenn zuvor eine Pausenzeit ohne Detektionen verstrichen ist. Das wäre daran zu erkennen, dass die Variable *Pause* wieder den Wert Null angenommen hat. Die maximale Pausendauer wird nach jeder Tastenerkennung in der Variable neu abgelegt. Ihr Wert wird nur dann dekrementiert, wenn aktuell kein Tastencode vorliegt. Zur Veranschaulichung ist diese Zeit momentan so hoch eingestellt, dass die sehr schnelle Eingabe eines mehrstelligen Codes mit dem *DTMF-Dialer* durch die Verzögerung zu einer unvollständigen Detektion führen würde. Die Pause lässt sich nach folgender Gleichung ändern. Dafür muss der Variable *CL* zuvor der neue Wert mit *ldi* übergeben werden.

Pause = CL × 55,6 ms

```
;---  Ausgabe Taste  ---

KEY_FOUND:

    tst     Pause               ;Neue Tastenprüfung erst nach
    breq    NEW_KEY             ;Pause möglich (Pause x 55,6 ms)
    rjmp    OLD_KEY

NEW_KEY:

    sbi     portd, GRN_1
    ldi     CL, 6               ;Pause = CL x 55,6 ms
    mov     Pause, CL
```

Die LED *GRN_1* zeigt an, dass eine neue Taste erkannt wurde. Wie bei den anderen Programmcodes wird auch hier vor der Übertragung via RS-232 das Start-Byte 255 gesendet.

```
    cli                     ;ITR für fehlerfreie
                            ;Ausgabe ausschalten

    ldi    CL, 255          ;Start-Byte "255" senden
    rcall  WrCOM_FAST
    rcall  WAIT_START       ;Warteschleife für Übertragung

    mov    CL, KEY          ;Ausgabe Taste
    rcall  WrCOM_FAST

    sei                     ;ITR wieder einschalten

;---

NO_KEY:

    tst    Pause            ;Sicherheitsabfrage:
    breq   OLD_KEY          ;Pause = 0?
    dec    Pause            ;Pause <- Pause - 1

OLD_KEY:

MAIN_ENDE:

rjmp   MAIN
```

In Abb. 11.18 ist das Frontpanel von *DTMF-TERMINAL.vi* zu sehen. Mit dieser LabVIEW-Anwendung können die vom PC empfangenen Tastenwerte einfach dargestellt werden. Dabei wird der Wert 10 als Stern, der Wert 11 als Null und der Wert 12 als Raute interpretiert. Dieses Programm beinhaltet noch eine Sonderfunktion für das *DTMF-Codeschloss* (Kapitel 11.5). Deshalb wird seine Funktionsweise erst im folgenden Kapitel erläutert.

Die Mindestdauer für das Tastensignal kann verkürzt werden, indem der Wert der Konstante *Cycles* verkleinert wird. Damit sinkt aber die Qualität der Erkennung. Wird ein Radio einige Zeit neben den DTMF-Decoder gestellt, lassen sich bei nur zwei Zyklen deutlich mehr Fehlerkennungen feststellen als bei den voreingestellten vier Durchläufen. Die für die Detektion notwendige Tonlänge kann nach der Verkleinerung von *Cycles* am *DTMF-DIALER.llb* mit dem Regler *Duration* vermindert werden.

## 11.5 DTMF-Codeschloss

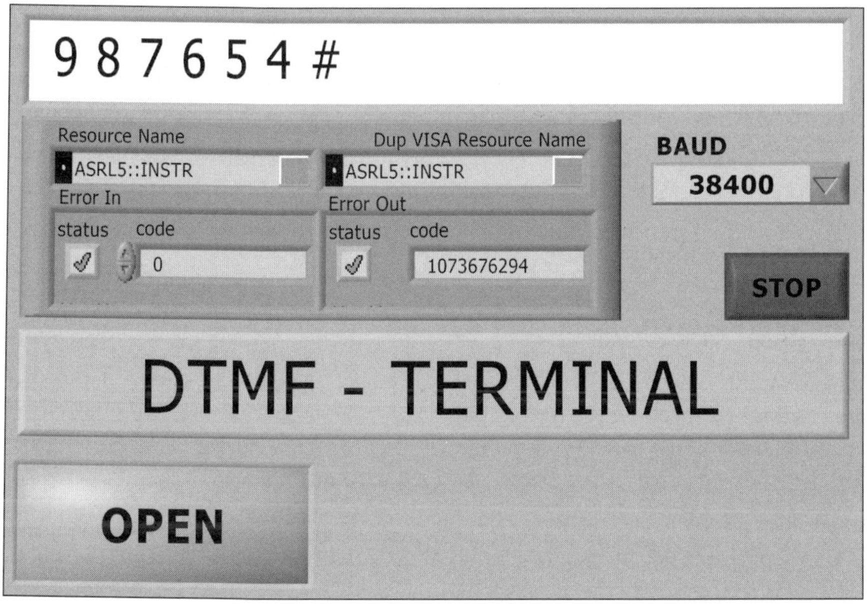


**Abb. 11.25:** *DTMF-TERMINAL.vi* (Front)

Mit dem im Folgenden beschriebenen Assembler-Programm *DTMF_LOCK.aps* kann ein Schalter über das Tonwahlverfahren ferngesteuert werden. Hierfür muss mit dem Dialer ein sechsstelliger Zahlencode eingegeben und anschließend die Raute-Taste gedrückt werden. Im eingeschalteten Zustand leuchtet zur Kontrolle die LED *ROT_1*. Außerdem wird neben dem zuvor stets verwendeten Start-Byte 255 der Code 50 an den PC gesendet. Die LabVIEW-Anwendung *DTMF-TERMINAL.vi* schaltet die LED auf *Open* (grün), wenn das Byte 50 empfangen wurde (Abb. 11.25). Die Zahl erscheint aber nicht in der Anzeige. Nach vier Sekunden schaltet die LED wieder zurück auf *Closed* (rot). Das kommt dadurch zustande, dass das Experimentiersystem nach der Öffnungszeit automatisch den Code 51 sendet. Diese Zahl bleibt im Display ebenfalls unsichtbar.

Die einzugebende Kombination ist Bestandteil des Listings und wird als sogenannte *.db-Zeile* im Programmspeicher hinterlegt. Der Zahlencode lautet momentan »9 8 7 6 5 4 #«. Er kann variiert werden, muss aber sechsstellig bleiben. Natürlich lassen sich durch kleinere Programmänderungen auch andere Längen einstellen. Hierbei ist zu beachten, dass eine db.-Zeile stets eine gerade Zahl von Elementen enthalten sollte. Andernfalls fügt der Assembler am Ende der Zeile eine Null hinzu.

Das einfache Programm verfügt in dieser Version über nur einen Schalter. Da am Analysebaustein noch viele freie Pins zur Verfügung stehen, könnten mit wenig Programmieraufwand auch ohne PC vielfältige Schaltfunktionen mit unterschiedlichen Aktivierungscodes realisiert werden.

### 11.5.1 DTMF-TERMINAL.vi

Das Blockdiagramm des zur Anzeige der ermittelten Tastencodes verwendeten Programms *DTMF-TERMINAL.vi* (Abb. 11.26) hat viele Ähnlichkeiten mit dem oben dargestellten *BAR-TERMINAL.vi.* Im Innern der Struktur findet sich eine *While*-Schleife, die auf das Start-Byte 255 wartet. Danach wird nur noch 1 Byte empfangen.

Zunächst prüft die erste *Case*-Struktur, ob einer der beiden Codes 50 oder 51 gesendet wurde und damit der Schaltzustand der LED zu ändern ist (Abb. 11.27). Sie leuchtet nur, wenn die Zahl 50 empfangen wurde. Durch das Schieberegister bleibt die LED so lange eingeschaltet, bis der Code 51 die Unterbrechung herbeiführt.

Damit die Sonderzeichen Stern und Raute in der Anzeige dargestellt werden können und die Steuercodes für den Schalter unsichtbar bleiben, wird eine zweite *Case*-Struktur benötigt (Abb. 11.28).

Hierzu wird ein String gebildet, an den stets neue Werte angefügt werden. Im Fall der Schaltcodes sind das nur leere Strings. Auch dieses Vorgehen wird durch ein Schieberegister möglich. Die Zeichenkette wird gelöscht, wenn die Maximallänge erreicht ist. Hierfür sind die beiden äußeren *While*-Schleifen zuständig.

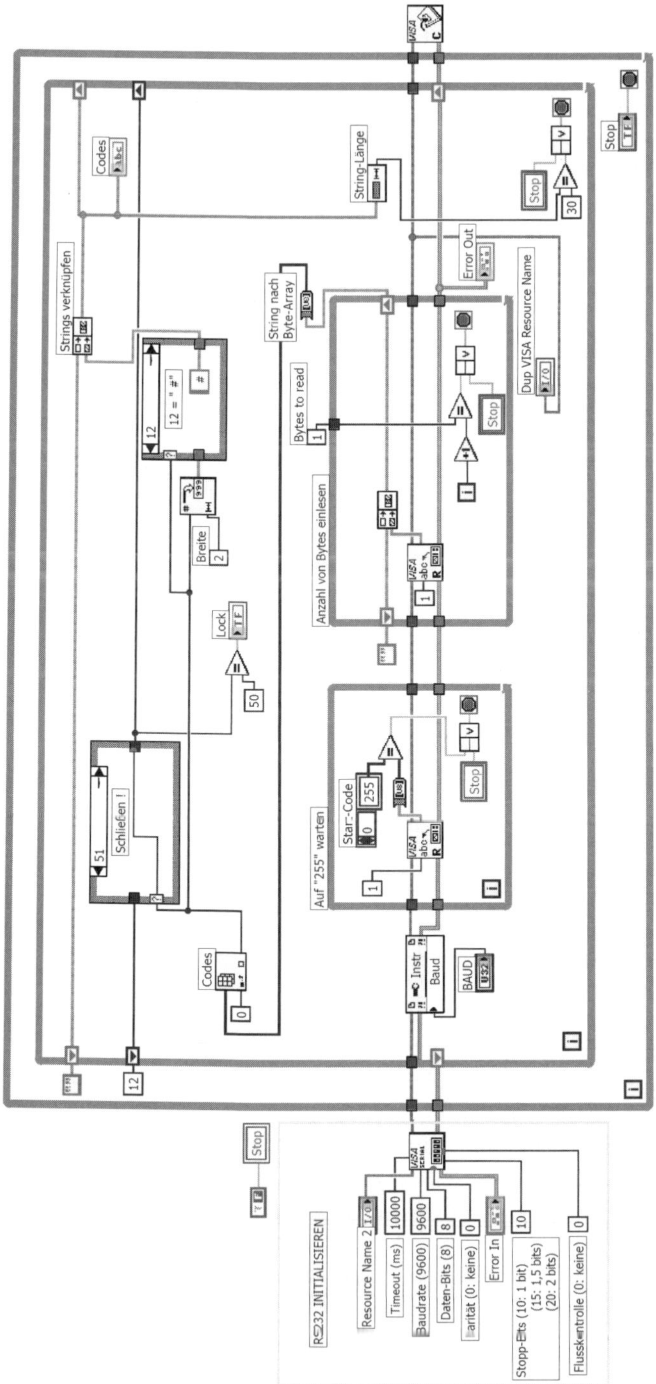


**Abb. 11.26:** DTMF TERMINAL.vi (Block)

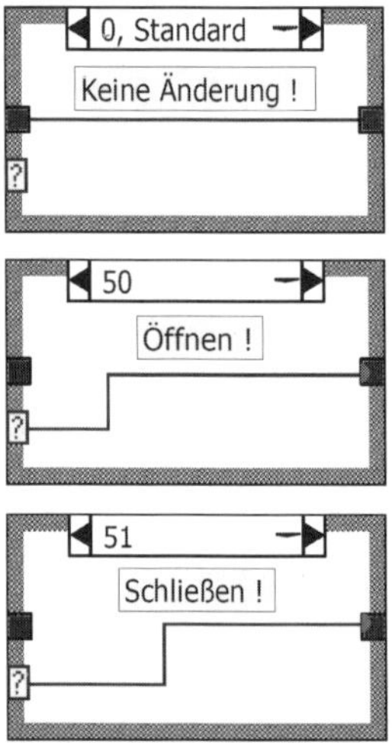


**Abb. 11.27:** Cases zum Betrieb des Schalters (DTMF-Terminal)

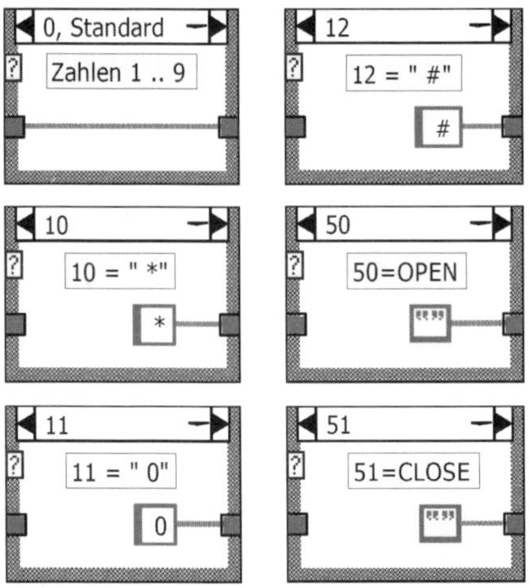


**Abb. 11.28:** Cases zur Anzeigekorrektur (DTMF-Terminal)

## 11.5.2 Listing von DTMF_LOCK.aps

Das Programm für das Codeschloss ist in weiten Teilen identisch mit *DTMF_DECODE.aps* aus dem vorherigen Kapitel. Zunächst wird eine neue Konstante eingefügt. Mit *T_Open* wird bestimmt, wie lange der Schalter geöffnet bleiben soll.

```
.equ  T_OPEN     =  32     ;Öffnungszeit (X * 125 ms)
```

Mit dieser Konstante wird die neue Variable *Lock_Open* aktualisiert, sobald der richtige Code eingegeben wurde.

```
;---  Variable für DTMF_LOCK  ---

.def  Key        =  r8     ;Enthält den Wert der Taste
```

```
.def  Pause      =  r9     ;Notwendige Pause nach
                           ;Tastenerkennung
.def  Lock_Open  =  r10    ;Zeit für Öffner (x 125 ms)
```

Um die bereits empfangenen Tastencodes zwischenspeichern zu können, wird ein weiterer Puffer benötigt. Er ist bereits für zehnstellige Kombinationen ausgelegt.

```
Input_Buf:   .byte   10    ;für Code-Eingabe
```

Auch die Hauptschleife *Main* ist fast unverändert. Hier wird jetzt die Routine *Code_Test* bei der Detektion eines neuen Tastencodes gestartet.

```
NEW_KEY:

    sbi     portd, GRN_1
    ldi     CL, 6               ;Pause= CL x 55,6ms
    mov     Pause, CL

    rcall   CODE_TEST           ;Kontrolle der Code-Eingabe

    cli                         ;ITR für fehlerfreie
                                ;Ausgabe ausschalten

    ldi     CL, 255             ;Start-Byte "255" senden
    rcall   WrCOM_FAST
    rcall   WAIT_START          ;Warteschleife für Übertragung

    mov     CL, KEY             ;Ausgabe Taste
    rcall   WrCOM_FAST

    sei                         ;ITR wieder einschalten

. . .
```

Im Interrupt *Check_Time* wird die Variable *Lock_Open* bei jedem Aufruf dekrementiert, also fortwährend nach 125 ms. Wenn die Variable bis auf den Wert 1 heruntergezählt ist, wird der Code 51 gesendet, um die LED im *DTMF-TERMINAL.vi* wieder auf *Closed* zurückzusetzen. Außerdem wird die LED *ROT_1* des Analysebausteins ausgeschaltet.

Ab einem Wert von 0 erfolgen im Interrupt keine weiteren Änderungen von *Lock_Open*.

```
. . .

;---  Aktualisierung von Lock_Open  ---

                                ;=  1  :Code "51" senden
                                ;=  0  :keine Aktion mehr

    tst     Lock_Open           ;Lock_Open = 0?
    breq    TEST_N_TONE
```

```
    dec     Lock_Open           ;Lock_Open <- Lock_Open-1
    tst     Lock_Open           ;Lock_Open = 0?
    brne    TEST_N_TONE

;---  Lock_Open war beim Aufruf = 1  ---

    cli                         ;ITR für fehlerfreie
                                ;Ausgabe ausschalten

    rcall   WAIT_START          ;Extra-Pause
    ldi     CL, 255             ;Start-Byte "255" senden
    rcall   WrCOM_FAST
    rcall   WAIT_START          ;Warteschleife für
                                ;Übertragung

    ldi     CL, 51              ;Code für "CLOSED" senden
    rcall   WrCOM_FAST

    sei                         ;ITR wieder einschalten

    cbi     portd, ROT_1        ;LED wieder aus!

TEST_N_TONE:                    ;Zeitaktualisierung von
                                ;New_Tone
. . .
```

Die Verwaltung der bereits empfangenen und im Puffer *Input_Buf* im SRAM zwischengespeicherten Zahlenwerte und der Vergleich mit der im Programmspeicher hinterlegten Kombination wird in dem Unterprogramm *Code_Test* durchgeführt. Wenn die Raute-Taste erkannt wird, erfolgt der Sprung zu *Hash_Key*. Andernfalls werden bei jedem Aufruf der Routine die bereits gespeicherten Werte um ein Byte in Richtung der niedrigsten Speicherstelle des Puffers verschoben. Damit wird Platz für den neuen Wert der Variable *Key* geschaffen.

```
CODE_TEST:                      ;GLOBAL:  -  Input_Buf
                                ;         -  Lock_Open
                                ;
                                ;IN:      -  KEY
                                ;         -  Saved_Code

    push    AL
    in      AL, SREG
    pushw_  A                   ;Hilfsvariablen: AH, AL
    pushw_  C                   ;Hilfsvariablen: CH, CL
    pushw_  Y                   ;für Input_Buf
    pushw_  Z                   ;für SAVED_CODE

    ldiw_   Y, Input_Buf

    ldi     CL, 12
    cp      Key, CL             ;Taste = [#]?
    breq    HASH_KEY
```

```
;---  Eingegebenen Code verschieben  ---
;---  und neuen Code auf 5. Platz    ---

  ldd    CL, Y+1           ;0. <- 1.
  std    Y+0, CL

  ldd    CL, Y+2           ;1. <- 2.
  std    Y+1, CL

  ldd    CL, Y+3           ;2. <- 3.
  std    Y+2, CL

  ldd    CL, Y+4           ;3. <- 4.
  std    Y+3, CL

  ldd    CL, Y+5           ;4. <- 5.
  std    Y+4, CL

  std    Y+5, Key          ;5. <- (Key)

rjmp   ENDE_CODE_TEST
```

Bei Erkennung der Raute-Taste werden die letzten sechs eingegebenen Codes mit der Kombination verglichen. Diese findet sich in der *db.*-Zeile nach dem Label *Saved_Code.* Bei vollständiger Übereinstimmung wird die LED *ROT_1* eingeschaltet und der Code 50 via RS-232 an den PC gesendet. Außerdem wird die für die Öffnungsdauer zuständige Variable *Lock_Open* auf ihren Maximalwert *T_Open* gesetzt. Anschließend erfolgt noch die Löschung des Puffers *Input_Buf,* damit er für die nächste Werteaufnahme bereit ist.

```
;---  (Input_Buf) = (SAVED_CODE) ?  ---

HASH_KEY:

  ldi    ZL, LOW(SAVED_CODE*2)
  ldi    ZH, HIGH(SAVED_CODE*2)

  clr    AH                ;AH <- 0

LOOP_C_TEST:
                           ;Holt Codeteil aus SAVED_CODE
  lpm    CH, Z             ;CH <- (Z)   {SAVED_CODE}
  adiw   ZL, 1             ;Z <- Z + 1
  ld     CL, Y+            ;CL <- (Y)
                           ;Y <- Y + 1   {Input_Buf}
  cp     CH, CL            ;CH = CL?

  brne   CLR_INPUT_BUF     ;vorzeitiger Abbruch

  inc    AH
  cpi    AH, 6
  brlo   LOOP_C_TEST

;---  Code erkannt !  ---

  sbi    portd, ROT_1      ;Kontroll-LED an!
```

```
    ldi     CL, T_OPEN          ;Lock_Open <- T_OPEN
    mov     Lock_Open, CL       ;wird in CHECK_TIME
                                ;dekrementiert!
                                ;= 1  :Code "51" senden
                                ;      (in CHECK_TIME!)
                                ;= 0  :keine Aktion mehr

    cli                         ;ITR für fehlerfreie
                                ;Ausgabe ausschalten

    ldi     CL, 255             ;Start-Byte "255" senden
    rcall   WrCOM_FAST
    rcall   WAIT_START          ;Warteschleife für Übertragung

    ldi     CL, 50              ;EINSCHALT-CODE "50" senden
    rcall   WrCOM_FAST

    sei                         ;ITR wieder einschalten

CLR_INPUT_BUF:                  ;Gesamten Puffer leeren

    ldiw_   Y, Input_Buf
    clr     CL
    std     Y+0, CL
    std     Y+1, CL
    std     Y+2, CL
    std     Y+3, CL
    std     Y+4, CL
    std     Y+5, CL

ENDE_CODE_TEST:
    popw_   Z
    popw_   Y
    popw_   C
    popw_   A
    out     SREG, AL
    pop     AL
ret
;------------------------------------------------------------
```

```
SAVED_CODE:

    .db     9,8,7,6,5,4
```

# 11.6 Gitarrenstimmgerät

## 11.6.1 Saitenfrequenzen am Simulator

Die beim Zupfen von Gitarrensaiten entstehenden Audiospektren unterscheiden sich deutlich von denen reiner Sinustöne. Charakteristisch ist hierbei eine Vielzahl von Oberschwingungen. Außerdem führt die nach dem Anschlagen der Saite allmählich abfallende Lautstärke zu immer wieder wechselnden Balkenmustern. Diese Phänomene können mit dem Simulator gut visualisiert werden. Abb. 11.29 zeigt das Spektrum der hohen E-Saite kurze Zeit nach ihrem Anschlag.

Falls Sie keine Gitarre besitzen sollten, können Sie für Ihre Versuche die im Ordner *Sound* hinterlegten MP3-Files verwenden. Da Gitarren auf tiefe Töne gestimmt werden, sollte Ihr Audiosystem beim Abspielen der Dateien auch in der Lage sein, niedrige Frequenzen zu erzeugen.

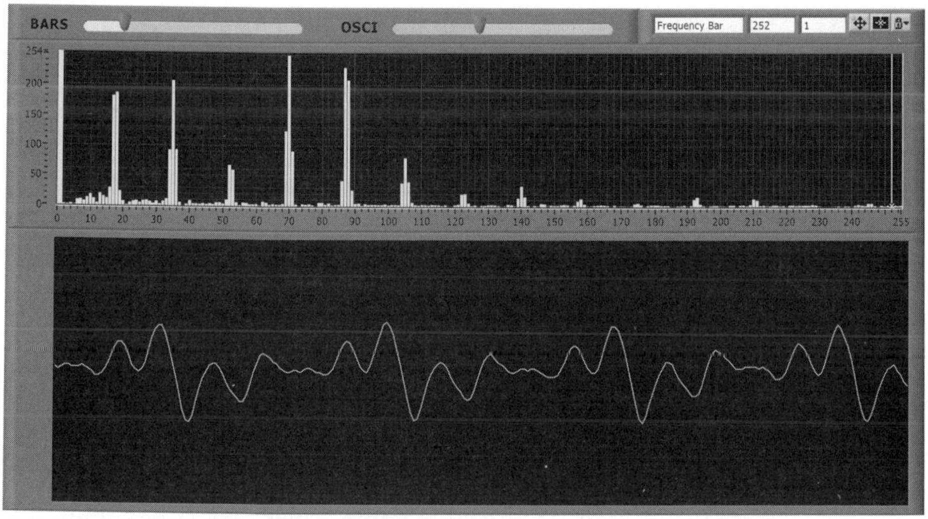


**Abb. 11.29:** E4 am Simulator (329,63 Hz)

## 11.6.2 Töne und Frequenzen

In Tabelle 11.3 sind die Frequenzen für die Noten von acht Oktaven aufgeführt. Der Kammerton A4 ist auf 440 Hz gestimmt. Die grau hinterlegten Felder zeigen die Frequenzen der Grundtöne der sechs Gitarrensaiten an.

**Tabelle 11.3:** Töne, Frequenzen und Gitarrensaiten (A4 = 440 Hz)

| Ton \ Oktave | 0 | 1 | 2 | 3 | 4 | 5 | 6 | 7 | 8 |
|---|---|---|---|---|---|---|---|---|---|
| C | 16,35 | 32,70 | 65,41 | 130,81 | 261,63 | 523,25 | 1.046,50 | 2.093,00 | 4.186,01 |
| C# | 17,32 | 34,65 | 69,30 | 138,59 | 277,18 | 554,37 | 1.108,73 | 2.217,46 | 4.434,92 |
| D | 18,35 | 36,71 | 73,42 | 146,83 | 293,67 | 587,33 | 1.174,66 | 2.349,32 | 4.698,64 |
| D# | 19,45 | 38,89 | 77,78 | 155,56 | 311,13 | 622,25 | 1.244,51 | 2.489,02 | 4.978,03 |
| E | 20,60 | 41,20 | 82,41 | 164,81 | 329,63 | 659,26 | 1.318,51 | 2.637,02 | 5.274,04 |
| F | 21,83 | 43,65 | 87,31 | 174,61 | 349,23 | 698,46 | 1.396,91 | 2.793,83 | 5.587,65 |
| F# | 23,12 | 46,25 | 92,50 | 185,00 | 370,00 | 739,99 | 1.479,98 | 2.959,96 | 5.919,91 |
| G | 24,50 | 49,00 | 98,00 | 196,00 | 392,00 | 783,99 | 1.567,98 | 3.135,96 | 6.271,93 |
| G# | 25,96 | 51,91 | 103,83 | 207,65 | 415,31 | 830,61 | 1.661,22 | 3.322,44 | 6.644,88 |
| A | 27,50 | 55,00 | 110,00 | 220,00 | 440,00 | 880,00 | 1.760,00 | 3.520,00 | 7.040,00 |
| A# | 29,14 | 58,27 | 116,54 | 233,08 | 466,16 | 932,33 | 1.864,66 | 3.729,31 | 7.458,62 |
| H | 30,87 | 61,74 | 123,47 | 246,94 | 493,88 | 987,77 | 1.975,53 | 3.951,07 | 7.902,13 |

Laden Sie zunächst bitte das Programm *GUITAR_BASIS_3rdBAR.aps*, das sich im Ordner *Assembler* befindet, auf den Analysebaustein. Es ist bis auf die untere Frequenzgrenze identisch mit dem *Basisprogramm*. Sie wird, wie in dem folgenden Ausschnitt des Listings ersichtlich, auf den 3. Balken eingestellt. Starten Sie danach das *BAR-TERMINAL.vi*.

```
CHECK_TONE_1:

. . .

   ldiw_  Y, Bars_Buf + 3-2

                  ;UNTERGRENZE:
                  ;Y = 3. Balken (entspr. 54,80 Hz)
                  ;(Gitarre: tiefes E2 = 82,41 Hz)

                  ;OBERGRENZE:
                  ;Y = 253. Balken (entspr. 4743,75 Hz)
                  ;GESAMT:
                  ;253-16+1 = 238 Balken

   ldiw_  Z, Tone1_Buf + 3-2

   ldiw_  A, 3-2  ;Zähler für KorrT1_Buf und AmpT1_Buf

LOOP_CK_T1:

. . .
```

In Abb. 11.30 sind die Balkenerkennungen beim Ausklingen der tiefen E-Saite abgebildet. Einige Obertöne verschwinden beim immer leiser werdenden Tonsignal. Zuletzt werden nur noch die Balken 9 und 22 detektiert. Dieses Phänomen ist beim Anschlagen aller Gitarrensaiten ähnlich; am Ende sind meist nur noch zwei Balken prominent. Die Anzahl der im Terminal angezeigten Balken ist übrigens sehr abhängig von der Einstellung des Potenziometers *Sensitivity*.

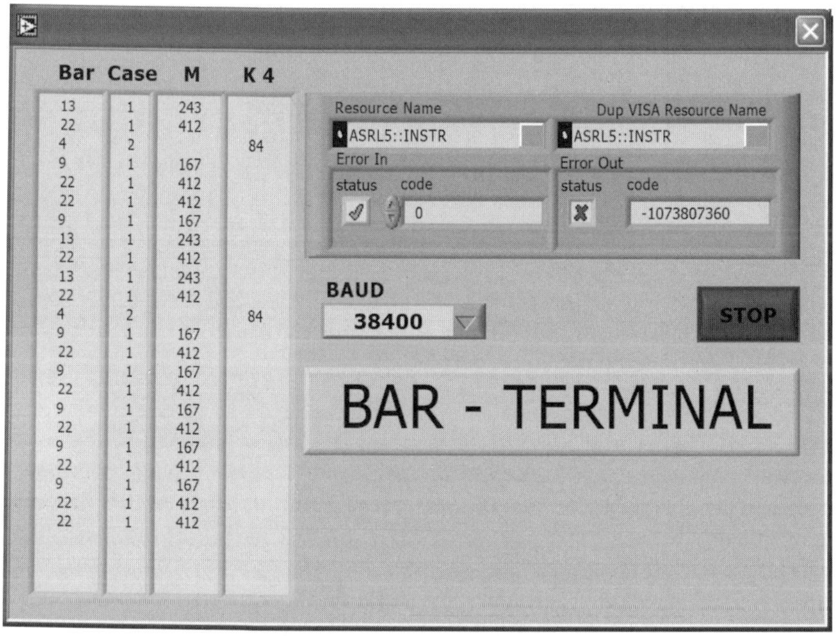


**Abb. 11.30:** E2 am BAR-TERMINAL.vi

## 11.6.3 Versuche mit dem TUNER-TERMINAL.vi

Mit dem Programm *TUNER-TERMINAL.vi* kann man untersuchen, ob sich eine Saite am besten mit den beiden bis zuletzt detektierbaren Balken stimmen lässt (Abb. 11.31). Alle für die Stimmung der Gitarre relevanten Frequenzbereiche können hiermit zugleich überprüft werden. So kann man ausschließen, dass Obertöne zur Erkennung der falschen Saite führen.

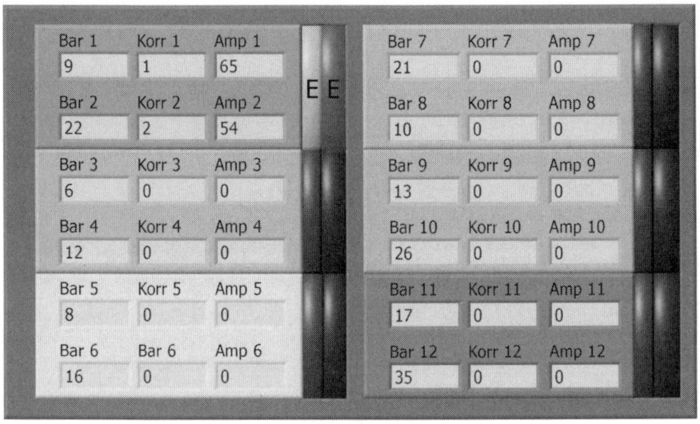


**Abb. 11.31:** TUNER-TERMINAL.vi (Front)

Das Blockdiagramm des *TUNER-TERMINAL.vi* (Abb. 11.32) zeigt den für die Terminalprogramme üblichen Aufbau. Hier müssen 36 Daten-Bytes gleichzeitig zur Anzeige gebracht werden. Die jeweilige linke grüne LED schaltet sich ein, wenn mindestens eines der beiden Segmente für eine Saite ermittelt wurde. Ist die gleichzeitige Detektion beider Segmente eingetreten, leuchtet die rechte rote LED als Zeichen der erfolgreichen Stimmung auf.

Neben der besseren Treffsicherheit bei der Erkennung der angeschlagenen Saite hat die parallele Analyse von zwei Balken auch den Vorteil, dass die Stimmung genauer erfolgen kann: Für beide Balken werden zunächst die Segmente bestimmt, in denen die definierte Tonfrequenz enthalten ist. Die Saite gilt nur dann als richtig gestimmt, wenn sich ihre Grund- oder Obertöne in diesen beiden Segmenten wiederfinden. Die Schnittmenge der Frequenzbereiche, bei der die für die Stimmung relevanten Segmente der Balken zugleich ansprechen, ist dann nämlich mit hoher Wahrscheinlichkeit kleiner und die Stimmung exakter, als das für den Bereich nur eines einzelnen Segments der Fall wäre.

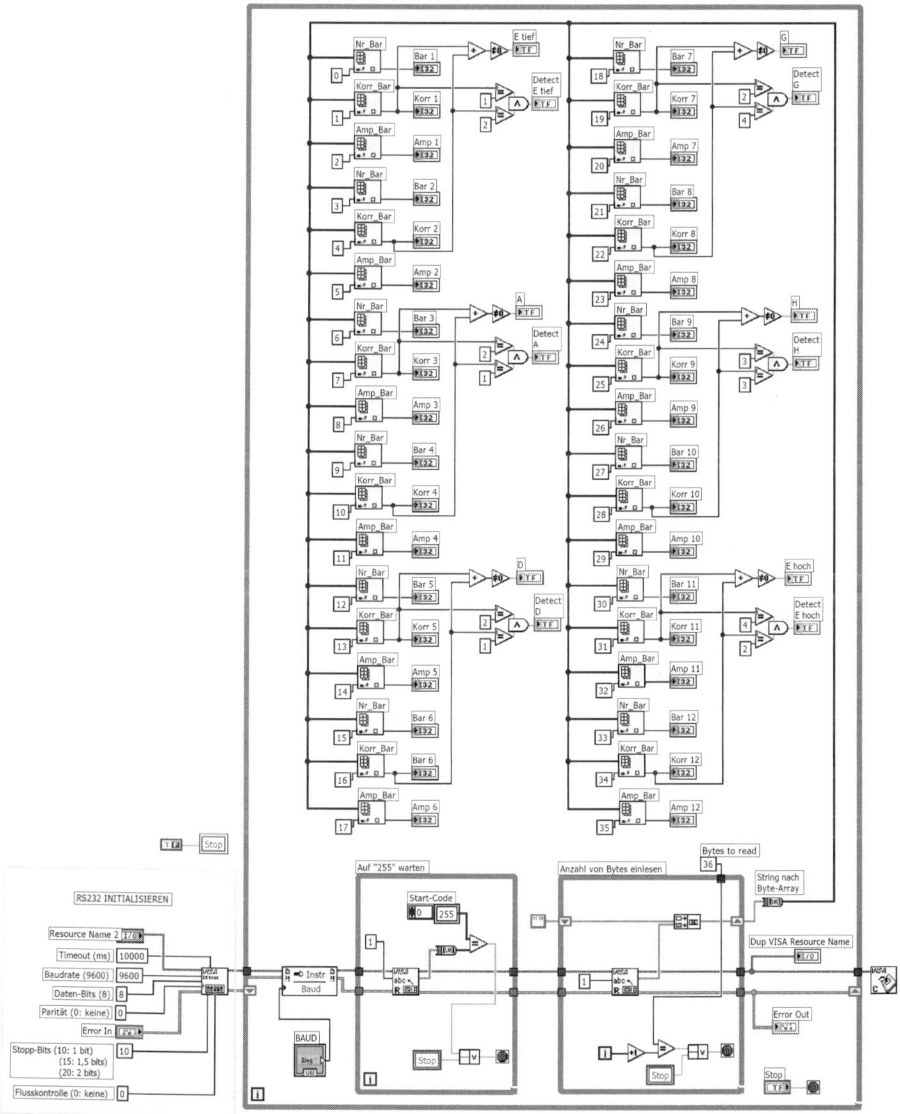


**Abb. 11.32:** TUNER-TERMINAL.vi (Block)

Bei dem zu entwickelnden Gitarrenstimmgerät soll eine Anzeige darauf hinweisen, dass eine momentan gezupfte Saite noch zu tief oder zu hoch gestimmt ist. Hierfür ist es notwendig, die Segmente unter- und oberhalb derer für die exakte Stimmung zu finden. Die Grenzen des für die Stimmung relevanten Frequenzbereichs lassen sich enger fassen, indem entweder die Segmente des ersten oder des zweiten Balkens zur Anzeige eines zu tiefen oder zu hohen Tons ausgewählt werden, die am nächsten an der exakten Tonfrequenz liegen.

In Tabelle 11.4 werden die mit dem *TUNER-TERMINAL.vi* ermittelten Segmente für jede Gitarrensaite dargestellt. Dabei ist hinter dem Buchstaben »b« die betreffende Balkennummer und hinter dem Buchstaben »K« das ausgewählte Segment aufgeführt. In der mittleren Spalte zeigt die fette Bezeichnung den eigentlichen Grundton an, auf den die Saite gestimmt werden sollte. Die tatsächlichen Werte der für die Stimmung verwendeten Balken und Korrekturfälle sind darunter aufgeführt.

Jede der beiden seitlichen Spalten enthält jeweils das Segment eines Balkens, das am nächsten an dem Bereich der exakten Tonfrequenz für eine Saite liegt.

**Tabelle 11.4:** Frequenzkorrekturen für Gitarrensaiten

| *Frequenz zu niedrig* | *Saite* | *Frequenz zu hoch* |
|---|---|---|
| b22K1 | **E2**<br>E3: b9K1<br>$E_{harm}$: b22K2 | b9K2 |
| b6K1 | **A2**<br>A2: b6K2<br>A3: b12K1 | b12K2 |
| b8K1 | **D3**<br>D3: b8K2<br>D4: b16K1 | b16K2 |
| b21K1 | **G3**<br>G4: b21K2<br>G3: b10K4 | b21K3 |
| b13K2 | **H3**<br>H3: b13K3<br>H4: b26K3 | b26K4 |
| b17K3 | **E4**<br>E4: b17K4<br>E5: b35K2 | b18K1 |

## 11.6.4 Listing von GUITAR_STRINGS.aps

Die Daten-Bytes werden mithilfe des Programms *GUITAR_STRINGS.aps* an den PC übertragen. Zur besseren Übersicht wird die Konstante *First_Bar* eingeführt. Mit ihr wird der Balken für die untere Frequenzgrenze eingestellt. Das soll hier wieder der 3. Balken sein. Um die Genauigkeit zu verbessern, wird der Wert der Konstanten *Cycles* erhöht. Dieses Vorgehen wird in Kapitel 9.1 beschrieben.

```
. . .

;---  ALLGEMEIN  ---

.equ  CYCLES     =  5       ;Nötige Anzahl von Balken-
                            ;Erkennungen
.equ  First_Bar  =  3       ;erster(tiefster) Balken

. . .
```

In der Hauptschleife wird die Routine *Find_Tone* für jeden der 12 zu untersuchenden Balken aufgerufen. Bei erfolgreicher Detektion eines Balkens werden die Werte für *Nr_Bar*, *Korr_Bar* und *Amp_Bar* gesendet. Falls keine Balkenerkennung erfolgte, werden stattdessen Nullen übertragen. Es folgt ein kleiner Ausschnitt des Listings. Hier sind die Aufrufe der Routine zur Analyse der Balken und die Sendebefehle zu erkennen.

```
. . .

;---  ANALYSE  ---

ANALYSE_START:

   sei                      ;ITR für normalen
                            ;Betrieb einschalten!
   rcall  CHECK_TONE_1

;   >>CHECK_TIME<< wird über ITR alle 125 ms aufgerufen

;===  SAITEN - TEST  ===

;---  Initialisierung Ausgabe  ---

   sbi    portd, GRN_1

   cli                      ;ITR für fehlerfreie
                            ;Ausgabe ausschalten!

   ldi    CL, 255           ;Start-Byte "255" senden
   rcall  WrCOM_FAST
   rcall  WAIT_START        ;Warteschleife für Übertragung


;===  Saiten-Tests  ===

;      E3

TEST_E3:
```

```
    ldi     CL, 9
    mov     Nr_Bar, CL

    rcall   FIND_TONE           ;Balken prüfen

    tst     Korr_Bar            ;Balken aktuell?
    brne    E3_FOUND

    mov     CL, Nr_Bar          ;Ausgabe Nummer
    rcall   WrCOM_FAST
    ldi     CL,0
    rcall   WrCOM_FAST          ;Ausgabe "0"
    ldi     CL,0
    rcall   WrCOM_FAST          ;Ausgabe "0"
   rjmp     TEST_E_4

E3_FOUND:

    mov     CL, Nr_Bar          ;Ausgabe Balken
    rcall   WrCOM_FAST
    mov     CL, Korr_Bar        ;Ausgabe Korrektur
    rcall   WrCOM_FAST
    mov     CL, Amp_Bar         ;Ausgabe Amplitude
    rcall   WrCOM_FAST

;---  E_4  ---  CAVE BALKEN b22F1 anstatt b17F1 !!!

TEST_E_4:

    ldi     CL, 22
    mov     Nr_Bar, CL

    rcall   FIND_TONE           ;Balken prüfen

    tst     Korr_Bar            ;Balken aktuell?
    brne    E_4_FOUND

    mov     CL, Nr_Bar          ;Ausgabe Nummer
    rcall   WrCOM_FAST
    ldi     CL,0
    rcall   WrCOM_FAST          ;Ausgabe "0"
    ldi     CL,0
    rcall   WrCOM_FAST          ;Ausgabe "0"
   rjmp     TEST_A2

E_4_FOUND:
```

```
    mov     CL, Nr_Bar          ;Ausgabe Balken
    rcall   WrCOM_FAST
    mov     CL, Korr_Bar        ;Ausgabe Korrektur
    rcall   WrCOM_FAST
    mov     CL, Amp_Bar         ;Ausgabe Amplitude
    rcall   WrCOM_FAST

;---  A2  ---

TEST_A2:

. . .

;---  E5  ---

TEST_E5:
    sbi     portd, GRN_1
    ldi     CL, 35
    mov     Nr_Bar, CL

    rcall   FIND_TONE           ;Balken prüfen

    tst     Korr_Bar            ;Balken aktuell?
    brne    E5_FOUND

    mov     CL, Nr_Bar          ;Ausgabe Nummer
    rcall   WrCOM_FAST
    ldi     CL,0
    rcall   WrCOM_FAST          ;Ausgabe "0"
    ldi     CL,0
    rcall   WrCOM_FAST          ;Ausgabe "0"
  rjmp  BARTEST_ENDE

E5_FOUND:

    mov     CL, Nr_Bar          ;Ausgabe Balken
    rcall   WrCOM_FAST
    mov     CL, Korr_Bar        ;Ausgabe Korrektur
    rcall   WrCOM_FAST
    mov     CL, Amp_Bar         ;Ausgabe Amplitude
    rcall   WrCOM_FAST

BARTEST_ENDE:

    sei                         ;ITR wieder einschalten!

    cbi     portd, GRN_1
```

```
MAIN_ENDE:

rjmp   MAIN

. . .
```

### 11.6.5 Entwicklung des Gitarrenstimmgeräts

Mithilfe der gewonnenen Erkenntnisse kann nun das Stimmgerät entworfen werden. Für die Anzeige des zu tiefen/zu hohen Tons werden zwei zusätzliche Leuchtdioden nebst ihren Schutzwiderständen benötigt. Hierfür können die *LED_Min* und *LED_Max* des FFT-Bausteins verwendet werden. Um Steckplätze auf den Experimentierplatinen zu sparen, ist es praktisch, die Schutzwiderstände direkt an die Dioden zu löten. Die Kabel sind anschließend mit Schrumpfschlauch zu überziehen (Abb. 11.33).

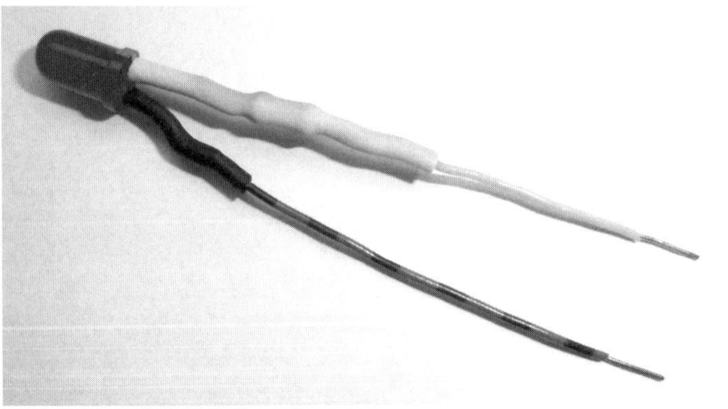

**Abb. 11.33:** LED mit angelötetem Schutzwiderstand

Das Stimmgerät arbeitet selbstständig und ist nicht auf Ausgaben am PC angewiesen. Wem der Umbau des Systems aber zu aufwendig erscheint, der kann alternativ das kleine Anzeigeprogramm *TUNER-DISPLAY.vi* verwenden, das weiter unten erläutert wird.

Jede Saite wird über eine LED des Experimentier-Boards dargestellt:

| | | |
|---|---|---|
| GRN_1 | - | E2 |
| GLB_1 | - | A2 |
| ROT_1 | - | D3 |
| GRN_2 | - | G3 |
| GLB_2 | - | H3 |
| ROT_2 | - | E4 |

Für die Anzeige der zu tiefen/zu hohen Töne werden die beiden zusätzlichen LEDs an Port D angeschlossen:

| | | |
|---|---|---|
| LED_LOW | - | Port D6 (Ton zu niedrig) |
| LED_HIGH | - | Port D7 (Ton zu hoch) |

Bei exakter Tonfrequenz soll sich einzig die der Saite entsprechende LED einschalten. Wenn die Stimmung nur annähernd zutrifft, leuchtet neben der Diode für die automatisch erkannte Saite auch *LED_Low* oder *LED_High.*

Obwohl die Breite eines Segments ungefähr 5 Hz umfasst und die Genauigkeit damit ca. ±2,5 Hz beträgt, ermöglicht der Tuner durch die oben beschriebenen Tricks eine nahezu perfekte Gitarrenstimmung. Die besten Ergebnisse werden erreicht, wenn die Saite in etwa auf die Tonhöhe eingestellt wird, die sich in der Mitte zwischen den Frequenzen befindet, die die *LED_ Low* und die *LED_ High* einschalten würden.

## 11.6.6 Anzeige des Gitarren-Tuners

Mit dem Frontpanel des LabVIEW-Programms *TUNER-DISPLAY.vi* (Abb. 11.34) können die Ergebnisse der Saitenstimmung optisch ansprechend dargestellt werden. Die automatisch erkannte Saite wird hier nicht durch Dioden, sondern durch die Notenbezeichnung ausgegeben. Wenn die Frequenz nur annähernd stimmt, wird neben der Anzeige der Gitarrensaite auch eine der beiden in den Dreiecken befindlichen LEDs eingeschaltet.

**Abb. 11.34:** TUNER-DISPLAY.vi (Front)

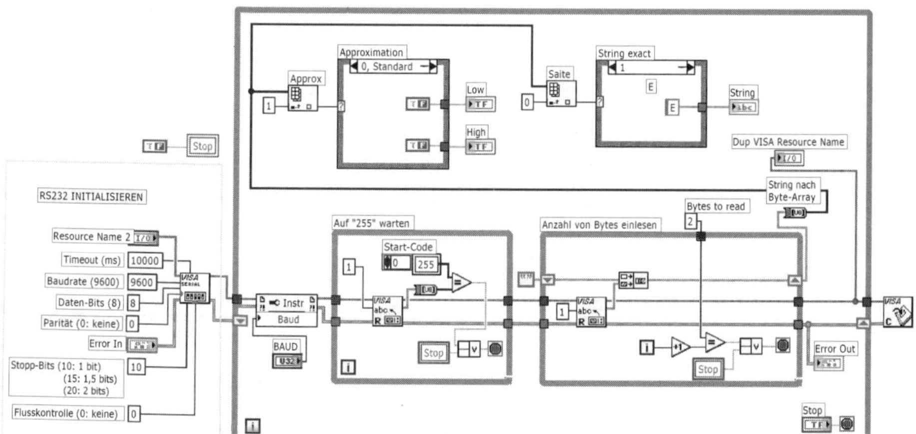


**Abb. 11.35:** TUNER-DISPLAY.vi (Block)

Im Blockdiagramm ist ersichtlich, dass hier nur zwei Daten-Bytes ausgewertet werden müssen. Über eine *Case*-Struktur wird mithilfe des ersten Bytes der Name der angeschlagenen Gitarrensaite ermittelt und ausgegeben. Das zweite Byte liefert die Informationen über den Zustand der LEDs, die einen zu tiefen oder zu hohen Ton markieren. Hierfür wird ebenfalls eine *Case*-Struktur verwendet.

## 11.6.7 Listing von GUITAR_TUNER.aps

Das Assembler-Programm des Stimmgeräts ähnelt dem des Gitarren-Terminals. Zunächst müssen Konstanten geändert und hinzugefügt werden. Die neuen LEDs erhalten die Namen *LED_Low* und *LED_High*. Ihr Anschluss erfolgt an Port D. Die Anzeigedauer *T_Display* bestimmt bei diesem Programm unter anderem auch, wie lange eine detektierte Saite angezeigt werden soll.

```
. . .

.equ  LED_LOW    =  6        ;[A] -> Ton zu niedrig!
.equ  LED_HIGH   =  7        ;[A] -> Ton zu hoch!

;---  ALLGEMEIN  ---

.equ  CYCLES     =  5        ;Nötige Anzahl von Balken-
                             ;Erkennungen
.equ  First_Bar  =  3        ;erster(tiefster) Balken
.equ  Level_F2   =  8        ;max. Diff.
                             ;|P[0]-P[+1]| < Level_F2!
                             ;zur Einleitung von "Fall 2"

.equ  T_Display  =  3        ;Anzeigedauer (X*125ms)

. . .

 sbi  ddrd,  LED_LOW         ;Ton zu niedrig!
 sbi  ddrd,  LED_HIGH        ;Ton zu hoch!

. . .
```

Die Frequenzanalysen werden hier ebenfalls in der Hauptschleife ausgewertet. Zunächst wird geprüft, ob eine exakte Saitenstimmung vorliegt. Dazu werden für jede Saite jeweils zwei Balken untersucht, wie es in der mittleren Spalte von Tabelle 11.4 dargelegt ist. Bei Erfolg wird die der Saite entsprechende LED eingeschaltet. Außerdem werden die Saitennummer und eine nachfolgende Null an den PC gesendet. Mit der Null werden die Leuchten für zu tiefe oder zu hohe Frequenzen ausgeschaltet.

```
. . .

;---  ANALYSE  ---

ANALYSE_START:

   sei                       ;ITR für normalen
```

```
                              ;Betrieb einschalten!
   rcall   CHECK_TONE_1

;  >>CHECK_TIME<< wird über ITR alle 125 ms aufgerufen

;===  SAITEN - TEST  ===

;---  Initialisierung Ausgabe  ---

   cli                        ;ITR für fehlerfreie
                              ;Ausgabe ausschalten!

   ldi    CL, 255             ;Start-Byte "255" senden
   rcall  WrCOM_FAST
   rcall  WAIT_START          ;Warteschleife für Übertragung

;---  alle LEDs löschen  ---

   clr    CL
   out    portd, CL

;===  Saiten-Stimmung exakt ?  ===

;---  E3 (b9K1)  ---

TEST_E3:

   ldi    CL, 9
   mov    Nr_Bar, CL

   rcall  FIND_TONE           ;Balken prüfen

   mov    CL, Korr_Bar        ;Segment prüfen
   cpi    CL, 1
   breq   TEST_E_HARM
  rjmp  TEST_A2

;---  E_HARM (b22K2)  ---

TEST_E_HARM:

   ldi    CL, 22
   mov    Nr_Bar, CL

   rcall  FIND_TONE           ;Balken prüfen

   mov    CL, Korr_Bar        ;Segment prüfen
```

```
   cpi     CL, 2
   breq    STRING_E2_FOUND
  rjmp   TEST_A2

;---  Tiefes E gefunden!  ---

STRING_E2_FOUND:

   sbi     portd, GRN_1      ;LED für tiefes E an!
   ldi     CL, 1
   rcall   WrCOM_FAST
   ldi     CL,0              ;KEIN LOW/HIGH!
   rcall   WrCOM_FAST
  rjmp   BARTEST_ENDE

;---  A2 (b6K2)  ---

TEST_A2:

. . .

;---   A3 (b12K1)  ---

TEST_A3:

. . .
```

Wenn die Suche nach einer genau gestimmten Saite ergebnislos blieb, werden nun die Segmente überprüft, die auf eine annähernde Stimmung schließen lassen würden. Welche Segmente hierfür infrage kommen, ist in der linken und rechten Spalte der Tabelle 11.4 eingetragen. Falls ein solcher Frequenzbereich detektiert werden kann, wird sowohl die LED der zugehörigen Saite als auch die LED für zu tiefe oder zu hohe Stimmung eingeschaltet. Über die RS-232 werden die Nummer der Gitarrensaite und der Code 7 für zu tiefe bzw. 8 für zu hohe Frequenzen ausgegeben. Falls keine annähernde Stimmung vorliegt, bleiben die Dioden dunkel und es werden nur zwei Nullen an den PC gesendet.

```
;===  Saitenstimmung annähernd ?  ===
APPROX:
;---  E (tief)  ---
TEST_b22K1:
   ldi     CL, 22
   mov     Nr_Bar, CL
   rcall   FIND_TONE         ;Balken prüfen
   mov     CL, Korr_Bar      ;Segment prüfen
```

```
    cpi    CL, 1
    brne   TEST_b9K2
    ldi    CL, 1               ;Saite
    rcall  WrCOM_FAST
    ldi    CL, 7               ;low
    rcall  WrCOM_FAST
    sbi    portd, GRN_1        ;LED für E(tief) an!
    sbi    portd, LED_LOW      ;LED für LOW an!
  rjmp   BARTEST_ENDE

TEST_b9K2:

    ldi    CL, 9
    mov    Nr_Bar, CL

    rcall  FIND_TONE           ;Balken prüfen

    mov    CL, Korr_Bar        ;Segment prüfen
    cpi    CL, 2
    brne   TEST_b6K1
    ldi    CL, 1               ;Saite
    rcall  WrCOM_FAST
    ldi    CL, 8               ;high
    rcall  WrCOM_FAST
    sbi    portd, GRN_1        ;LED für E(tief) an!
    sbi    portd, LED_HIGH     ;LED für HIGH an!
  rjmp   BARTEST_ENDE

;---  A  ---

TEST_b6K1:

. . .

;---  E (hoch)  ---

TEST_b17K3:

    ldi    CL, 17
    mov    Nr_Bar, CL

    rcall  FIND_TONE           ;Balken prüfen

    mov    CL, Korr_Bar        ;Segment prüfen
    cpi    CL, 3
    brne   TEST_b18K1
    ldi    CL, 6               ;Saite
    rcall  WrCOM_FAST
    ldi    CL, 7               ;low
    rcall  WrCOM_FAST
    sbi    portd, ROT_2        ;LED für E(hoch) an!
    sbi    portd, LED_LOW      ;LED für LOW an!
  rjmp   BARTEST_ENDE
```

```
TEST_b18K1:

   ldi    CL, 18
   mov    Nr_Bar, CL

   rcall  FIND_TONE          ;Balken prüfen

   mov    CL, Korr_Bar       ;Segment prüfen
   cpi    CL, 1
   brne   NO_APPROX
   ldi    CL, 6              ;Saite
   rcall  WrCOM_FAST
   ldi    CL, 8              ;high
   rcall  WrCOM_FAST
   sbi    portd, ROT_2       ;LED für E(hoch) an!
   sbi    portd, LED_HIGH    ;LED für HIGH an!
  rjmp  BARTEST_ENDE

NO_APPROX:

   ldi    CL, 0              ;keine Saite exakt
   rcall  WrCOM_FAST
   ldi    CL, 0              ;keine Saite beinahe
   rcall  WrCOM_FAST

BARTEST_ENDE:

   sei                       ;ITR wieder einschalten!

MAIN_ENDE:

rjmp   MAIN
```

## 11.6.8 Es geht noch genauer ...

Das Stimmgerät ist für den Hausgebrauch völlig ausreichend. Es sollte aber mit dem Experimentiersystem möglich sein, einen Tuner zu entwickeln, der an professionelle Bedürfnisse heranreicht.

Die Teilfrequenzen an den prominenten Peaks lassen sich noch genauer messen, indem die absoluten Differenzen der benachbarten Balkenhöhen *P[0] – P[-1]* und *P[0] – P[+1]* präziser ausgewertet werden. Dadurch, dass die Balken vor der Ausgabe in Dezibelwerte konvertiert wurden, bleiben die Differenzen auch bei unterschiedlicher Lautstärke des eingehenden Signals weitgehend konstant.

Wie bei dem oben vorgestellten Gitarren-Tuner sollte zunächst geprüft werden, ob sich die aktuelle Saitenfrequenz in dem für die genaue Stimmung relevanten Segment wiederfindet. Wenn das zutrifft, können die beiden Differenzen *P[0] – P[-1]* und *P[0] – P[+1]* ermittelt und mit vorher zu speichernden Referenzwerten für die exakte Stimmung verglichen werden. Mit zwei weiteren LEDs könnten zu tiefe oder zu hohe Stimmungen noch detaillierter angezeigt werden, falls die Differenzen zu stark vom Referenzwert abweichen.

Bisher wird in der Routine *Bar_and_Korr* nur die jeweils höhere Amplitude von *P[0]* oder von *P[+1]* im Puffer *AmpT1_Buf* zwischengespeichert. Um alle drei Amplituden zur Verfügung zu haben, müssten in dieser Routine drei unterschiedliche Puffer für *P[-1]*, *P[0]* und *P[+1]* bedient werden.

## 11.7 Ermittlung der lautesten Frequenz

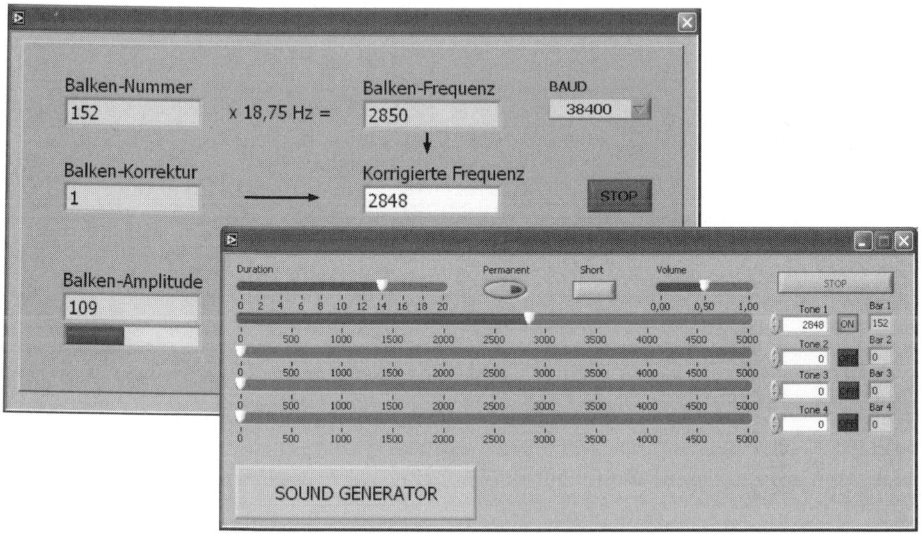


**Abb. 11.36:** Anzeige der lautesten Frequenz

Da in unserer Umgebung meistens Frequenzgemische und keine reinen Sinustöne vorkommen, kann es nützlich sein, die lauteste Frequenz innerhalb eines bestimmten Frequenzbereichs ausfindig zu machen. Mit dem im folgenden vorgestellten Unterprogramm *Search_Max* kann das erste Maximum in einem vordefinierten Intervall des Audiospektrums ermittelt werden. Das bedeutet, dass alle Peaks zwischen zwei Frequenzgrenzen untersucht werden. Begonnen wird bei der tiefsten Frequenz. Der erste Peak, der größer oder gleich der noch folgenden Peaks ist, wird als Maximum nebst seinem Korrekturwert und seiner Amplitude an das aufrufende Programm zurückgegeben.

Zum Test können mit dem Tongenerator erzeugte Sinustöne mit anderen Geräuschen (z. B. mit Radiomusik) gemischt werden. Zur Anzeige des Maximums wird dann das *KORR-TERMINAL.vi* verwendet.

### 11.7.1 Listing von MAX PEAK.aps

In dem Programm *MAX_PEAK.aps* wird die neue Routine *Search_Max* angewendet. Zunächst werden die Konstantendefinitionen konfiguriert. *Cycles* kann hier einen hohen Wert annehmen, da vom Sound-Generator erzeugte Sinustöne untersucht werden.

Niedrigere Werte sind aber auch möglich. *T_Display* ist ebenfalls groß. Das hat den Vorteil, dass trotz der kurzen Tonpausen eine kontinuierliche Frequenzanzeige zustande kommt. Neu sind die beiden Konstanten *Start_Bar* und *Stop_Bar* zur Bestimmung des Frequenzbereichs. Dieser lässt sich mit den hier verwendeten Werten und mit Tabelle 9.2 errechnen. Er liegt zwischen 374 Hz und 3.755 Hz.

```
;---  ALLGEMEIN  ---

.equ  CYCLES     =  5      ;Nötige Anzahl von Balken-
                           ;Erkennungen
.equ  First_Bar  =  3      ;erster(tiefster) Balken
.equ  Level_F2   =  8      ;max. Diff.
                           ;|P[0]-P[+1]| < Level_F2!
                           ;zur Einleitung von "Fall 2"

.equ  T_Display  =  4      ;Anzeigedauer (X*125ms)

.equ  WAIT_232   =  20     ;Länge der Warteschleife nach
                           ;Start-Byte in WAIT_START
;---  MAX_BAR  ---

.equ  Start_Bar  =  20     ;Intervall zur Suche des
.equ  Stop_Bar   =  200    ;höchsten Peaks
```

Außerdem werden drei neue Variablen als Rückgabewerte von *Search_Max* benötigt:

```
;---  Variablen für SUB: SEARCH_MAX  ---

.def  Bar_Max    =  r8     ;Balkennummer des höchsten P[0]
.def  Korr_Max   =  r9     ;Korrekturwert von Bar_Max
                           ;(=0, wenn kein Peak gefunden)
.def  Amp_Max    =  r10    ;Amplitude von Bar_Max
```

Die Analyse in der Hauptschleife ist sehr einfach gestaltet. Zunächst werden mit den Variablen *DL* und *DH* die Frequenzgrenzen an das Unterprogramm übergeben. Nach dem Aufruf von *Search_Max* werden entweder die Werte des detektierten Maximums oder, bei fehlendem Fund, Nullen an den PC gesendet. Ob eine Detektion zustande kommt, ist natürlich auch abhängig von der Einstellung des Potenziometers *Sensitivity*.

```
ANALYSE_START:

   sei                     ;ITR für normalen
                           ;Betrieb einschalten!
   rcall  CHECK_TONE_1

;  >>CHECK_TIME<< wird über ITR alle 125 ms aufgerufen

;---  Ermittlung des höchsten Peaks  ---
```

```
    ldi     DL, Start_Bar       ;Übergabeparameter: DL, DH
    ldi     DH, Stop_Bar        ;Bestimmung des Suchbereichs

    rcall   SEARCH_MAX

    cli                         ;ITR für fehlerfreie
                                ;Ausgabe ausschalten!

    ldi     CL, 255             ;Start-Byte "255" senden
    rcall   WrCOM_FAST
    rcall   WAIT_START          ;Warteschleife für Übertragung

    tst     Korr_Max            ;Peak gefunden, wenn
    brne    OUTPUT_MAX          ;Korr_Max <> 0

OUTPUT_ZERO:                    ;kein Peak gefunden!

    ldi     CL, 0
    rcall   WrCOM_FAST
    ldi     CL,0
    rcall   WrCOM_FAST
    ldi     CL,0
    rcall   WrCOM_FAST
  rjmp SEARCH_ENDE

OUTPUT_MAX:

    mov     CL, Bar_Max         ;Ausgabe höchster Peak
    rcall   WrCOM_FAST
    mov     CL, Korr_Max
    rcall   WrCOM_FAST
    mov     CL, Amp_Max
    rcall   WrCOM_FAST

SEARCH_ENDE:

    sei                         ;ITR wieder einschalten!

MAIN_ENDE:

rjmp   MAIN
```

### 11.7.2 Routine: Search_Max

Die Aufgabe des Unterprogramms *Search_Max* besteht in der Ermittlung des ersten Maximums innerhalb des mit *DL* und *DH* übergebenen Frequenzbereichs. Durchsucht wird hierfür der Puffer *AmpT1_Buf*, dessen Werte die Routine *Bar_and_Korr* (Kapitel

9.4.2) stets aktualisiert. An das aufrufende Programm werden in den drei neuen Variablen *Bar_Max*, *Korr_Max* und *Amp_Max*, die Nummer des Balkens, der zugehörige Korrekturwert und die Amplitude zurückgegeben.

```
SEARCH_MAX:
                              ;IN:    -   DL (Start_Bar)
   push    AH                 ;       -   DH (Stop_Bar)
   in      AH, SREG           ;OUT:   -   Bar_Max
   pushw_  A                  ;       -   Korr_Max
   pushw_  B                  ;       -   Amp_Max
   pushw_  Y
   pushw_  Z

   clr     Bar_Max            ;alte Werte löschen!
   clr     Amp_Max
   clr     Korr_Max

   ldi     AH, 0              ;Start bei Start_Bar
   mov     AL, DL

   ldiw_   Y, AmpT1_Buf       ;Y <- Y + [0:DL] {AmpT1_Buf}
   addw_   Y, A
   ldiw_   Z, KorrT1_Buf      ;Z <- Z + [0:DL] {KorrT1_Buf}
   addw_   Z, A

   clr     BH                 ;höchster Amplitudenwert

LOOP_SEARCH:

   ld      BL, Y              ;BL <- (Y)
   cp      BH, BL             ;Ist aktuelle Amplitude (BL)
   brsh    OLD_MAX            ;höher als Vorwerte (BH)?

NEW_MAX:

   mov     BH, BL             ;Höchster Amp-Wert <- neues Max
   mov     BAR_MAX, AL        ;Neues Maximum speichern
   mov     AMP_MAX, BL
   ld      KORR_MAX, Z


OLD_MAX:                      ;kein höheres Peak
                              ;=> keine neue Speicherung
   cp      AL, DH
   brsh    ENDE_LOOP_SEARCH ;AL >= Stop_Bar ?

   adiw    YL, 1              ;Y <- Y + 1
   adiw    ZL, 1              ;Z <- Z + 1
```

```
    addiw_ A,  1            ;A <- A + 1

  rjmp LOOP_SEARCH

ENDE_LOOP_SEARCH:

    popw_  Z
    popw_  Y
    popw_  B
    popw_  A
    out    SREG, AH
    pop    AH

ret
```

## 11.8 Automatische Notation

### 11.8.1 Elektronisches Piano

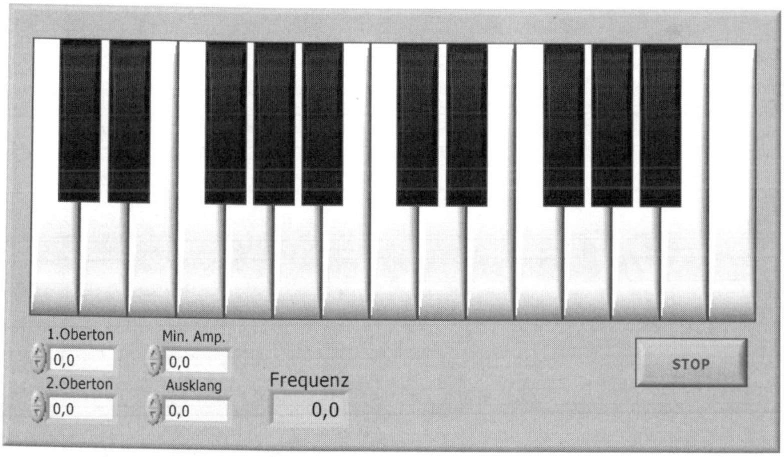


**Abb. 11.37:** PIANO.vi (Front)

Mit der automatischen Erkennung der von einem Musikinstrument erzeugten Töne wird ein Anwendungsbeispiel für die in Kapitel 11.7.2 beschriebene neue Routine *Search_Max* zur Ermittlung der lautesten Frequenz vorgestellt. Neben der Bezeichnung der Töne sind auch deren Längen in Millisekunden zu bestimmen. Der zu untersuchende Frequenzbereich soll sich über zwei Oktaven von C4 bis C6 erstrecken. Die den Tönen entsprechenden Frequenzen sind in Tabelle 11.3 zu finden.

Zur Tonerzeugung kann entweder ein eigenes Instrument oder die LabVIEW-Anwendung *PIANO.vi* genutzt werden (Abb. 11.37). Bei diesem sehr einfachen elektronischen

Keyboard kann mithilfe der linken Maustaste jeweils nur eine Taste gedrückt werden. Der Klang lässt sich durch den Anteil des ersten und zweiten Obertons verändern. Außerdem ist es möglich, eine Anschlagdynamik zu erzeugen. Mit der Einstellung *Ausklang* kann dabei bestimmt werden, wie schnell die Lautstärke eines Tons abfällt, wie das bei einem Klavier der Fall ist. Mit dem Wert von *Min.Amp.* kann die Lautstärke bestimmt werden, die ein Ton nach dem Ausklang bei weiterhin gedrückter Taste noch dauerhaft halten soll.

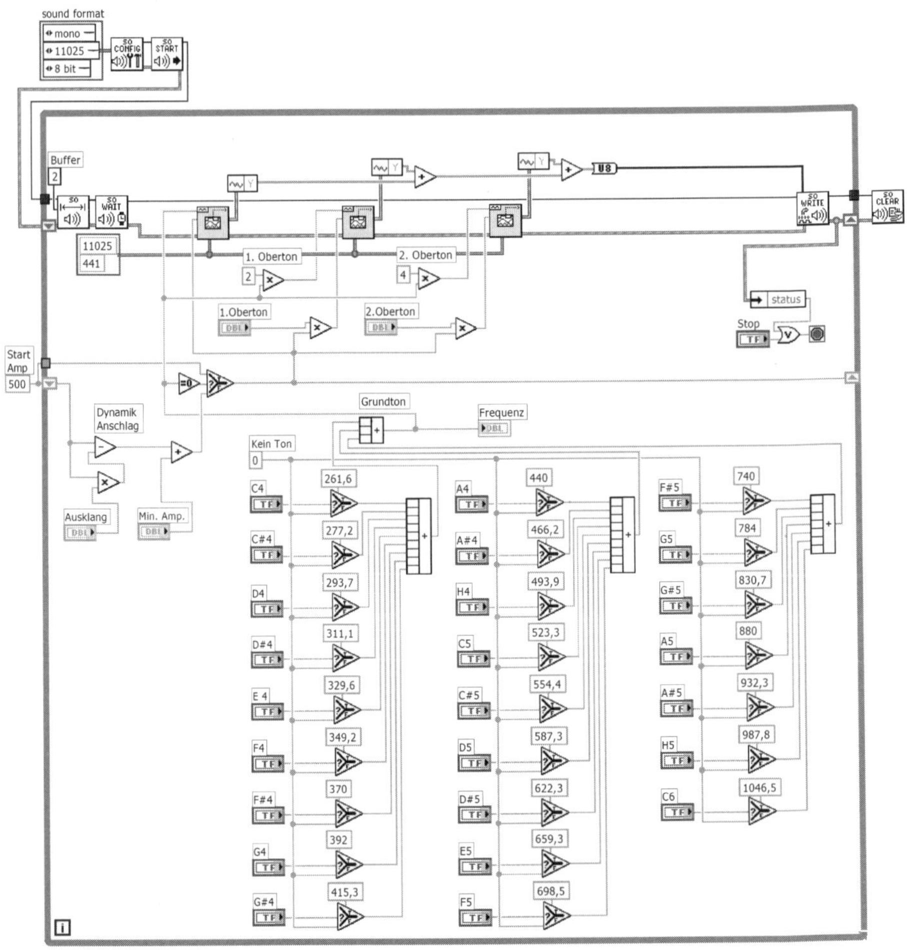


**Abb. 11.38:** *PIANO.vi* (Block)

Im Blockdiagramm (Abb. 11.38) ist zu sehen, dass die von drei Funktionsgeneratoren erzeugten Sinussignale gemischt werden. Dabei lässt sich die Amplitude für den ersten und zweiten Oberton variieren. Die Frequenz des Grundtons wird durch den Druck der entsprechenden Taste bestimmt. Zur Erzeugung der Anschlagdynamik wird ein Schieberegister für die Amplitude verwendet. Bei jedem Durchlauf der Schleife wird der ehemals hohe Anfangswert (500) stets anteilig heruntergeteilt. Die Mindestlautstärke wird danach hinzugerechnet. Wenn alle vier Eingabefelder auf null gestellt sind, erfolgt die Ausgabe reiner Sinustöne. Das entspricht der Standardeinstellung.

### 11.8.2 Analyse der Keyboard-Töne

Die mit dem Piano erzeugten Töne lassen sich sehr gut mit dem Simulator darstellen. Abb. 11.39 zeigt die Frequenzen von Ton C5. Die beiden Obertöne wurden hierfür auf den Wert 0,2 eingestellt. Der Grundton wird durch einen Peak an Balken 28 wiedergegeben. Er hat im Vergleich zu den beiden Obertönen eine deutlich höhere Amplitude. Bei schlechten Audiosystemen kann es jedoch passieren, dass Obertöne trotz ihrer geringeren Amplitude bei der Signalerzeugung lauter ausgegeben werden als der Grundton. Da das im Folgenden beschriebene Programm zur Tonerkennung stets den höchsten Peak analysiert, kann das zur Detektion des gleichen Tons – jedoch in einer höheren Oktave – führen. Dieses Phänomen lässt sich auch testweise provozieren, indem die Werte für die Verstärkung der Obertöne erhöht werden.

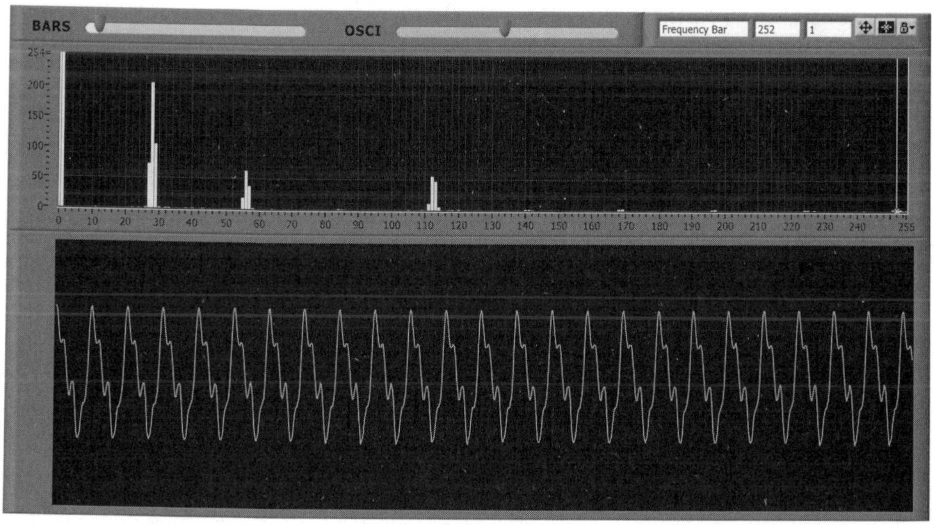


**Abb. 11.39:** Pianoton C5 am Simulator

Für weitere Tonuntersuchungen eignet sich das Programm *KORR-TERMINAL.vi*. Die obere und die untere Balkengrenze werden hierfür mit den Konstanten *Start_Bar* und *Stop_Bar* angepasst. Alternativ kann der Code des Programms *MAX_B14-B56.aps* auf den Mikrocontroller geladen werden. In ihm ist das Frequenzfenster bereits korrekt eingestellt:

```
;---  MAX_BAR  ---

.equ  Start_Bar  =  14     ;Intervall zur Suche der
.equ  Stop_Bar   =  56     ;lautesten Taste
```

## 11.8.3 TONE-TERMINAL.vi

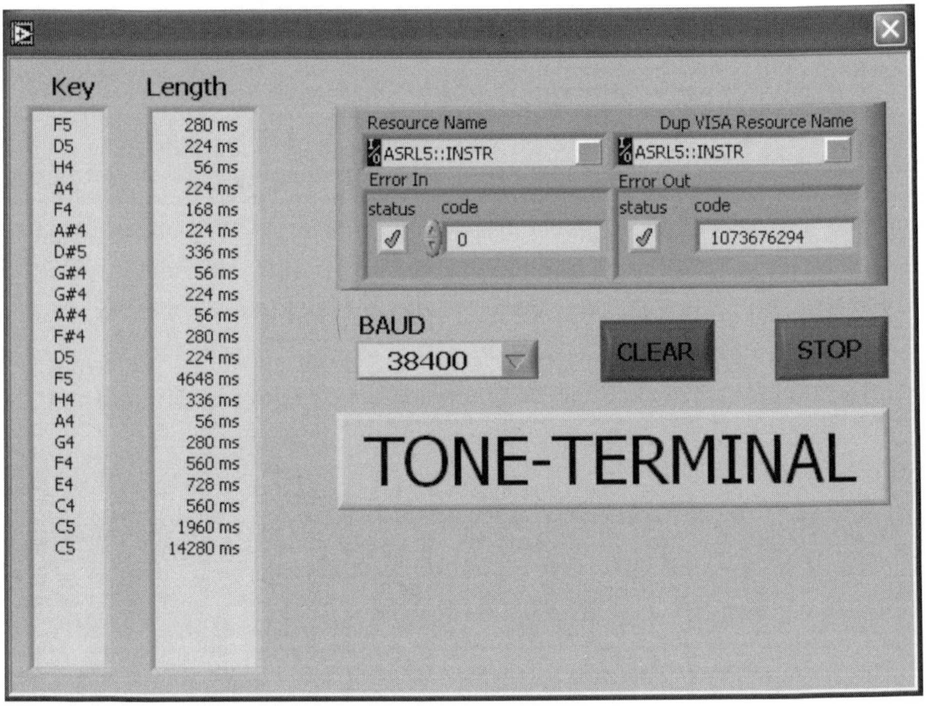


**Abb. 11.40:** TONE-TERMINAL.vi (Front)

Für die Darstellung der weiter unten noch zu beschreibenden Tastenerkennung dient das *TONE-TERMINAL.vi.* In der ersten Spalte *Key* werden die Namen der erkannten Töne und in der zweiten Spalte *Length* deren Länge angezeigt. Die Spalten werden automatisch geleert, wenn sie vollständig beschrieben wurden. Sie können aber auch manuell mit dem Button *Clear* gelöscht werden. Das Programm ist außerdem jederzeit mit *Stop* zu beenden, da, anders als beim optisch ähnlichen *BAR-TERMINAL.vi,* stets Nullen gesendet werden, wenn kein neuer Ton detektiert wurde.

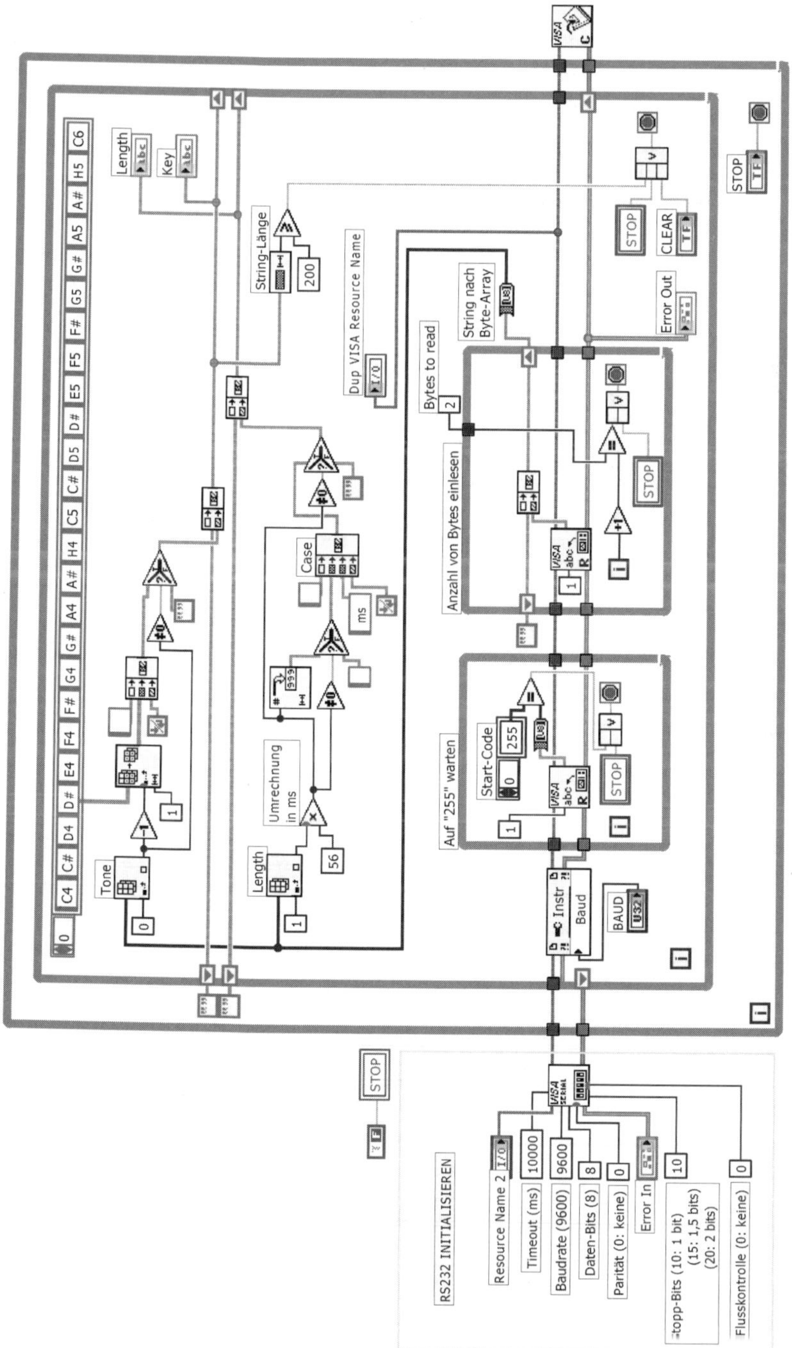


**Abb. 11.41:** TONE TERMINAL.vi (Block)

Vom Analysebaustein werden bei Tonerkennungen die Tastennummern 1 bis 25 via RS-232 übertragen. Im Blockdiagramm ist ganz oben in der inneren Schleife ein Array zu finden. Hiermit werden die zu den Nummern gehörenden Namen der Töne bestimmt. Der zweite Wert, den der Mikrocontroller bei einer Detektion an den PC sendet, gibt Auskunft über die Tonlängen. Dafür wurden im Assembler-Programm die Durchläufe der Hauptschleife gezählt, in denen der Ton hörbar war. Im Blockdiagramm wird diese Zahl mit 56 ms multipliziert, da das in etwa die Dauer angibt, die ein Zyklus benötigt.

### 11.8.4 Listing PIANO_DETECT.aps

Zur Tonerkennung durch den Analysebaustein dient das Programm *PIANO_DETECT.aps*. Die Konstanten *Cycles* und *T_Display* sind auf minimale Werte eingestellt, um auch möglichst kurze Töne detektieren zu können. Das Intervall zur Frequenzsuche ist mit *Start_Bar* und *Stop_Bar* an das elektronische Piano angepasst.

```
. . .

;---  ALLGEMEIN  ---

.equ  CYCLES     =  1      ;Nötige Anzahl von Balken-
                           ;Erkennungen
.equ  First_Bar  =  3      ;erster(tiefster) Balken
.equ  Level_F2   =  8      ;max. Diff.
                           ;|P[0]-P[+1]| < Level_F2!
                           ;zur Einleitung von "Fall 2"

.equ  T_Display  =  1      ;Anzeigedauer (X*125ms)

.equ  WAIT_232   =  20     ;Länge der Warteschleife nach
                           ;Start-Byte in WAIT_START
;---  MAX_BAR  ---

.equ  Start_Bar  =  14     ;Intervall zur Suche des
.equ  Stop_Bar   =  56     ;höchsten Peaks

. . .
```

Zwei neue »globale« Variablen dienen zu Zwischenspeicherung der letzten Tastennummer und Tonlänge für den nächsten Aufruf von Routine *Piano_Number.*

```
. . .

;---  Variablen für PIANO_NUMBER  ---

.def  Number_Key   =  r11  ;Variable für Pianotasten-Nr.
.def  Length_Tone  =  r12  ;Tonlänge (x 56ms)

. . .
```

In der Hauptschleife wird zunächst *Search_Max* aufgerufen, um den lautesten Peak im Frequenzbereich aufzuspüren. Die Ergebnisse werden dann in *Piano_Number* ausgewertet. Die ermittelte Tastennummer und die Tonlänge gibt die Routine an das Hauptprogramm mithilfe der Variablen *EH* und *EL* zurück. Diese sind gleich null, wenn keine

Taste gefunden werden konnte. Im Anschluss erfolgt dann nur noch die Übertragung an den PC.

```
. . .
ANALYSE_START:
    sei                           ;ITR für normalen
                                  ;Betrieb einschalten!
    rcall  CHECK_TONE_1
;  >>CHECK_TIME<< wird über ITR alle 125 ms aufgerufen
;---  Lautester Peak  ---
    ldi    DL, Start_Bar          ;Übergabeparameter: DL, DH
    ldi    DH, Stop_Bar           ;Bestimmung des Suchbereichs
    rcall  SEARCH_MAX
;---  Tasten-Erkennung  ---
    rcall  PIANO_NUMBER           ;Suche nach der Tonnummer
                                  ;Übergabe von Bar_Max
                                  ;und Korr_Max an Routine:
                                  ;PIANO_NUMBER
;---  Tasten-Ausgabe  ---
    cli                           ;ITR für fehlerfreie
                                  ;Ausgabe ausschalten!
    ldi    CL, 255                ;Start-Byte "255" senden
    rcall  WrCOM_FAST
    rcall  WAIT_START             ;Warteschleife für Übertragung
    mov    CL, EH                 ;Tastennummer senden
    rcall  WrCOM_FAST
    mov    CL, EL                 ;Tonlänge senden
    rcall  WrCOM_FAST
    sei                           ;ITR wieder einschalten!
MAIN_ENDE:
rjmp   MAIN
. . .
```

### 11.8.5 Routine: Piano_Number

Die Routine *Piano_Number* vergleicht in einer Schleife den Wert von *Bar_Max* mit den hinter dem Label *Key_to_Number* im Programmspeicher in *.db-Zeilen* abgelegten Daten. Sie enthalten die zu den Tasten gehörenden Frequenzbereiche, bestehend aus Balkennummer und Korrekturwert. Um auch Töne erkennen zu können, deren Frequenzen im

Überlappungsbereich zum nächsten Balken liegen, werden beide benachbarten Balkensegmente untersucht. Deswegen sind für alle Tasten je zwei teils identische und teils unterschiedliche Wertepaare hinterlegt.

```
PIANO_NUMBER:
                                    ;GLOBAL:  -  Number_Key
   push   AH                        ;         -  Length_Tone
   in     AH, SREG                  ;IN:      -  Bar_Max
   pushw_ A                         ;         -  Amp_Max
   pushw_ B                         ;OUT:     -  EH (akt.Nummer)
   pushw_ Y                         ;         -  EL (akt. Länge)
   pushw_ Z

   clr    EH                        ;akt. Nummer löschen
   clr    EL                        ;akt. Länge  löschen

START_LOOP_NR:

   ldi    BH, 1                     ;Tastenzähler: BH <- 1

   ldi    ZL, LOW(KEY_TO_NUMBER*2)  ;Daten für
   ldi    ZH, HIGH(KEY_TO_NUMBER*2) ;Tastencodes

LOOP_NR:
```

Im ersten Nummerntest wird *Bar_Max* mit der ersten Balkennummer aus dem ersten Wertepaar einer Zeile verglichen. Stimmen sie überein, folgt noch der Vergleich von *Korr_Max* mit der zweiten Zahl des Paares. Wenn die Werte nicht übereinstimmen, wird auch noch das zweite Paar auf die gleiche Weise untersucht. Wenn einer der Vergleiche zum Erfolg führt, ist die Tastennummer gefunden. Das ist dann der Wert des Zählers *BH*.

```
;---  Test 1. Nummer  ---

NUMBER_1:
   lpm    AH, Z                 ;Holt 1. Balkennummer    (AH)
   adiw   ZL, 1                 ;Z <- Z + 1
   lpm    AL, Z                 ;Holt 1. Balkenkorrektur (AL)
   adiw   ZL, 1                 ;Z <- Z + 1

   cp     AH, Bar_Max           ;Aktueller Balken gefunden?
   brne   NUMBER_2

;---  Test 1. Korrektur  ---

KORR_1:

   cp     AL, Korr_Max          ;Aktuelle Korrektur gefunden?
   brne   NUMBER_2

;===  Taste gefunden  ===

   cp     Number_Key, BH        ;zuvor GLEICHE Taste
   brne   KEY_NR_FOUND          ;gefunden?
```

```
    mov     BL, Length_Tone   ;Maximale Tonlänge erreicht?
    cpi     BL, 255
    breq    MAX_LENGTH_1      ;Length_Tone inkrementieren
    inc     Length_Tone

MAX_LENGTH_1:
    rjmp    ENDE_PIANO_NR

;---  Test 2. Nummer  ---

NUMBER_2:

    lpm     AH, Z             ;Holt 2. Balkennummer    (AH)
    adiw    ZL, 1             ;Z <- Z + 1
    lpm     AL, Z             ;Holt 2. Balkenkorrektur (AL)
    adiw    ZL, 1             ;Z <- Z + 1

    cp      AH, Bar_Max       ;Aktueller Balken gefunden?
    brne    ENDE_LOOP_NUMBER

;---  Test 2. Korrektur  ---

KORR_2:

    cp      AL, Korr_Max      ;Aktuelle Korrektur gefunden?
    brne    ENDE_LOOP_NUMBER
```

Nun muss noch geprüft werden, ob der Ton bereits im letzten Durchlauf der Hauptschleife zu hören war. In der Variable *Number_Key* ist die Tastennummer des vorherigen Aufrufs von *Piano_Number* hinterlegt. Stimmt dieser mit der aktuellen Nummer überein, wird nur die Tonlänge inkrementiert, die auch beim letzten Aufruf in *Length_Tone* zwischengespeichert wurde. Die beiden Rückgabevariablen *EH* und *EL* bleiben gelöscht.

```
;===  Taste gefunden  ===

    cp      Number_Key, BH    ;zuvor GLEICHE Taste
    brne    KEY_NR_FOUND      ;gefunden?

    mov     BL, Length_Tone   ;Maximale Tonlänge erreicht?
    cpi     BL, 255
    breq    MAX_LENGTH_2      ;Length_Tone inkrementieren
    inc     Length_Tone

MAX_LENGTH_2:
    rjmp    ENDE_PIANO_NR
```

Wenn zuvor kein Ton erkannt wurde oder der Ton vom neuen Ton abweicht, werden in *EH* die alte Tastennummer und in *EL* die alte Tonlänge an das aufrufende Programm übergeben. Außerdem nimmt *Number_Key* den neuen Tastenwert auf, und *Length_Tone* wird gelöscht.

```
;=== NEUE Taste gefunden ! ===

KEY_NR_FOUND:

   tst    Number_Key        ;Alte Taste = 0?
   breq   SAVE_NEW
   tst    Length_Tone       ;Alte Länge = 0?
   breq   SAVE_NEW

;--- ALTE Tastenwerte übergeben ---

   mov    EH, Number_Key
   mov    EL, Length_Tone

;--- NEUE Tastenwerte speichern ---

SAVE_NEW:

   mov    Number_Key, BH    ;Neue Taste speichern!
   clr    Length_Tone       ;Tonlänge löschen

  rjmp  ENDE_PIANO_NR

ENDE_LOOP_NUMBER:

   cpi    BH, 25             ;Tastenzähler auf
   brsh   NO_KEY_FOUND       ;letzter Taste?

   inc    BH                 ;BH <- BH + 1
 rjmp  LOOP_NR

;=== Keine Taste GEDRÜCKT ! ===

NO_KEY_FOUND:

   tst    Number_Key        ;Pause neu eingetreten?
   breq   OLD_PAUSE
   tst    Length_Tone       ;Tonlänge = 0?
   breq   ENDE_PIANO_NR

;--- ALTE Tastenwerte bei NEUER Pause übergeben ---

   mov    EH, Number_Key
   mov    EL, Length_Tone

OLD_PAUSE:

   clr    Number_Key        ;Number_Key <- 0
   clr    Length_Tone       ;Length_Tone <- 0

ENDE_PIANO_NR:

   popw_  Z
   popw_  Y
   popw_  B
   popw_  A
```

```
    out     SREG, AH
    pop     AH
ret
;-----------------------------------------------------------
KEY_TO_NUMBER:                  ;.db <Balken>,<Korrektur>,..
                                ; Gerade Anzahl pro Zeile!!
    .db   14,2,  14,2           ;C4
    .db   15,1,  15,2           ;C#4
    .db   16,1,  15,4           ;D4
    .db   16,4,  17,1           ;D#4
    .db   17,4,  17,4           ;E4
    . . .
    .db   47,2,  47,2           ;A5
    .db   50,1,  50,1           ;A#5
    .db   52,4,  53,1           ;H5
    .db   56,1,  56,1           ;C6
```

# 11.9 U-Bootsteuerung mit Schall

## 11.9.1 Funktionsweise der Schallsteuerung

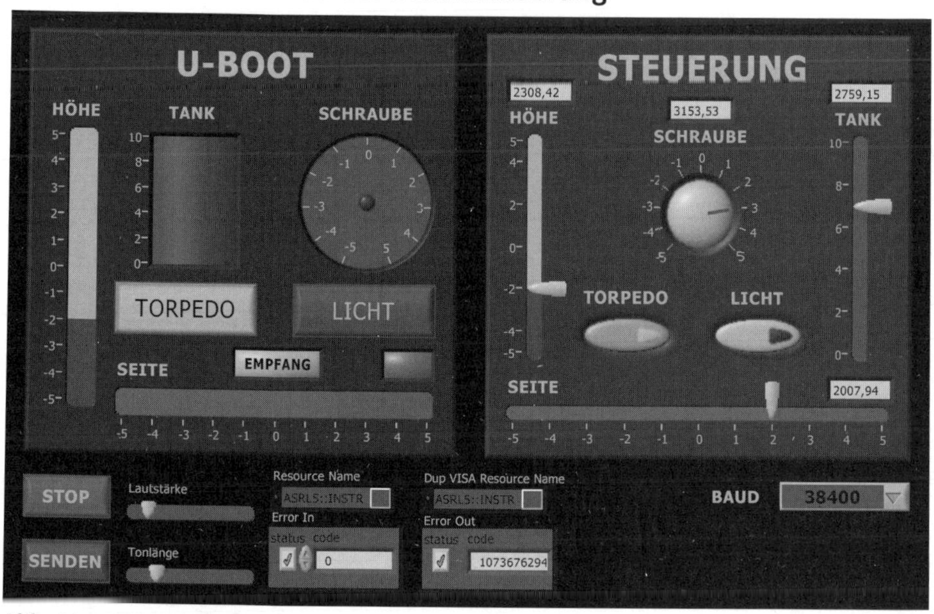


**Abb. 11.42:** SUBMARINE.llb (Front)

Wer sich bereits mit dem Bau eines funkferngesteuerten Modell-U-Boots beschäftigt hat, weiß, dass nur geringe Tauchtiefen erreicht werden können, weil die Ausbreitung von Funkwellen unter Wasser sehr begrenzt ist. Schall hingegen wird in Wasser extrem gut fortgeleitet. Das könnte man sich zur Entwicklung eines schallgesteuerten U-Boots zunutze machen. Die gute Ausbreitung kann aber auch dazu führen, dass das ursprünglich ausgesendete Signal an der Position des Empfängers von zahlreichen kaum abgeschwächten Schallreflexionen überlagert wird. Das würde die Auswertung eines durch Tonlängen und -Pausen codierten Signals, ähnlich dem der seriellen Schnittstelle, stark erschweren. Es erscheint deshalb praktikabler, die Steuerbefehle durch unterschiedliche Tonhöhen zu realisieren.

In dem folgenden stark vereinfachten Projekt werden Seiten- und Höhenruder, die Füllung des Tauchtanks und die Drehzahl der Schiffsschraube mithilfe von gleichzeitig ausgesendeten Sinustönen unterschiedlicher Frequenz gesteuert. Außerdem können zwei Zusatzfunktionen über Schalter betrieben werden.

Wenn Empfangsstörungen auftreten, die länger als 5 Sekunden anhalten, wird automatisch ein Notfallprogramm gestartet, das das U-Boot zum sofortigen Auftauchen veranlasst. Hierfür wird der Tauchtank entleert und das Höhenruder entsprechend eingestellt. Der Motor der Schiffsschraube wird gestoppt.

In dem Programm *SUBMARINE.llb* sind sowohl der Tongenerator zum Senden der Steuersignale als auch das Empfangsprogramm der vom Experimentiersystem über die RS-232 gesendeten Daten integriert. Im rechten Teil des Frontpanels (Abb. 11.42) können die Ruderpositionen und die anderen Einstellungen mit Schiebe- und Drehreglern (sogenannten *Slidern)* und Buttons vorgenommen werden. Im linken Teil dienen unterschiedliche Anzeigeelemente zur Überprüfung der vom Analysebaustein ausgewerteten und an den PC gesendeten Ergebnisse. Auf dem Frontpanel ganz unten können Tonlänge und Lautstärke variiert werden. Durch Ausschalten des Buttons *Senden* ist es möglich, einen Signalausfall zu simulieren. Dann leuchtet die rote LED *Störung.* Bei anhaltend fehlerhaftem Empfang schaltet sich die gelbe LED *SOS* ein. Dann werden auch die Einstellungen zum sofortigen Auftauchen vorgenommen (Abb. 11.43).

Die Funktion *Licht* wird durch zwei gleichzeitig ausgesendete Sinustöne, ähnlich dem DTMF-Code, übertragen. Für die Funktion *Torpedo* sind es sogar drei Töne, um eine versehentliche Aktivierung durch akustische Störsignale zu verhindern.

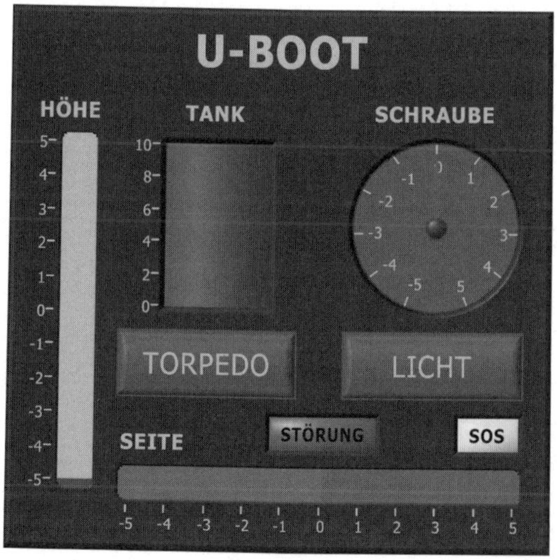


**Abb. 11.43:**
Notfallsteuerung des U-Boots

Dank der hervorragenden Multitasking-Fähigkeiten von LabVIEW ist es möglich, zwei völlig unabhängige Programmschleifen zeitgleich zu betreiben. Abb. 11.44 und Abb. 11.45 zeigen die beiden Bestandteile des Blockdiagramms von *SUBMARINE.llb*. Die Hauptschleife *Steuerung* dient zur Generierung der Tonsignale. In der Schleife *U-Boot* werden die vom Mikrocontroller gesendeten Daten verarbeitet.

Durch mehrfache Anwendung der lokalen Variable *Stop* können beide Programmteile gleichzeitig über einen einzigen Button beendet werden.

Im oberen Teil der Schleife *Steuerung* werden die Funktionen der Buttons definiert. Diese deaktivieren sich nach 1.000 ms wieder selbstständig. Die Schalterstellungen werden programmatisch mithilfe von lokalen Variablen zurückgesetzt.

Um für die Ruder, den Tank und die Schraube mehrere Einstellungen zu ermöglichen, werden für jede einzelne dieser Funktionen Frequenzbereiche mit einer Breite von elf Balken und damit etwa 206 Hz verwendet. Das Seitenruder wird z. B. durch die Balken 100 bis 110 und das Höhenruder durch die Balken 120 bis 130 gesteuert. Dazwischen ist stets ein Abstand von neun Balken. Dieser ist willkürlich gewählt. Aus den Balkennummern werden mithilfe der Korrekturformeln (Kapitel 9.4.3 und 9.4.4) die Frequenzen an den Positionen *M*, also den Mitten der Segmente *K2* bestimmt, die vom Tongenerator ausgesendet werden sollen. Sie werden in den vier *Formelknoten* errechnet.

Die *Case*-Struktur *Frequenz-Wahl* verhält sich wie ein Multiplexer, der die Eingänge des Signalgenerators auswählt. Die drei möglichen *Cases 0, 1* oder *2* sind links neben der großen Schleife abgebildet. Für das *Torpedo* werden drei und für das *Licht* zwei Frequenzen angegeben. Diese stammen aus den Frequenzbereichen, die nicht für die anderen Steuerungen Verwendung finden. Ist keiner der Buttons aktiviert, werden die vier Frequenzen der Steuerungen von der *Case*-Struktur direkt »durchgeschleift«.

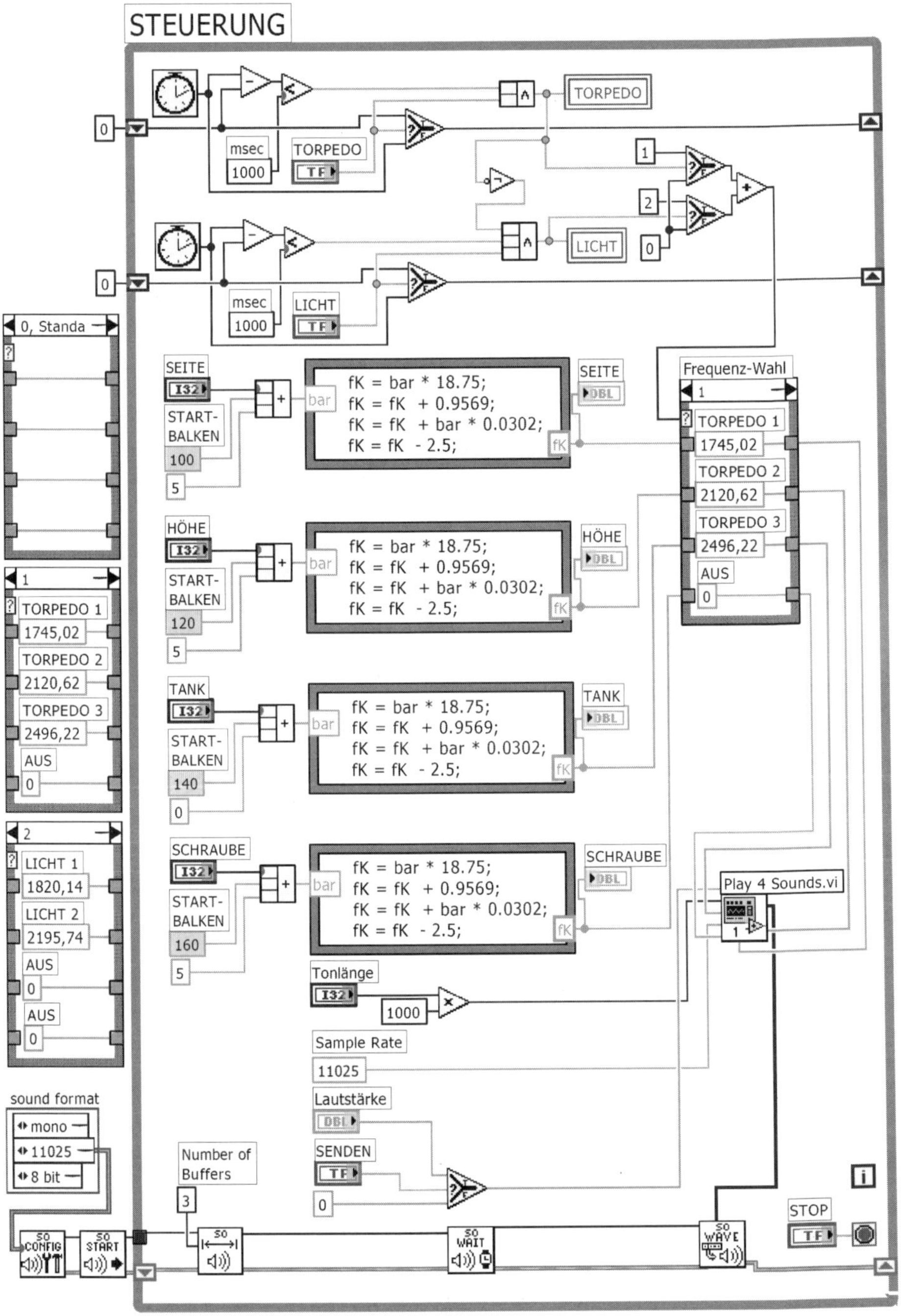


**Abb. 11.44:** Steuerung von SUBMARINE.llb (Block)

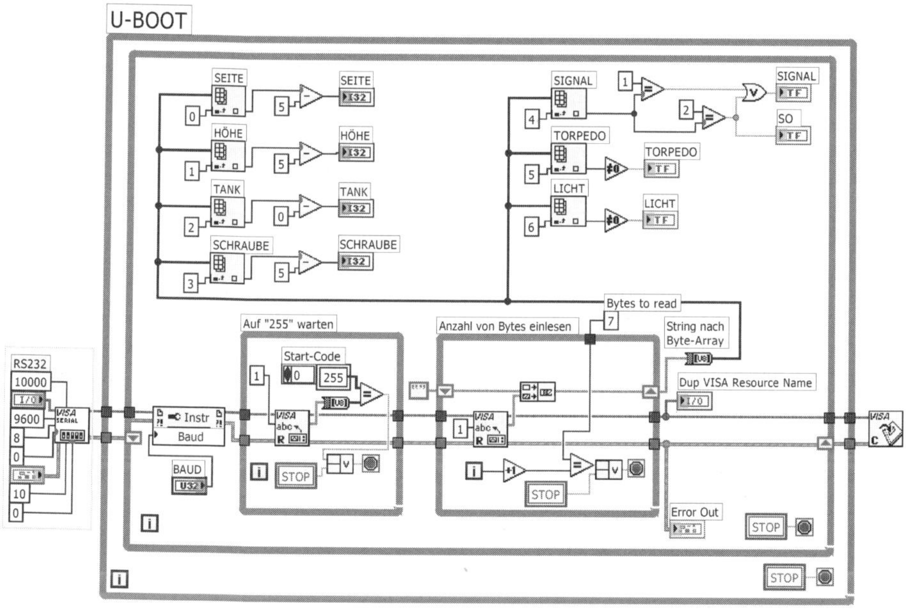


**Abb. 11.45:** Empfang von SUBMARINE.llb (Block)

Die mit dem Programm *SUBMARINE.llb* erzeugten Tonsignale lassen sich mit dem Simulator betrachten (Abb. 11.46). Es ist gut zu erkennen, wie sich die vier Peaks durch Betätigung der Schieberegler im Spektrum Balken für Balken nach links oder rechts verschieben.

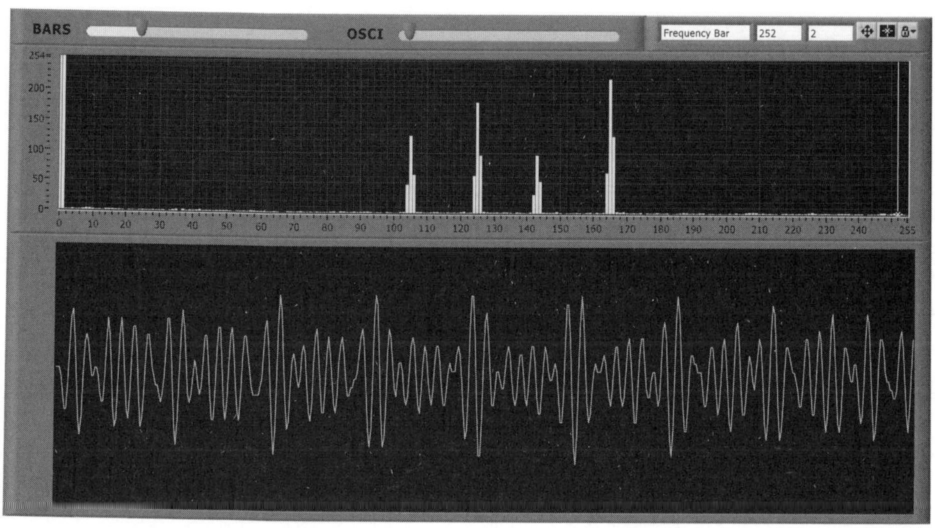


**Abb. 11.46:** Steuersignale am Simulator

## 11.9.2 Listing von yC_SUBMARINE.aps

Die von der Steuerung ausgesendeten Signale können mithilfe des Programms *yC_SUBMARINE.aps* empfangen und ausgewertet werden. Das Potenziometer *Sensitivity* ist besonders empfindlich einzustellen.

Mithilfe der bereits beschriebenen Routine *Find_Tone* (Kapitel 9.4.6) werden die Funktionen *Torpedo* und *Licht* geregelt. Zur Ermittlung der Einstellungen von Rudern, Tankfüllung und Motordrehzahl wird die Routine *Search_Max* (Kapitel 11.7.2) aufgerufen. Sämtliche Steuerungen erfolgen in der Hauptschleife. Zusätzliche Unterprogramme sind nicht notwendig. In kleinem Umfang können die empfangenen Steuerbefehle mithilfe der LEDs dargestellt werden:

| | | | |
|---|---|---|---|
| GRN_1 | - | Schraube: | Vorwärtsfahrt |
| GRN_2 | - | Schraube: | Rückwärtsfahrt |
| GLB_1 | - | Seitenruder: | nach rechts |
| GLB_2 | - | Seitenruder: | nach links |
| ROT_1 | - | Höhenruder: | abtauchen |
| ROT_2 | - | Höhenruder: | auftauchen |

Für den Füllzustand des Tauchtanks sind keine LEDs vorgesehen. Die für jede Funktion möglichen elf Einstellungen sind nur durch die Anzeigeelemente im LabVIEW-Programm ersichtlich.

Für die Aktivierung von *Torpedo* und *Licht* können wie beim Gitarrenstimmgerät zwei zusätzliche LEDs an Port D angeschlossen werden.

```
. . .
.equ  LED_Torpedo  =  6    ;[A] -> Abschuss!
.equ  LED_Light    =  7    ;[A] -> Licht an!
. . .
```

Um die Tonsignale möglichst häufig erkennen zu können, wird die Konstante *Cycles* niedrig eingestellt. Zur besseren Überbrückung von Sendepausen hat *T_Display* einen höheren Wert.

```
. . .
.equ  CYCLES     =  2      ;Nötige Anzahl von Balken-
                           ;Erkennungen
. . .
.equ  T_Display  =  4      ;Anzeigedauer (X * 125 ms)
. . .
```

Bei anhaltenden Empfangsstörungen werden die Notfalleinstellungen automatisch vorgenommen. Mit *Max_Pause* wird festgelegt, nach welcher Zeit das Rettungssystem in Kraft tritt. Die Aktivierung einer der beiden der Funktionen *Torpedo* oder *Licht* ist nur von kurzer Dauer. Diese wird mit *Max_Button* bestimmt. Für den Durchlauf einer Hauptschleife werden ungefähr 56 ms benötigt. Da beide Konstanten diese Schleifendurchläufe zählen, sind ihre Werte zur Zeitbestimmung mit 56 ms zu multiplizieren.

```
. . .
.equ  Max_Pause    = 89      ;Max. zulässige Pause
                             ;(89  x 56 ms =  5 sec)
                             ;(179 x 56 ms = 10 sec)

.equ  Max_Button   = 36      ;Ausschaltverzögerung
                             ;( 36 x 56 ms =  2 sec)
```

Weitere Konstanten legen die Anfangsnummern der elf Balken breiten Frequenzbereiche fest. Die Vorgaben für den Notfall sind hier ebenfalls gespeichert.

```
;---  SEARCH_MAX für U-Boot  --

.equ  START_SEITE     =  100  ;Startbalken Seitenruder
.equ  Start_HOEHE     =  120  ;Startbalken Höhenruder
.equ  Start_TANK      =  140  ;Startbalken Tankfüllung
.equ  Start_SCHRAUBE  =  160  ;Startbalken Drehzahl

.equ  SOS_SEITE       =  5    ;Notfall-Einstellungen
.equ  SOS_HOEHE       =  0    ;bei Empfangsstörungen
.equ  SOS_TANK        =  0
.equ  SOS_SCHRAUBE    =  5
. . .
```

Für die Zeitsteuerungen von Slidern und Buttons werden vier zusätzliche Variablen benötigt. Die bisher verstrichenen Hauptschleifendurchläufe werden mit den Variablen *Time_Error* und *Time_Button* gezählt. In *No_Signal* und *No_Button* ist der jeweilige Fehlerstatus der aktuellen Analyse gespeichert.

```
. . .

;---  Variablen für U-BOOT  ---

.def  Time_Error   =  r11  ;Zähler für Empfangspause
.def  No_Signal    =  r12  ;Aktuell für Fehlerstatus
.def  Time_Button  =  r13  ;Zähler für Tastenstatus
.def  No_Button    =  r14  ;Aktueller Tastenstatus
. . .
```

Bei größeren Projekten sind die 32 Variablen des Mikrocontrollers häufig Mangelware und zwingen zu Mehrfachnutzungen. Dabei besteht leicht die Gefahr, dass der Programmcode unübersichtlich wird. Alternativ kann man Puffer zu Hilfe nehmen, die die Größe von nur einem Byte aufweisen. Dieses bereits in Kapitel 6.4.7 beschriebene Vorgehen kommt hier zur Anwendung. Den neuen »Variablen« werden im Anschluss an ihre Initialisierung Startwerte zugewiesen.

```
. . .

;---  FÜR U-BOOT  ---

SEITE_Ptr:     .byte  1    ;Seitenruder
```

```
HOEHE_Ptr:       .byte  1     ;Höhenruder
TANK_Ptr:        .byte  1     ;Füllung Tauchtank
SCHRAUBE_Ptr:    .byte  1     ;Motordrehzahl Schraube
SIGNAL_Ptr:      .byte  1     ;Akustisches Empfangssignal
TORPEDO_Ptr:     .byte  1     ;Abschuss-Code:  Torpedo
LICHT_Ptr:       .byte  1     ;Einschalt-Code: Licht

. . .

;---  Starteinstellung U-BOOT  ---

. . .

   ldi    CL, SOS_Seite
   sts    SEITE_Ptr, CL
   ldi    CL, SOS_Seite
   sts    HOEHE_Ptr, CL
   ldi    CL, SOS_Seite
. . .
```

In der Hauptschleife wird zunächst geprüft, ob die Frequenzen für eine der beiden Buttons empfangen werden können.

```
. . .
ANALYSE_START:

   sei                       ;ITR für normalen
                             ;Betrieb einschalten!
   rcall  CHECK_TONE_1

;   >>CHECK_TIME<< wird über ITR alle 125 ms aufgerufen

;---  Zurücksetzungen  ---

   clr    No_Signal          ;Aktueller Fehlerstatus
   clr    No_Button          ;Aktueller Tastenstatus
   clr    CL
   sts    SIGNAL_Ptr, CL     ;SIGNAL

;=== EMPFANG TASTENCODES ==========================

;===  Torpedo (3 Töne)  ===

TEST_TORPEDO:

;---  Ton 1: b93K2 = 1745,02 Hz  ---

TORPEDO_1:
   ldi    CL, 93
   mov    Nr_Bar, CL
   rcall  FIND_TONE          ;Balken prüfen

   mov    CL, Korr_Bar       ;Segment prüfen
   cpi    CL, 2
```

```
    breq    TORPEDO_2
    rjmp    NO_TORPEDO

;---  Ton 2: b113K2 = 2120,62 Hz  ---
TORPEDO_2:

. . .

;---  Ton 3: b133K2 = 2496,22 Hz  ---
TORPEDO_3:

. . .

NO_TORPEDO:
    clr     No_Button              ;No_Button <- 1
    inc     No_Button
    rjmp    TEST_LIGHT             ;Alte Einstellung von
                                   ;TORPEDO erneut übernehmen

TORPEDO_FOUND:
    clr     No_Button              ;Bei aktuellem TORPEDO
    ldi     CL, 1                  ;KEINE Slider-Kontrolle!
    sts     TORPEDO_Ptr, CL
    rjmp    STATUS_BUTTONS

;===  Licht (2 Töne)  ===
TEST_LIGHT:

. . .
```

Die Steuerung sendet entweder die Frequenzen für einen der Buttons oder für die der Slider. Für die Zeit, in der der Code für *Torpedo* oder *Licht* aktiv ist, behält der Analysebaustein deshalb die alten Slider-Einstellungen ohne weitere Prüfung bei. Die Restdauer der Aktivität des Buttons ist in der Variable *Time_Button* gespeichert.

```
. . .

;===  Fehlermeldungen Buttons verwalten  ===
STATUS_BUTTONS:
    tst     No_Button
    breq    BUTTON_PUSHED
    rjmp    BUTTON_RELEASED

BUTTON_PUSHED:                     ;Button aktuell gedrückt!
    clr     Time_Button            ;Fehlzeit Buttons reset
    clr     Time_Error             ;Fehlzeit Slider reset
    clr     No_Signal              ;Wenn Button gedrückt,
    rjmp    STATUS_SLIDER          ;dann alte Slider übernehmen

BUTTON_RELEASED:                   ;Kein aktueller Button
    mov     CL, Time_Button
```

```
   cpi     CL, Max_Button
   brsh    BUTTONS_OFF
   inc     Time_Button       ;Wenn TORPEDO/LICHT aktiv,
   rjmp    STATUS_SLIDER     ;dann alte Slider übernehmen

BUTTONS_OFF:
   clr     CL
   sts     TORPEDO_Ptr, CL   ;TORPEDO_Ptr <- 0
   sts     LICHT_Ptr, CL     ;LICHT_Ptr <- 0
```

Ist keiner der Button-Codes zu empfangen, und sind die Aktivierungszeiten abgelaufen, werden Ruderstellungen, Tankfüllung und Drehzahl neu angepasst. Im folgenden Programmauszug ist das Vorgehen am Beispiel des Seitenruders dargestellt. Die Routine *Search_Max* bestimmt hierfür die Balkennummer des lautesten Peaks im Bereich von *Start_Seite* bis *Start_Seite* + 10. Wenn kein Peak zu finden ist, wird der Status-Variable *No_Signal* der Wert 1 zugewiesen, um die Empfangsstörung aufzuzeigen.

```
;===  EMPFANG STEUERSIGNALE  ==============================

;---  Seitenruder  ---

SEITE:
   ldi     DL, START_SEITE   ;Übergabeparameter: DL, DH
   ldi     DH, 10            ;Bereichsbreite: 11 Balken
   add     DH, DL            ;DH <- DH + 10

   rcall   SEARCH_MAX

   tst     Bar_Max           ;Erfolgreicher Empfang?
   brne    SEITE_OK

   inc     No_Signal         ;No_Signal inkrementieren

   rjmp    HOEHE             ;Alte Einstellung von
                             ;Seite erneut übernehmen

SEITE_OK:
   sub     Bar_Max, DL
   sts     SEITE_Ptr, Bar_Max

;---  Höhenruder  ---

. . .
```

Nach der Aktualisierung aller Empfangsdaten wird mit *No_Signal* geprüft, ob hierbei Fehler auftraten. Alte Einstellungen werden anstatt neuer Werte nur für die mit *Max_Button* angegebene Dauer ersatzweise angewendet. In dieser Zeit leuchtet am PC die rote LED *Störung*. Bei länger anhaltenden Mängeln wird das Notfallprogramm zum sofortigen Auftauchen aktiviert. Im Frontpanel signalisiert das die gelbe LED *SOS*.

```
. . .

;===  Fehlermeldungen Slider verwalten  ===

STATUS_SLIDER:
   tst    No_Signal
   breq   NO_ERROR
   rjmp   NEW_ERROR

NO_ERROR:
   clr    Time_Error         ;Fehlzeitmessung reset
   clr    CL
   sts    SIGNAL_Ptr, CL     ;SIGNAL_Ptr <- 0
   rjmp   RS232              ;Button: [EMPFANG] (grün)

NEW_ERROR:
   mov    CL, Time_Error
   cpi    CL, Max_Pause
   brsh   SOS
   inc    Time_Error
   ldi    CL, 1              ;SIGNAL_Ptr <- 1
   sts    SIGNAL_Ptr, CL     ;Button: [STÖRUNG] (rot)
   rjmp   RS232

;---  Notfall-Einstellungen  ---

SOS:
   ldi    CL, SOS_Seite      ;Gerade lenken!
   sts    SEITE_Ptr, CL
   ldi    CL, SOS_HOEHE      ;Nach oben!
   sts    HOEHE_Ptr, CL

. . .
```

Am Ende der Hauptschleife erfolgt die Datenübertragung via RS-232 und die Ansteuerung der LEDs auf dem Experimentiersystem.

```
;===  SENDEN ÜBER RS-232  ===

RS232:
   cli                       ;ITR für fehlerfreie
                             ;Ausgabe ausschalten!

   ldi    CL, 255            ;Start-Byte "255" senden
   rcall  WrCOM_FAST
   rcall  WAIT_START         ;Warteschleife für Übertragung

   lds    CL, SEITE_Ptr
```

```
   rcall  WrCOM_FAST        ;0. Byte
   lds    CL, HOEHE_Ptr
   rcall  WrCOM_FAST        ;1. Byte

. . .

   sei                      ;ITR wieder einschalten!

;===  LEDs schalten  ===

   clr    CL                ;alle LEDs aus!
   out    portd, CL

   lds    CL, SCHRAUBE_Ptr
   cpi    CL, 6
   brlo   KEIN_GRN_1
   sbi    portd, GRN_1

KEIN_GRN_1:
   cpi    CL, 5
   brsh   KEIN_GRN_2
   sbi    portd, GRN_2

KEIN_GRN_2:
   lds    CL, SEITE_Ptr
   cpi    CL, 6
   brlo   KEIN_GLB_1
   sbi    portd, GLB_1

KEIN_GLB_1:

. . .

MAIN_ENDE:

rjmp  MAIN
```

### 11.9.3 Tipps zur Optimierung

Falls Sie beabsichtigen sollten, die Schallsteuerung in die Praxis umzusetzen, helfen Ihnen vielleicht die folgenden Vorschläge zu Verbesserung des Systems.

Die Amplituden der aus den Steuersignalen im Audiospektrum resultierenden Peaks, die mit dem FFT-Baustein ermittelt werden, weichen von denen ab, die am Simulator sichtbar sind. Es ist zu beobachten, dass die Höhe der Peaks auch abhängig davon ist, welche Frequenzen gleichzeitig gesendet werden. Bei manchen Frequenzkombinationen erscheinen die vom Experimentiersystem dargestellten Peaks verstärkt oder abgeschwächt. Optimierungen sind durch sorgfältige Auswahl der Sendefrequenzen denkbar.

Momentan wird für jeden Balken nur die Frequenz an der Stelle *M* erzeugt. Vom Analysebaustein wird noch keine Segmentbestimmung durchgeführt. Die Feinheit der möglichen Einstellungen könnte durch die Analyse aller vier Segmente unter Zuhilfenahme der Korrekturwerte erhöht werden. Hierzu sind auch die Sendefrequenzen in kleineren Schritten zu erzeugen.

Für die Schiffsschraube ist vorzugsweise ein drehmomentstarker Motor zu verwenden. Dieser erzeugt durch seinen langsameren Lauf auch Vibrationen mit niedrigerer Frequenz, als das bei schwächeren Motoren mit höherer Drehzahl der Fall wäre. Um Empfangsstörungen durch die vom Motor erzeugten Vibrationen möglichst gering zu halten, wurden die Sendefrequenzen bereits ziemlich hoch gewählt.

Lautsprecher und Mikrofone für den Betrieb unter Wasser sind teuer. Für erste Versuche in der Badewanne können auch herkömmliche Modelle verwendet werden. Diese sind in eine wasserdichte oben offene Tüte zu legen und nur soweit ins Wasser zu tauchen, dass sie nicht nass werden. Die Luft in der Tüte wird durch den Wasserdruck entweichen. (Für Schäden, die durch dieses Vorgehen verursacht werden könnten, wird keine Haftung übernommen.)

Die Anschlüsse des Analysebausteins wurden so beschaltet, dass fünf der sechs PWM-Kanäle ohne Umbaumaßnahmen am Experimentiersystem zur Verfügung stehen. Diese könnten gegebenenfalls auch in Verbindung mit nachgeschalteten Frequenzteilern zur Steuerung von Servos verwendet werden. Die PWM-Ausgänge befinden sich an den Pins 5, 18, 19, 20 und 21.

# Stichwortverzeichnis